成人(网络)教育系列规划教材

CHENGREN (WANGLUO) JIAOYU XILIE GUIHUA JIAOCAI

线性代数简明教程

XIANXING DAISHU JIANMING JIAOCHENG

主　编　李捷　涂晓青

西南财经大学出版社
Southwestern University of Finance & Economics Press

成人（网络）教育系列规划教材
编　审　委　员　会

总 序

随着全民终身学习型社会的不断建立和完善，业余成人（网络）学历教育学生对教材的质量要求越来越高。为了帮助他们更好地学习、进一步提高我校成人（网络）教育的人才培养质量，依据西南财经大学成人（网络）教育人才培养目标、成人学习特点及规律，西南财经大学成人（网络）教育学院和西南财经大学出版社共同规划，依托学校各专业学院的骨干教师资源，致力于开发适合成人（网络）学生学习高质量的优秀系列规划教材。

西南财经大学成人（网络）教育学院和西南财经大学出版社按照成人（网络）教育人才培养方案，建设其专科及专升本公共基础课、专业基础课、专业主干课和部分选修课教材，以完善成人（网络）教育教材体系。鉴于成人自考所使用的教材为全国统编，因此，本系列教材只涉及成人（网络）学历教育专科及专升本的公共基础课、专业基础课、专业课及部分选修课。

由于本系列教材的读者是在职人员，他们具有一定的社会实践经验和理论知识、个性化学习诉求突出，学习针对性明确，学习目的很强。为此，本系列教材编写突出了基础性、职业性、实践性及综合性，教材体系和内容结构具有新颖、实用、简明、易懂等特点；对重难点问题的阐述深入浅出、形象直观，对定理和概念的论述简明扼要。

为了编好本次系列规划教材，在学校领导、出版社和其他学院的大力支持下，首先成立了由学校副校长、博士生导师丁任重教授任主任，成人（网络）教育学院院长唐旭辉研究员和出版社社长、博士生导师冯建教授任副主任，其他部分学院领导参加的编审委员会。在编审委员会的协调、组织下，经过广泛深入的调查研究，制定了我校成人（网络）教育教材建设规划，明确了建设目标，计划用2年时间分期分批建设。其次，为保证教材的编写质量，在编审委员会的协调下，组织各学院具有丰富成人（网络）教学经验并有教授或副教授职称的教师担任主编，由各书主编组织成立教材编写团队、制定教材编写大纲、实施计划及人员分工等，经编审委员会审核每门教材编写大纲后再编写。

经过多方的努力，本系列规划教材终于与读者见面了。在此之际，我们对各学院领导的大力支持、各位作者的辛勤劳动以及西南财经大学出版社的鼎力相助表示衷心的感谢！在今后教材的使用过程中，我们将听取各方面的意见，不断修订、完善教材，使之发挥更大的作用。

西南财经大学成人（网络）教育学院

2009 年 6 月

前 言

线性代数是大学数学课程的重要组成部分，是高等财经院校的一门主干基础课程。线性代数首先运用一些基本工具，如行列式、矩阵与向量等研究生产实际和经济管理中大量出现的线性方程组解的判定、解的结构和应用问题，并在此基础上进一步地研究向量的内积、正交矩阵、矩阵的特征值与特征向量、二次型等内容。近年来，随着计算机技术的普及和数学软件的推广，线性代数在生产实际和经济管理中日益得到广泛应用，如投入产出分析，线性规划模型，层次分析模型等都是以线性代数为基础。

通过本课程的学习，一方面可以培养学生的抽象思维能力、逻辑推理能力，初步掌握用数学方法进行科学地分析实际问题的能力；另一方面可以学会运用线性代数方法分析和解决实际问题，对后续课程的学习起着非常重要的作用。

本课程共分为6章，每章都围绕基本概念、基本理论和基本方法，按照教学要求和内容，贯彻由浅入深、循序渐进和融会贯通的原则，力求既注重基本概念、基本理论和基本方法的阐述，又注重学生基本运算能力的训练和分析问题、解决问题能力的培养。

本书由李捷和涂晓青执笔编写，全书由李捷统稿，涂晓青参与了部分统稿工作。

本书是在西南财经大学成人（网络）教育学院和西南财经大学出版社的关心和支持下完成的，西南财经大学经济数学学院的老师们也对本书的编写提供了很多非常好的建议，编者借此一并致谢。

限于编者水平所限，本书中疏漏与不当之处在所难免，恳请同行及广大读者指正。

编　者

2009 年 6 月

目 录

第一章　行列式

内容提要

一、逆序与逆序数的定义及性质
二、二阶、三阶行列式和 n 阶行列式的定义及性质
三、余子式和代数余子式的定义及行列式的展开定理
四、行列式的计算方法
五、克莱姆法则及 n 元线性方程组的求解

行列式理论是线性代数的重要组成部分，是研究线性方程组的有力工具，它在生产实际和经济管理中有着广泛的应用. 本章从行列式的概念出发，介绍行列式的性质和计算方法，并提供求解一类线性方程组的方法 —— 克莱姆(Gramer) 法则.

§1.1　行列式的定义

一、二阶、三阶行列式

行列式的概念来源于线性方程组的求解问题. 为此，需要回顾初等代数中二、三元线性方程组的求解过程，从中引出二、三阶行列式的概念.

设含有两个未知量 x_1,x_2 的二元线性方程组

$$\begin{cases}a_{11}x_1+a_{12}x_2=b_1\\a_{21}x_1+a_{22}x_2=b_2\end{cases}\tag{1-1}$$

利用加减消元法，当 $a_{11}a_{22}-a_{12}a_{21}\neq 0$ 时，得到唯一解

$$x_1=\frac{b_1a_{22}-b_2a_{12}}{a_{11}a_{22}-a_{12}a_{21}},x_2=\frac{b_2a_{11}-b_1a_{21}}{a_{11}a_{22}-a_{12}a_{21}}\tag{1-2}$$

为便于研究，我们可以将(1 - 2) 式的分母记为

$$\begin{vmatrix}a_{11}&a_{12}\\a_{21}&a_{22}\end{vmatrix}=a_{11}a_{22}-a_{12}a_{21}\tag{1-3}$$

称为**二阶行列式**. 其中横排称为**行**,纵排称为**列**.

二阶行列式的计算方法可用图 1 - 1 来帮助记忆.

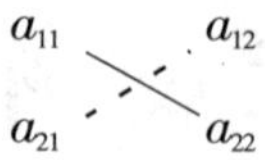

图 1 - 1

图 1 - 1 说明二阶行列式的值等于实线上两个元素乘积与虚线上两个元素乘积的差.

例如,

$$\begin{vmatrix} 1 & 2 \\ 3 & 4 \end{vmatrix} = 1 \times 4 - 2 \times 3 = -2.$$

利用上述定义,(1 - 2) 式中的分子可以分别记为

$$D_1 = \begin{vmatrix} b_1 & a_{12} \\ b_2 & a_{22} \end{vmatrix} = b_1 a_{22} - b_2 a_{12}, D_2 = \begin{vmatrix} a_{11} & b_1 \\ a_{21} & b_2 \end{vmatrix} = b_2 a_{11} - b_1 a_{21} \quad (1-4)$$

因此,对二元线性方程组(1 - 1),在行列式

$$D = \begin{vmatrix} a_{11} & a_{12} \\ a_{21} & a_{22} \end{vmatrix} \neq 0$$

时,有唯一解

$$x_1 = \frac{D_1}{D}, \quad x_2 = \frac{D_2}{D} \quad (1-5)$$

例 1　解二元线性方程组

$$\begin{cases} x_1 + x_2 = 1 \\ x_1 + 2x_2 = 3 \end{cases}$$

解　根据二元线性方程组的求解公式(1 - 5),有

$$D = \begin{vmatrix} 1 & 1 \\ 1 & 2 \end{vmatrix} = 1, D_1 = \begin{vmatrix} 1 & 1 \\ 3 & 2 \end{vmatrix} = -1, D_2 = \begin{vmatrix} 1 & 1 \\ 1 & 3 \end{vmatrix} = 2$$

于是方程组的解为

$$x_1 = \frac{D_1}{D} = \frac{-1}{1} = -1, x_2 = \frac{D_2}{D} = \frac{2}{1} = 2$$

类似地,为求解含三个未知量 x_1, x_2, x_3 的三元线性方程组

$$\begin{cases} a_{11}x_1 + a_{12}x_2 + a_{13}x_3 = b_1 \\ a_{21}x_1 + a_{22}x_2 + a_{23}x_3 = b_2 \\ a_{31}x_1 + a_{32}x_2 + a_{33}x_3 = b_3 \end{cases} \quad (1-6)$$

我们记

$$\begin{vmatrix} a_{11} & a_{12} & a_{13} \\ a_{21} & a_{22} & a_{23} \\ a_{31} & a_{32} & a_{33} \end{vmatrix} = a_{11}a_{22}a_{33} + a_{13}a_{21}a_{32} + a_{12}a_{23}a_{31} - a_{13}a_{22}a_{31} - a_{11}a_{23}a_{32} - a_{12}a_{21}a_{33} \tag{1-7}$$

称为**三阶行列式**.

在(1 - 7) 式中,元素 a_{11}, a_{22}, a_{33} 所在的对角线称为**主对角线**,a_{13}, a_{22}, a_{31} 所在的对角线称为**副对角线**.

三阶行列式的计算方法可用图 1 - 2 来帮助记忆.

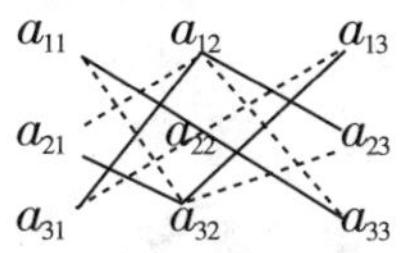

图 1 - 2

图 1 - 2 表明:沿各实线上三个元素的乘积取正号;沿虚线上三个元素的乘积取负号. 它们的代数和就是三阶行列式(1 - 7) 的值.

由此关于三元线性方程组(1 - 6),当行列式

$$D = \begin{vmatrix} a_{11} & a_{12} & a_{13} \\ a_{21} & a_{22} & a_{23} \\ a_{31} & a_{32} & a_{33} \end{vmatrix} \neq 0$$

时,如果记

$$D_1 = \begin{vmatrix} b_1 & a_{12} & a_{13} \\ b_2 & a_{22} & a_{23} \\ b_3 & a_{32} & a_{33} \end{vmatrix}, \quad D_2 = \begin{vmatrix} a_{11} & b_1 & a_{13} \\ a_{21} & b_2 & a_{23} \\ a_{31} & b_3 & a_{33} \end{vmatrix}, \quad D_3 = \begin{vmatrix} a_{11} & a_{12} & b_1 \\ a_{21} & a_{22} & b_2 \\ a_{31} & a_{32} & b_3 \end{vmatrix}$$

则方程组(1 - 6) 有唯一解

$$x_1 = \frac{D_1}{D}, \quad x_2 = \frac{D_2}{D}, \quad x_3 = \frac{D_3}{D} \tag{1-8}$$

一般地,称 D 为方程组(1 - 6) 的**系数行列式**,而 D_1, D_2, D_3 是分别把 D 中的第 1 列、第 2 列、第 3 列中的各数换成常数项 b_1, b_2, b_3 构成的.

例 2　计算行列式

$$D = \begin{vmatrix} 2 & -1 & 3 \\ -1 & 2 & 1 \\ 4 & 1 & 2 \end{vmatrix}$$

解　$D = 2 \times 2 \times 2 + (-1) \times 1 \times 3 + 4 \times (-1) \times 1 - 3 \times 2 \times 4 - 1 \times 1 \times 2$

$$-2\times(-1)\times(-1)$$
$$=-27$$

例 3　当 x 为何值时,行列式

$$\begin{vmatrix}3 & 1 & -1\\ 2 & 5 & x\\ 2 & 3 & 2\end{vmatrix}=2.$$

解　$$\begin{vmatrix}3 & 1 & -1\\ 2 & 5 & x\\ 2 & 3 & 2\end{vmatrix}=3\times5\times2+2\times3\times(-1)+2\times1\times x-(-1)\times5\times2$$
$$-x\times3\times3-2\times1\times2$$
$$=30-7x=2$$

解得

$$x=4.$$

故当 $x=4$ 时,行列式

$$\begin{vmatrix}3 & 1 & -1\\ 2 & 5 & x\\ 2 & 3 & 2\end{vmatrix}=2.$$

例 4　解线性方程组

$$\begin{cases}x_1+x_2-x_3=a\\ -x_1+x_2+x_3=b\\ x_1-x_2+x_3=c\end{cases}$$

解　由系数行列式

$$D=\begin{vmatrix}1 & 1 & -1\\ -1 & 1 & 1\\ 1 & -1 & 1\end{vmatrix}=4\neq0$$

$$D_1=\begin{vmatrix}a & 1 & -1\\ b & 1 & 1\\ c & -1 & 1\end{vmatrix}=2(a+c),D_2=\begin{vmatrix}1 & a & -1\\ -1 & b & 1\\ 1 & c & 1\end{vmatrix}=2(a+b)$$

$$D_3=\begin{vmatrix}1 & 1 & a\\ -1 & 1 & b\\ 1 & -1 & c\end{vmatrix}=2(b+c)$$

故方程组有唯一解,由(1－8)式可知

$$\begin{cases} x_1 = \dfrac{D_1}{D} = \dfrac{1}{2}(a+c) \\ x_2 = \dfrac{D_2}{D} = \dfrac{1}{2}(a+b) \\ x_3 = \dfrac{D_3}{D} = \dfrac{1}{2}(b+c) \end{cases}$$

二、排列中的逆序与逆序数

为了获得 n 阶行列式的定义，需介绍排列及其有关的概念．

定义 1.1　把 n 个不同的自然数 $1,2,\cdots,n$ 排成一个有序数组

$$i_1 i_2 \cdots i_n$$

称为 n **级排列**，简称**排列**．

例如，12345，42351 是 5 级排列，21458673 是 8 级排列．

一般地，n 级排列的总数为 $n!$ 种．例如 3 级排列的总的排列方法有 $3!=6$ 种，即 123；132；213；231；312；321.

定义 1.2　在一个 n 级排列 $i_1\cdots i_s\cdots i_t\cdots i_n$ 中，如果 $s<t$ 时，$i_s>i_t$，即一对数的前后位置与大小顺序相反，则称数对 i_s 与 i_t 构成一个**逆序**．一个 n 级排列中逆序的总数，称为 n 级排列的**逆序数**，记作 $\tau(i_1 i_2\cdots i_n)$.

例如，在 5 级排列 42351 中，构成逆序的数对有 42，43，41，21，31，51 共 6 个．故 $\tau(42351)=6$. 而在 n 级排列 $123\cdots n$ 中，没有构成逆序的数对，故 $\tau(123\cdots n)=0$. 我们称这种逆序数为零的排列为 n 级**自然排列**．

如果一个 n 级排列的逆序数为偶数，则称之为**偶排列**，显然 5 级排列 42351 是偶排列．如果一个 n 级排列的逆序数为奇数，则称之为**奇排列**，如 5 级排列 24135 是奇排列，因为 $\tau(24135)=3$.

定义 1.3　在一个排列 $i_1\cdots i_s\cdots i_t\cdots i_n$ 中，如果其中某两个数 i_s 和 i_t 互换位置，其余各数位置不变，就得到一个新排列 $i_1\cdots i_t\cdots i_s\cdots i_n$，这样的互换称为排列的一次**对换**，记作 (i_s,i_t)．特别地，若互换的是相邻的两个元素，则称为**相邻对换**．

例如：$42351 \xrightarrow{(3,1)} 42153$.

对换有如下重要性质：

定理 1.1　对换改变排列的奇偶性．

证　(1) 如果对换是相邻对换，在排列

$$i_1 i_2\cdots i_s i_t\cdots i_n$$

中，将 i_s 与 i_t 对换，得

$$i_1 i_2\cdots i_t i_s\cdots i_n$$

因为对换后除了 i_s 与 i_t 外，其余任意两数间的序数都未动，所以当 $i_s<i_t$ 时，对换后排列仅增加一个逆序，当 $i_s>i_t$ 时，对换后排列仅减少一个逆序．因此经相邻对换后排列的逆序数增加或减少 1 个，故相邻对换改变排列的奇偶性．

（2）如果对换不是相邻对换，在排列

$$i_1 i_2 \cdots i_s a_1 a_2 \cdots a_k i_t \cdots i_n$$

中，将 i_s 与 i_t 对换，得

$$i_1 i_2 \cdots i_t a_1 a_2 \cdots a_k i_s \cdots i_n$$

该排列可以看成由原排列中的 i_t 依次和前面的数作 $k+1$ 次相邻对换，变成

$$i_1 i_2 \cdots i_t i_s a_1 a_2 \cdots a_k \cdots i_n$$

后，再让 i_s 依次和它后面的数作 k 次相邻对换得到的，即对换后的排列可由原排列经 $2k+1$ 次相邻对换得到．所以非相邻对换亦改变排列的奇偶性．

综上所述：对换改变排列的奇偶性．

进一步可以证明，任意一个 n 级排列，经过有限次对换总可变成自然排列．而且还有如下结论：

定理 1.2　在所有 n 级排列中，奇排列和偶排列的个数相同，各为$\frac{n!}{2}$个．

三、n 阶行列式的定义

实际中，除了二阶、三阶行列式外，常常还会遇到阶数较高的行列式，为此我们需要定义更具普遍意义的 n 阶行列式．

再来考察三阶行列式(1－7)．由

$$\begin{vmatrix} a_{11} & a_{12} & a_{13} \\ a_{21} & a_{22} & a_{23} \\ a_{31} & a_{32} & a_{33} \end{vmatrix} = a_{11}a_{22}a_{33} + a_{13}a_{21}a_{32} + a_{12}a_{23}a_{31} - a_{13}a_{22}a_{31} - a_{11}a_{23}a_{32} - a_{12}a_{21}a_{33}$$

容易看到三阶行列式具有如下特征：

1. 三阶行列式表示所有位于不同行不同列的 3 个元素乘积的代数和．3 个元素的乘积称为行列式的项，可以表示为

$$a_{1j_1}a_{2j_2}a_{3j_3} \qquad (1-9)$$

$j_1j_2j_3$ 为 3 级排列，当 $j_1j_2j_3$ 遍取了 3 级排列时，即得到三阶行列式的所有项（不包含符号），共为 $3!=6$ 项．

2. 每一项都带有符号．项中行下标成自然排列时，当其列下标 $j_1j_2j_3$ 为偶排列，项(1－9)取正号；当 $j_1j_2j_3$ 为奇排列，项(1－9)就取负号．因此，称 $(-1)^{\tau(j_1j_2j_3)}a_{1j_1}a_{2j_2}a_{3j_3}$ 为行列式的一般项．

所以三阶行列式可记为

$$\begin{vmatrix} a_{11} & a_{12} & a_{13} \\ a_{21} & a_{22} & a_{23} \\ a_{31} & a_{32} & a_{33} \end{vmatrix} = \sum_{j_1j_2j_3} (-1)^{\tau(j_1j_2j_3)} a_{1j_1}a_{2j_2}a_{3j_3}$$

其中“$\sum\limits_{j_1j_2j_3}$”表示遍取所有 3 级排列 $j_1j_2j_3$ 时，对一般项

$$(-1)^{\tau(j_1j_2j_3)}a_{1j_1}a_{2j_2}a_{3j_3}$$

求和.

显然，二阶行列式也符合这些特征，并可记为

$$\begin{vmatrix} a_{11} & a_{12} \\ a_{21} & a_{22} \end{vmatrix} = \sum_{j_1j_2}(-1)^{\tau(j_1j_2)}a_{1j_1}a_{2j_2}$$

根据二、三阶行列式的特征，可以给出 n 阶行列式的定义.

定义 1.4　由 n^2 个元素 $a_{ij}(i,j=1,2,\cdots,n)$ 组成的记号

$$D = \begin{vmatrix} a_{11} & a_{12} & \cdots & a_{1n} \\ a_{21} & a_{22} & \cdots & a_{2n} \\ \cdots & \cdots & \cdots & \cdots \\ a_{n1} & a_{n2} & \cdots & a_{nn} \end{vmatrix} \tag{1-10}$$

称为 n **阶行列式**（其中横排称为**行**，纵排称为**列**，元素 a_{ij} 的第一下标和第二下标分别表示元素所处的行和列，称为**行标**和**列标**），它表示为所有取自不同行及不同列的 n 个数乘积

$$a_{1j_1}a_{2j_2}\cdots a_{nj_n} \tag{1-11}$$

的代数和. 各项 $a_{1j_1}a_{2j_2}\cdots a_{nj_n}$ 的符号是：行标依次构成自然排列时，若列标构成的 n 级排列 $j_1j_2\cdots j_n$ 为偶排列时，(1-11) 式取正号，当 $j_1j_2\cdots j_n$ 为奇排列时，(1-11) 式取负号. 即 n 阶行列式

$$D = \begin{vmatrix} a_{11} & a_{12} & \cdots & a_{1n} \\ a_{21} & a_{22} & \cdots & a_{2n} \\ \cdots & \cdots & \cdots & \cdots \\ a_{n1} & a_{n2} & \cdots & a_{nn} \end{vmatrix}$$

$$= \sum_{j_1j_2\cdots j_n}(-1)^{\tau(j_1j_2\cdots j_n)}a_{1j_1}a_{2j_2}\cdots a_{nj_n} \tag{1-12}$$

其中“$\sum\limits_{j_1j_2\cdots j_n}$”表示对所有的 n 级排列求和，共有 $n!$ 项.

显然，由一个元素构成的一阶行列式 $|a_{11}|$ 就是其自身，即 $|a_{11}| = a_{11}$.

例如，一个 4 阶行列式

$$D = \begin{vmatrix} a_{11} & a_{12} & a_{13} & a_{14} \\ a_{21} & a_{22} & a_{23} & a_{24} \\ a_{31} & a_{32} & a_{33} & a_{34} \\ a_{41} & a_{42} & a_{43} & a_{44} \end{vmatrix} = \sum_{j_1j_2j_3j_4} a_{1j_1}a_{2j_2}a_{3j_3}a_{4j_4}$$

所表示的代数和中有 $4! = 24$ 项.

其中乘积 $a_{11}a_{22}a_{33}a_{44}$ 的各元素的行标已经是4级自然排列1234,列标也构成4级自然排列1234,其逆序数为 $\tau(1234)=0$,且 $(-1)^{\tau(1234)}=(-1)^0=1$,故此项的符号为正号. 乘积 $a_{12}a_{24}a_{31}a_{43}$ 的各元素的行标也已经是4级自然排列1234,各元素的列标构成4级排列2413,其逆序数为 $\tau(2413)=3$. 故此项的符号为负号. 而乘积 $a_{11}a_{23}a_{34}a_{41}$ 有两个元素取自第1列,故它不是行列式的一个乘积项.

例5 计算 n 阶行列式

$$D=\begin{vmatrix} a_{11} & a_{12} & \cdots & a_{1n} \\ 0 & a_{22} & \cdots & a_{2n} \\ \cdots & \cdots & \cdots & \cdots \\ 0 & 0 & \cdots & a_{nn} \end{vmatrix},(a_{ii}\neq 0,i=1,2,\cdots,n)$$

解 根据行列式的定义1.4,得

$$D=\sum_{j_1j_2\cdots j_n}(-1)^{\tau(j_1j_2\cdots j_n)}a_{1j_1}a_{2j_2}\cdots a_{nj_n}$$

因为在 D 的一般项中,只有当

$$j_n=n,j_{n-1}=n-1,\cdots,j_2=2,j_1=1$$

时,乘积

$$a_{1j_1}a_{2j_2}\cdots a_{nj_n}$$

才不等于零. 所以

$$D=(-1)^{\tau(12\cdots n)}a_{11}a_{22}\cdots a_{nn}=a_{11}a_{22}\cdots a_{nn}$$

上述行列式称为**上三角行列式**,其特征为主对角线以下的元素全为零,主对角线以上的元素不全为零. 例5说明上三角行列式的值等于其主对角线上元素的乘积.

作为例5的特殊情况,如下行列式

$$\begin{vmatrix} a_{11} & 0 & \cdots & 0 \\ 0 & a_{22} & \cdots & 0 \\ \vdots & \vdots & \vdots & \vdots \\ 0 & 0 & \cdots & a_{nn} \end{vmatrix}=a_{11}a_{22}\cdots a_{nn}$$

这种主对角线以外的元素全为零的行列式称为**对角行列式**.

例6 计算行列式

$$D=\begin{vmatrix} n & 0 & 0 & \cdots & 0 & 0 \\ 0 & 0 & 0 & \cdots & 0 & n-1 \\ 0 & 0 & 0 & \cdots & n-2 & 0 \\ \cdots & \cdots & \cdots & \cdots & \cdots & \cdots \\ 0 & 0 & 2 & \cdots & 0 & 0 \\ 0 & 1 & 0 & \cdots & 0 & 0 \end{vmatrix}$$

解　根据行列式的定义 1.4，得

$$D=\sum_{j_1j_2\cdots j_n}(-1)^{\tau(j_1j_2\cdots j_n)}a_{1j_1}a_{2j_2}\cdots a_{nj_n}$$

D 中的各项，除

$$a_{11}a_{2n}\cdots a_{\overline{n-1}\,3}a_{n2}$$

外，其余全部为零，所以

$$\begin{aligned}D&=(-1)^{\tau[1n(n-1)\cdots 2]}n\cdot(n-1)\cdot\cdots\cdot 2\cdot 1\\&=(-1)^{\frac{(n-1)(n-2)}{2}}n!\end{aligned}$$

下面不加证明的给出 n 阶行列式的等价表达形式：

定理 1.3　n 阶行列式 $D=\begin{vmatrix}a_{11}&a_{12}&\cdots&a_{1n}\\a_{21}&a_{22}&\cdots&a_{2n}\\\cdots&\cdots&\cdots&\cdots\\a_{n1}&a_{n2}&\cdots&a_{nn}\end{vmatrix}$中的一般项可以表示成

$$(-1)^{\tau(i_1i_2\cdots i_n)}a_{i_11}a_{i_22}\cdots a_{i_nn}\qquad(1-13)$$

或

$$(-1)^{\tau(i_1i_2\cdots i_n)+\tau(j_1j_2\cdots j_n)}a_{i_1j_1}a_{i_2j_2}\cdots a_{i_nj_n}\qquad(1-14)$$

(1 - 13) 式为列标是自然排列，行标是 n 级排列 $i_1i_2\cdots i_n$ 时的一般项，而(1 - 14) 式为行标 $i_1i_2\cdots i_n$ 和列标 $j_1j_2\cdots j_n$ 均为 n 级排列的一般项.

(1 - 13) 式和(1 - 14) 式的价值在于丰富了用定义计算行列式的方法，即不一定只用行标是自然排列、列标是 n 级排列来计算 n 阶行列式. 也可用列标是自然排列、行标是 n 级排列，或行标、列标都是 n 级排列来计算 n 阶行列式.

例如，行列式

$$D=\begin{vmatrix}a&0&0&0\\0&0&0&b\\0&c&0&0\\0&0&d&0\end{vmatrix}$$

既可按(1 - 12) 式计算：

$$D=(-1)^{\tau(1423)}abcd=abcd$$

也可按(1 - 13) 式计算：

$$D=(-1)^{\tau(1342)}acdb=abcd$$

甚至还可以按(1 - 14) 式计算，这种解法留给读者自行完成.

§1.2 行列式的性质

用 n 阶行列式的定义计算行列式通常是很困难的．因为，当 n 阶行列式的阶数较高时，计算量非常大．例如一个六阶行列式，仅加、减、乘、除运算就多达几千次．因此本节主要研究 n 阶行列式的性质，揭示 n 阶行列式的运算规律，从而丰富 n 阶行列式的运算方法．

将 n 阶行列式 D 的行与列依次互换以后得到的行列式，称为 n 阶行列式 D 的**转置行列式**，记作 D^T 或 D'．即

$$\text{若 } D=\begin{vmatrix} a_{11} & a_{12} & \cdots & a_{1n} \\ a_{21} & a_{22} & \cdots & a_{2n} \\ \cdots & \cdots & \cdots & \cdots \\ a_{n1} & a_{n2} & \cdots & a_{nn} \end{vmatrix}, \text{则 } D^T=\begin{vmatrix} a_{11} & a_{21} & \cdots & a_{n1} \\ a_{12} & a_{22} & \cdots & a_{n2} \\ \cdots & \cdots & \cdots & \cdots \\ a_{1n} & a_{2n} & \cdots & a_{nn} \end{vmatrix}$$

转置行列式具有如下性质：

性质 1　行列式 D 与其转置行列式 D^T 相等，即 $D=D^T$.

证　因为在 D 中第 i 行第 j 列的数 $a_{ij}(i,j=1,2,\cdots,n)$ 就是 D^T 中第 j 行第 i 列的数 b_{ji}，即 $a_{ij}=b_{ji}$，所以由行列式定义 1.4 和(1－13) 式，得

$$\begin{aligned} D &= \sum_{j_1j_2\cdots j_n}(-1)^{\tau(j_1j_2\cdots j_n)}a_{1j_1}a_{2j_2}\cdots a_{nj_n} \\ &= \sum_{j_1j_2\cdots j_n}(-1)^{\tau(j_1j_2\cdots j_n)}b_{j_11}b_{j_22}\cdots b_{j_nn}=D^T \end{aligned}$$

例 1　计算下三角行列式

$$D=\begin{vmatrix} a_{11} & 0 & \cdots & 0 \\ a_{21} & a_{22} & \cdots & 0 \\ \cdots & \cdots & \cdots & \cdots \\ a_{n1} & a_{n2} & \cdots & a_{nn} \end{vmatrix}$$

解　由 §1.1 例 5 和性质 1，有

$$D=D^T=\begin{vmatrix} a_{11} & a_{21} & \cdots & a_{n1} \\ 0 & a_{22} & \cdots & a_{n2} \\ \cdots & \cdots & \cdots & \cdots \\ 0 & 0 & \cdots & a_{nn} \end{vmatrix}=a_{11}a_{22}\cdots a_{nn}$$

上、下三角行列式统称为**三角行列式**，显然三角行列式的值等于主对角线元素的乘积．

性质 1 说明在行列式中行与列的地位是相同的，对行成立的性质对列也成立．下面行列式的其他性质都具有这个特点，因此一般仅对行给出证明．

性质 2 行列式中,互换两行(列)的对应元素,行列式的值改变符号.即

$$\begin{vmatrix} a_{11} & a_{12} & \cdots & a_{1n} \\ \cdots & \cdots & \cdots & \cdots \\ a_{s1} & a_{s2} & \cdots & a_{sn} \\ \cdots & \cdots & \cdots & \cdots \\ a_{t1} & a_{t2} & \cdots & a_{tn} \\ \cdots & \cdots & \cdots & \cdots \\ a_{n1} & a_{n2} & \cdots & a_{nn} \end{vmatrix} = - \begin{vmatrix} a_{11} & a_{12} & \cdots & a_{1n} \\ \cdots & \cdots & \cdots & \cdots \\ a_{t1} & a_{t2} & \cdots & a_{tn} \\ \cdots & \cdots & \cdots & \cdots \\ a_{s1} & a_{s2} & \cdots & a_{sn} \\ \cdots & \cdots & \cdots & \cdots \\ a_{n1} & a_{n2} & \cdots & a_{nn} \end{vmatrix}$$

证 设上式左边行列式为 D,右边为 D_1,且 D_1 的第 i 行第 j 列元素为 b_{ij},则 D 的 s 行、t 行与 D_1 的 t 行、s 行的元素之间有关系:

$$a_{sj} = b_{tj}, a_{tj} = b_{sj} \quad (j = 1,2,\cdots,n)$$

此外,由 $a_{ij} = b_{ij}(i \neq s,t;j = 1,2,\cdots,n)$,注意到对换改变排列的奇偶性和行列式的定义 1.4,得

$$\begin{aligned} D &= \sum_{j_1 j_2 \cdots j_n} (-1)^{\tau(1\cdots s\cdots t\cdots n)+\tau(j_1\cdots j_s\cdots j_t\cdots j_n)} a_{1j_1}\cdots a_{sj_s}\cdots a_{tj_t}\cdots a_{nj_n} \\ &= -\sum_{j_1 j_2 \cdots j_n} (-1)^{\tau(1\cdots t\cdots s\cdots n)+\tau(j_1\cdots j_s\cdots j_t\cdots j_n)} b_{1j_1}\cdots b_{tj_s}\cdots b_{sj_t}\cdots b_{nj_n} \\ &= -D_1 \end{aligned}$$

例如,

$$\begin{vmatrix} 1 & 2 & 1 \\ 0 & 0 & 5 \\ 0 & -1 & 3 \end{vmatrix} = - \begin{vmatrix} 1 & 2 & 1 \\ 0 & -1 & 3 \\ 0 & 0 & 5 \end{vmatrix} = 5$$,互换第 2,3 行对应元素

推论 行列式中,如果有两行(列)对应元素相同,则此行列式的值为零.

例如,

$$\begin{vmatrix} 1 & 4 & 1 \\ 2 & 5 & 2 \\ 3 & 6 & 3 \end{vmatrix} = 0$$,(第 1,3 列对应元素相等)

性质 3 行列式中,如果某一行(列)的所有元素都有公因子 k,则 k 可提到行列式符号之外.即

$$\begin{vmatrix} a_{11} & a_{12} & \cdots & a_{1n} \\ \cdots & \cdots & \cdots & \cdots \\ ka_{i1} & ka_{i2} & \cdots & ka_{in} \\ \cdots & \cdots & \cdots & \cdots \\ a_{n1} & a_{n2} & \cdots & a_{nn} \end{vmatrix} = k \begin{vmatrix} a_{11} & a_{12} & \cdots & a_{1n} \\ \cdots & \cdots & \cdots & \cdots \\ a_{i1} & a_{i2} & \cdots & a_{in} \\ \cdots & \cdots & \cdots & \cdots \\ a_{n1} & a_{n2} & \cdots & a_{nn} \end{vmatrix}$$

证 在上式中,由行列式的定义 1.4,得

$$
\begin{aligned}
\text{左端} &= \sum_{j_1j_2\cdots j_n}(-1)^{\tau(j_1j_2\cdots j_n)}a_{1j_1}a_{2j_2}\cdots ka_{ij_i}\cdots a_{nj_n}\\
&= k\sum_{j_1j_2\cdots j_n}(-1)^{\tau(j_1j_2\cdots j_n)}a_{1j_1}a_{2j_2}\cdots a_{ij_i}\cdots a_{nj_n}\\
&= \text{右端}
\end{aligned}
$$

例如，

$$
\begin{vmatrix} 1 & 2 & 3 \\ 2 & 6 & 8 \\ 4 & 5 & 6 \end{vmatrix} = 2\begin{vmatrix} 1 & 2 & 3 \\ 1 & 3 & 4 \\ 4 & 5 & 6 \end{vmatrix},\text{(第 2 行元素的公因子 2 可提出)}
$$

推论 1　行列式中，如果两行(列)对应元素成比例，则行列式的值为零．即

$$
\begin{vmatrix} a_{11} & a_{12} & \cdots & a_{1n} \\ \cdots & \cdots & \cdots & \cdots \\ a_{s1} & a_{s2} & \cdots & a_{sn} \\ \cdots & \cdots & \cdots & \cdots \\ ka_{s1} & ka_{s2} & \cdots & ka_{sn} \\ \cdots & \cdots & \cdots & \cdots \\ a_{n1} & a_{n2} & \cdots & a_{nn} \end{vmatrix} \begin{matrix} \\ \\ (s\text{ 行}) \\ \\ (t\text{ 行}) \\ \\ \\ \end{matrix} = 0
$$

例如，

$$
\begin{vmatrix} 1 & 0 & 1 \\ 2 & 4 & -6 \\ 1 & 2 & -3 \end{vmatrix} = 0,\text{(第 2,3 行对应元素成比例)}
$$

推论 2　行列式中，如果有一行(列)元素全为零，则行列式的值为零．

例如，

$$
\begin{vmatrix} 1 & 2 & 3 \\ 0 & 0 & 0 \\ 4 & 5 & 6 \end{vmatrix} = 0,\text{(第 2 行元素全为零)}
$$

注意：在行列式中，如果所有元素都有公因子 k，则可以将公因子 k 提到行列式外表示成 k^n．即

$$
\begin{vmatrix} ka_{11} & ka_{12} & \cdots & ka_{1n} \\ ka_{21} & ka_{22} & \cdots & ka_{2n} \\ \cdots & \cdots & \cdots & \cdots \\ ka_{n1} & ka_{n2} & \cdots & ka_{nn} \end{vmatrix} = k^n\begin{vmatrix} a_{11} & a_{21} & \cdots & a_{n1} \\ a_{12} & a_{22} & \cdots & a_{n2} \\ \cdots & \cdots & \cdots & \cdots \\ a_{1n} & a_{2n} & \cdots & a_{nn} \end{vmatrix}
$$

性质 4　行列式中，如果某一行(列)的所有元素都是两个数的和，则此行列式等于两个行列式的和．即

$$\begin{vmatrix} a_{11} & a_{12} & \cdots & a_{1n} \\ \cdots & \cdots & \cdots & \cdots \\ a_{s1}+b_{s1} & a_{s2}+b_{s2} & \cdots & a_{sn}+b_{sn} \\ \cdots & \cdots & \cdots & \cdots \\ a_{n1} & a_{n2} & \cdots & a_{nn} \end{vmatrix} = \begin{vmatrix} a_{11} & a_{12} & \cdots & a_{1n} \\ \cdots & \cdots & \cdots & \cdots \\ a_{s1} & a_{s2} & \cdots & a_{sn} \\ \cdots & \cdots & \cdots & \cdots \\ a_{n1} & a_{n2} & \cdots & a_{nn} \end{vmatrix} + \begin{vmatrix} a_{11} & a_{12} & \cdots & a_{1n} \\ \cdots & \cdots & \cdots & \cdots \\ b_{s1} & b_{s2} & \cdots & b_{sn} \\ \cdots & \cdots & \cdots & \cdots \\ a_{n1} & a_{n2} & \cdots & a_{nn} \end{vmatrix}$$

证 设上式左边行列式为 D,右边第一个行列式为 D_1,第二个行列式为 D_2. 由行列式定义 1.4,得,

$$\begin{aligned} D &= \sum_{j_1j_2\cdots j_n}(-1)^{\tau(j_1j_2\cdots j_n)}a_{1j_1}a_{2j_2}\cdots(a_{sj_s}+b_{sj_s})\cdots a_{nj_n} \\ &= \sum_{j_1j_2\cdots j_n}(-1)^{\tau(j_1j_2\cdots j_n)}a_{1j_1}a_{2j_2}\cdots a_{sj_s}\cdots a_{nj_n} + \sum_{j_1j_2\cdots j_n}(-1)^{\tau(j_1j_2\cdots j_n)}a_{1j_1}a_{2j_2}\cdots b_{sj_s}\cdots a_{nj_n} \\ &= D_1 + D_2 \end{aligned}$$

注意:一般地

$$\begin{vmatrix} a_{11}+b_{11} & a_{12}+b_{12} \\ a_{21}+b_{21} & a_{22}+b_{22} \end{vmatrix} \neq \begin{vmatrix} a_{11} & b_{11} \\ a_{21} & b_{22} \end{vmatrix} + \begin{vmatrix} b_{11} & b_{12} \\ b_{21} & b_{22} \end{vmatrix}$$

这说明两个行列式的和(上式右端)一般不等于这两个行列式中元素对应相加(上式左端),即行列式没有加法运算.

例 2 计算行列式

$$\begin{vmatrix} 1 & 2 & 3 \\ 2 & 3 & 1 \\ 198 & 299 & 103 \end{vmatrix}$$

解 利用性质 4 和性质 3 推论 1,得

$$D = \begin{vmatrix} 1 & 2 & 3 \\ 2 & 3 & 1 \\ 200-2 & 300-1 & 100+3 \end{vmatrix} = \begin{vmatrix} 1 & 2 & 3 \\ 2 & 3 & 1 \\ 200 & 300 & 100 \end{vmatrix} + \begin{vmatrix} 1 & 2 & 3 \\ 2 & 3 & 1 \\ -2 & -1 & 3 \end{vmatrix}$$

$$= 0 + 6 = 6$$

利用性质 4 和性质 3 推论 1 容易证明下面的性质.

性质 5 行列式中,某一行(列)各元素同乘以数 k 后,分别加到另一行(列)各对应元素上,行列式的值不变. 即

$$
\begin{vmatrix}
a_{11} & a_{12} & \cdots & a_{1n} \\
\cdots & \cdots & \cdots & \cdots \\
a_{s1} & a_{s2} & \cdots & a_{sn} \\
\cdots & \cdots & \cdots & \cdots \\
a_{t1} & a_{t2} & \cdots & a_{tn} \\
\cdots & \cdots & \cdots & \cdots \\
a_{n1} & a_{n2} & \cdots & a_{nn}
\end{vmatrix}
\overset{\times k}{\longleftarrow}
=
\begin{vmatrix}
a_{11} & a_{12} & \cdots & a_{1n} \\
\cdots & \cdots & \cdots & \cdots \\
a_{s1}+ka_{t1} & a_{s2}+ka_{t2} & \cdots & a_{sn}+ka_{tn} \\
\cdots & \cdots & \cdots & \cdots \\
a_{t1} & a_{t2} & \cdots & a_{tn} \\
\cdots & \cdots & \cdots & \cdots \\
a_{n1} & a_{n2} & \cdots & a_{nn}
\end{vmatrix}
$$

性质5在行列式的计算中最常用,它是行列式计算的重要工具．利用行列式的性质结合例1的结果,可以获得行列式的第一种基本计算方法——**三角行列式法**．它的基本作法是:将主对角线以上或以下的元素化为零,从而行列式化为三角行列式,就可得到行列式的值．

例3 计算行列式

$$
D=\begin{vmatrix}
1 & 1 & -1 & 2 \\
-1 & -1 & -4 & 1 \\
2 & 4 & -7 & 1 \\
1 & 2 & 4 & 2
\end{vmatrix}
$$

解 由于 $a_{11}=1\neq 0$,利用 a_{11} 把行列式 D 的第1列的其余元素化为零,再从非零的第2行第2列元素出发,重复进行上述步骤,最终将 D 化为上三角行列式,即

$$
D=\begin{vmatrix}
1 & 1 & -1 & 2 \\
-1 & -1 & -4 & 1 \\
2 & 4 & -7 & 1 \\
1 & 2 & 4 & 2
\end{vmatrix}
\begin{matrix} \times(-2)\ \times(-1) \end{matrix}
=\begin{vmatrix}
1 & 1 & -1 & 2 \\
0 & 0 & -5 & 3 \\
0 & 2 & -5 & -3 \\
0 & 1 & 5 & 0
\end{vmatrix}
$$

$$
=-\begin{vmatrix}
1 & 1 & -1 & 2 \\
0 & 1 & 5 & 0 \\
0 & 2 & -5 & -3 \\
0 & 0 & -5 & 3
\end{vmatrix}
\times(-2)
=-\begin{vmatrix}
1 & 1 & -1 & 2 \\
0 & 1 & 5 & 0 \\
0 & 0 & -15 & -3 \\
0 & 0 & -5 & 3
\end{vmatrix}
\times\left(-\frac{1}{3}\right)
$$

$$
=-\begin{vmatrix}
1 & 1 & -1 & 2 \\
0 & 1 & 5 & 0 \\
0 & 0 & -15 & -3 \\
0 & 0 & 0 & 4
\end{vmatrix}
=60
$$

例4 计算 n 阶行列式

$$D=\begin{vmatrix} a & b & b & \cdots & b \\ b & a & b & \cdots & b \\ b & b & a & \cdots & b \\ \cdots & \cdots & \cdots & \cdots & \cdots \\ b & b & b & \cdots & a \end{vmatrix}$$

解　把行列式 D 的各列都加到第 1 列，提出第 1 列的公因子

$$[a+(n-1)b]$$

然后将第 1 行乘以 -1 加到其余各行，D 就化为上三角行列式，
即

$$D=\begin{vmatrix} a & b & b & \cdots & b \\ b & a & b & \cdots & b \\ b & b & a & \cdots & b \\ \cdots & \cdots & \cdots & \cdots & \cdots \\ b & b & b & \cdots & a \end{vmatrix}=\begin{vmatrix} a+(n-1)b & b & b & \cdots & b \\ a+(n-1)b & a & b & \cdots & b \\ a+(n-1)b & b & a & \cdots & b \\ \cdots & \cdots & \cdots & \cdots & \cdots \\ a+(n-1)b & b & b & \cdots & a \end{vmatrix}$$

$$=[a+(n-1)b]\begin{vmatrix} 1 & b & b & \cdots & b \\ 1 & a & b & \cdots & b \\ 1 & b & a & \cdots & b \\ \cdots & \cdots & \cdots & \cdots & \cdots \\ 1 & b & b & \cdots & a \end{vmatrix} \times(-1)$$

$$=[a+(n-1)b]\begin{vmatrix} 1 & b & b & \cdots & b \\ 0 & a-b & 0 & \cdots & 0 \\ 0 & 0 & a-b & \cdots & 0 \\ \cdots & \cdots & \cdots & \cdots & \cdots \\ 0 & 0 & 0 & \cdots & a-b \end{vmatrix}$$

$$=[a+(n-1)b](a-b)^{n-1}$$

例 5　解方程

$$\begin{vmatrix} 2 & 2 & 2 & \cdots & n-x \\ 1 & 1-x & 1 & \cdots & 1 \\ 1 & 1 & 2-x & \cdots & 1 \\ \cdots & \cdots & \cdots & \cdots & \cdots \\ 1 & 1 & 1 & \cdots & (n-1)-x \end{vmatrix}=0$$

解　把等式左端行列式的最后一行乘以 -1 加到第 1 行，再将第 1 行乘以 -1 分别加到其余各行，就化为上三角行列式，即

$$\begin{vmatrix} 2 & 2 & 2 & \cdots & n-x \\ 1 & 1-x & 1 & \cdots & 1 \\ 1 & 1 & 2-x & \cdots & 1 \\ \cdots & \cdots & \cdots & \cdots & \cdots \\ 1 & 1 & 1 & \cdots & (n-1)-x \end{vmatrix} \begin{matrix} \leftarrow \\ \\ \\ \\ \times(-1) \end{matrix} = \begin{vmatrix} 1 & 1 & 1 & \cdots & 1 \\ 1 & 1-x & 1 & \cdots & 1 \\ 1 & 1 & 2-x & \cdots & 1 \\ \cdots & \cdots & \cdots & \cdots & \cdots \\ 1 & 1 & 1 & \cdots & (n-1)-x \end{vmatrix} \begin{matrix} \times(-1) \\ \leftarrow \\ \leftarrow \\ \cdots \\ \leftarrow \end{matrix}$$

$$= \begin{vmatrix} 1 & 1 & 1 & \cdots & 1 \\ 0 & -x & 0 & \cdots & 0 \\ 0 & 0 & 1-x & \cdots & 0 \\ \cdots & \cdots & \cdots & \cdots & \cdots \\ 0 & 0 & 0 & \cdots & (n-2)-x \end{vmatrix}$$

$$= -x(1-x)\cdots[(n-2)-x] = 0$$

所以方程的解为 $x_1 = 0, x_2 = 1, \cdots, x_{n-1} = n-2$.

§1.3 行列式的展开定理

在 §1.1 中我们看到,低阶行列式(二阶、三阶行列式)在计算上显然比高阶行列式简单. 因此,我们想寻找一种用低阶行列式表示高阶行列式的方法,而本节就介绍这种方法,即行列式按行(列)展开定理,并总结出行列式的第二种基本计算方法 —— 降阶法.

一、行列式按一行(列)展开定理

定义 1.5 在 n 阶行列式

$$D = \begin{vmatrix} a_{11} & a_{12} & \cdots & a_{1n} \\ a_{21} & a_{22} & \cdots & a_{2n} \\ \cdots & \cdots & \cdots & \cdots \\ a_{n1} & a_{n2} & \cdots & a_{nn} \end{vmatrix}$$

中,把元素 a_{ij} 所在的第 i 行和第 j 列划去后,留下的元素按原来的顺序排列所得的 $n-1$ 阶行列式称为元素 a_{ij} 的**余子式**,记作 M_{ij}. 即

$$M_{ij} = \begin{vmatrix} a_{11} & \cdots & a_{1j-1} & a_{1j+1} & \cdots & a_{1n} \\ \cdots & \cdots & \cdots & \cdots & \cdots & \cdots \\ a_{i-11} & \cdots & a_{i-1j-1} & a_{i-1j+1} & \cdots & a_{i-1n} \\ a_{i+11} & \cdots & a_{i+1j-1} & a_{i+1j+1} & \cdots & a_{i+1n} \\ \cdots & \cdots & \cdots & \cdots & \cdots & \cdots \\ a_{n1} & \cdots & a_{nj-1} & a_{nj+1} & \cdots & a_{nn} \end{vmatrix}$$

并称 $A_{ij}=(-1)^{i+j}M_{ij}$ 为元素 a_{ij} 的**代数余子式**.

例如,四阶行列式

$$D=\begin{vmatrix} a_{11} & a_{12} & a_{13} & a_{14} \\ a_{21} & a_{22} & a_{23} & a_{24} \\ a_{31} & a_{32} & a_{33} & a_{34} \\ a_{41} & a_{42} & a_{43} & a_{44} \end{vmatrix}$$

中元素 a_{11},a_{32} 的余子式分别为

$$M_{11}=\begin{vmatrix} a_{22} & a_{23} & a_{24} \\ a_{32} & a_{33} & a_{34} \\ a_{42} & a_{43} & a_{44} \end{vmatrix}\quad M_{32}=\begin{vmatrix} a_{11} & a_{13} & a_{14} \\ a_{21} & a_{23} & a_{24} \\ a_{41} & a_{43} & a_{44} \end{vmatrix}$$

其对应的代数余子式分别为

$$A_{11}=(-1)^{1+1}M_{11}=M_{11},\ A_{32}=(-1)^{3+2}M_{32}=-M_{32}$$

为获得行列式的按行(列)展开定理,需先证明下面的引理.

引理　若在 n 阶行列式 D 的第 i 行中有一个元素 $a_{ij}\neq 0$,其余元素全为零,则

$$D=a_{ij}A_{ij}$$

证　先证 $i=1,j=1$ 的情形. 此时

$$D=\begin{vmatrix} a_{11} & 0 & \cdots & 0 \\ a_{21} & a_{22} & \cdots & a_{2n} \\ \cdots & \cdots & \cdots & \cdots \\ a_{n1} & a_{n2} & \cdots & a_{nn} \end{vmatrix}$$

因为在 D 的第 1 行元素中,除 a_{11} 外其余都为零,所以在 D 中含有 $a_{1j_1}(j_1\neq 1)$ 的项都为零,于是由定义 1.4,得

$$\begin{aligned} D &= \sum_{j_1j_2\cdots j_n}(-1)^{\tau(j_1j_2\cdots j_n)}a_{1j_1}a_{2j_2}\cdots a_{nj_n}=\sum_{1j_2\cdots j_n}(-1)^{\tau(1j_2\cdots j_n)}a_{11}a_{2j_2}\cdots a_{nj_n} \\ &= a_{11}\sum_{j_2\cdots j_n}(-1)^{\tau(j_2\cdots j_n)}a_{2j_2}\cdots a_{nj_n}=a_{11}M_{11}=a_{11}A_{11} \end{aligned}$$

再证一般情形. 此时

$$D=\begin{vmatrix} a_{11} & \cdots & a_{1j} & \cdots & a_{1n} \\ \cdots & \cdots & \cdots & \cdots & \cdots \\ 0 & \cdots & a_{ij} & \cdots & 0 \\ \cdots & \cdots & \cdots & \cdots & \cdots \\ a_{n1} & \cdots & a_{nj} & \cdots & a_{nn} \end{vmatrix}$$

先将第 i 行依次与第 $i-1,i-2,\cdots,2,1$ 行互换后,再将第 j 列依次与第 $j-1,j-2,\cdots,2,1$ 列

互换,由行列式性质2,得

$$D=(-1)^{(i-1)+(j-1)}\begin{vmatrix} a_{ij} & 0 & \cdots & 0 & 0 & \cdots & 0 \\ a_{1j} & a_{11} & \cdots & a_{1j-1} & a_{1j+1} & \cdots & a_{1n} \\ \cdots & \cdots & \cdots & \cdots & \cdots & \cdots & \cdots \\ a_{i-1j} & a_{i-11} & \cdots & a_{i-1j-1} & a_{i-1j+1} & \cdots & a_{i-1n} \\ a_{i+1j} & a_{i+11} & \cdots & a_{i+1j-1} & a_{i+1j+1} & \cdots & a_{i+1n} \\ \cdots & \cdots & \cdots & \cdots & \cdots & \cdots & \cdots \\ a_{nj} & a_{n1} & \cdots & a_{nj-1} & a_{nj+1} & \cdots & a_{nn} \end{vmatrix}$$

再由前述情形,得

$$D=(-1)^{i+j}a_{ij}M_{ij}=a_{ij}A_{ij}$$

定理 1.4 n 阶行列式

$$D=\begin{vmatrix} a_{11} & a_{12} & \cdots & a_{1n} \\ a_{21} & a_{22} & \cdots & a_{2n} \\ \cdots & \cdots & \cdots & \cdots \\ a_{n1} & a_{n2} & \cdots & a_{nn} \end{vmatrix}$$

等于它的任意一行(列)的各元素与其对应的代数余子式的乘积之和. 即

$$D=a_{i1}A_{i1}+a_{i2}A_{i2}+\cdots+a_{in}A_{in}(i=1,2,\cdots,n) \tag{1-15}$$

或

$$D=a_{1j}A_{1j}+a_{2j}A_{2j}+\cdots+a_{nj}A_{nj}(j=1,2,\cdots,n) \tag{1-16}$$

证 仅证(1-15)式.

$$D=\begin{vmatrix} a_{11} & a_{12} & \cdots & a_{1n} \\ \cdots & \cdots & \cdots & \cdots \\ a_{i1} & a_{i2} & \cdots & a_{in} \\ \cdots & \cdots & \cdots & \cdots \\ a_{n1} & a_{n2} & \cdots & a_{nn} \end{vmatrix}$$

$$=\begin{vmatrix} a_{11} & a_{12} & \cdots & a_{1n} \\ \cdots & \cdots & \cdots & \cdots \\ a_{i1}+0+\cdots+0 & 0+a_{i2}+\cdots+0 & \cdots & 0+0+\cdots+a_{in} \\ \cdots & \cdots & \cdots & \cdots \\ a_{n1} & a_{n2} & \cdots & a_{nn} \end{vmatrix}$$

$$= \begin{vmatrix} a_{11} & a_{12} & \cdots & a_{1n} \\ \cdots & \cdots & \cdots & \cdots \\ a_{i1} & 0 & \cdots & 0 \\ \cdots & \cdots & \cdots & \cdots \\ a_{n1} & a_{n2} & \cdots & a_{nn} \end{vmatrix} + \begin{vmatrix} a_{11} & a_{12} & \cdots & a_{1n} \\ \cdots & \cdots & \cdots & \cdots \\ 0 & a_{i2} & \cdots & 0 \\ \cdots & \cdots & \cdots & \cdots \\ a_{n1} & a_{n2} & \cdots & a_{nn} \end{vmatrix} + \cdots + \begin{vmatrix} a_{11} & a_{12} & \cdots & a_{1n} \\ \cdots & \cdots & \cdots & \cdots \\ 0 & 0 & \cdots & a_{in} \\ \cdots & \cdots & \cdots & \cdots \\ a_{n1} & a_{n2} & \cdots & a_{nn} \end{vmatrix}$$

$$= a_{i1}A_{i1} + a_{i2}A_{i2} + \cdots + a_{in}A_{in} \quad (i = 1,2,\cdots,n)$$

完全类似地,可证(1 - 17) 式成立.

推论 n 阶行列式 D 的任意一行(列) 的元素与另一行(列) 对应元素的代数余子式乘积的和等于零. 即

$$a_{i1}A_{s1} + a_{i2}A_{s2} + \cdots + a_{in}A_{sn} = 0, \qquad i \neq s$$

$$a_{1j}A_{1t} + a_{2j}A_{2t} + \cdots + a_{nj}A_{nt} = 0, \qquad j \neq t$$

证 把行列式 D 的第 s 行元素换为第 i 行($i \neq s$) 的对应元素,得到新的行列式 D_1. D_1 中有两行元素完全相同,因此 $D_1 = 0$. 把 D_1 按第 s 行展开,得

$$D_1 = a_{i1}A_{s1} + a_{i2}A_{s2} + \cdots + a_{in}A_{sn} = 0, \quad (i \neq s)$$

用类似的方法可证:

$$a_{1j}A_{1t} + a_{2j}A_{2t} + \cdots + a_{nj}A_{nt} = 0, \quad (j \neq t)$$

综合定理 1.4 及其推论,有

$$\sum_{j=1}^{n} a_{ij}A_{sj} = \begin{cases} D, & i = s \\ 0, & i \neq s \end{cases}, \qquad \sum_{i=1}^{n} a_{ij}A_{it} = \begin{cases} D, & j = t \\ 0, & j \neq t \end{cases}$$

定理 1.4 表明,n 阶行列式的计算可以“降”为若干个 $n-1$ 阶的行列式计算,实际上这是一种将高阶行列式化为低阶行列式的计算方法,称为**降阶法**,它是行列式的第二种基本计算方法,其主要做法是:利用行列式的性质结合定理 1.4,把行列式的某行(列) 尽可能化为仅含一个非零元素,再按此行(列) 降阶展开,就能简化行列式的计算问题.

例 1 计算行列式

$$D = \begin{vmatrix} 2 & -3 & 4 & 1 \\ 4 & 2 & 3 & 2 \\ 1 & 0 & 2 & 0 \\ 3 & -1 & 4 & 0 \end{vmatrix}$$

解 先观察行列式 D 中第 4 列的元素,已有两个为零,则利用行列式性质,将第 1 行的各元素乘以 -2 加到第 2 行,再按第 4 列降阶,即

$$D = \begin{vmatrix} 2 & -3 & 4 & 1 \\ 4 & 2 & 3 & 2 \\ 1 & 0 & 2 & 0 \\ 3 & -1 & 4 & 0 \end{vmatrix} \begin{matrix} \times(-2) \\ \hookleftarrow \\ \\ \\ \end{matrix} = \begin{vmatrix} 2 & -3 & 4 & 1 \\ 0 & 8 & -5 & 0 \\ 1 & 0 & 2 & 0 \\ 3 & -1 & 4 & 0 \end{vmatrix}$$

$$= 1 \times (-1)^{1+4} \times \begin{vmatrix} 0 & 8 & -5 \\ 1 & 0 & 2 \\ 3 & -1 & 4 \end{vmatrix} = -\begin{vmatrix} 0 & 8 & -5 \\ 1 & 0 & 0 \\ 3 & -1 & -2 \end{vmatrix}$$

$\times(-2)$

继续按第 2 行降阶,得

$$D = -1 \times (-1)^{2+1} \times \begin{vmatrix} 8 & -5 \\ -1 & -2 \end{vmatrix} = -21.$$

例 2　计算 n 阶行列式

$$D = \begin{vmatrix} a & b & 0 & \cdots & 0 & 0 \\ 0 & a & b & \cdots & 0 & 0 \\ \cdots & \cdots & \cdots & \cdots & \cdots & \cdots \\ 0 & 0 & 0 & \cdots & a & b \\ b & 0 & 0 & \cdots & 0 & a \end{vmatrix}$$

解　先将行列式 D 按第 1 列降阶展开,再按三角行列式计算,即

$$D = a\begin{vmatrix} a & b & \cdots & 0 & 0 \\ 0 & a & \cdots & 0 & 0 \\ \cdots & \cdots & \cdots & \cdots & \cdots \\ 0 & 0 & \cdots & a & b \\ 0 & 0 & \cdots & 0 & a \end{vmatrix} + (-1)^{n+1}b\begin{vmatrix} b & 0 & \cdots & 0 & 0 \\ a & b & \cdots & 0 & 0 \\ \cdots & \cdots & \cdots & \cdots & \cdots \\ 0 & 0 & \cdots & b & 0 \\ 0 & 0 & \cdots & a & b \end{vmatrix}$$

$$= a^n + (-1)^{n+1}b^n.$$

例 3　计算 n 阶行列式

$$D_n = \begin{vmatrix} x & -1 & 0 & \cdots & 0 & 0 \\ 0 & x & -1 & \cdots & 0 & 0 \\ \cdots & \cdots & \cdots & \cdots & \cdots & \cdots \\ 0 & 0 & 0 & \cdots & x & -1 \\ a_n & a_{n-1} & a_{n-2} & \cdots & a_2 & a_1 \end{vmatrix}$$

解　先将行列式 D_n 的第 2,3,$\cdots$,n 列分别乘以 $x, x^2, \cdots, x^{n-1}$ 加到第 1 列,然后再按第 1 列降阶展开,即

$$D_n = \begin{vmatrix} x & -1 & 0 & \cdots & 0 & 0 \\ 0 & x & -1 & \cdots & 0 & 0 \\ \cdots & \cdots & \cdots & \cdots & \cdots & \cdots \\ 0 & 0 & 0 & \cdots & x & -1 \\ a_n & a_{n-1} & a_{n-2} & \cdots & a_2 & a_1 \end{vmatrix} = \begin{vmatrix} 0 & -1 & 0 & \cdots & 0 & 0 \\ 0 & x & -1 & \cdots & 0 & 0 \\ \cdots & \cdots & \cdots & \cdots & \cdots & \cdots \\ 0 & 0 & 0 & \cdots & x & -1 \\ \sum_{i=1}^{n} a_i x^{n-i} & a_{n-1} & a_{n-2} & \cdots & a_2 & a_1 \end{vmatrix}$$

$\times x \quad \times x^2 \quad \cdots \quad \times x^{n-2} \quad \times x^{n-1}$

$$= \left(\sum_{i=1}^{n} a_i x^{n-i}\right)(-1)^{n+1}\begin{vmatrix} -1 & 0 & \cdots & 0 & 0 \\ x & -1 & \cdots & 0 & 0 \\ \cdots & \cdots & \cdots & \cdots & \cdots \\ 0 & 0 & \cdots & x & -1 \end{vmatrix}$$

$$= \left(\sum_{i=1}^{n} a_i x^{n-i}\right)(-1)^{n+1}(-1)^{n-1} = \sum_{i=1}^{n} a_i x^{n-i}$$

在以上行列式的计算中,既利用了行列式的性质和三角行列式求值的方法,又采用了行列式按行(列)展开的方法,这说明要简化行列式的计算应注意各种方法、技巧的综合运用. 除此之外,行列式的计算还可以用其他方法,如数学归纳法、递推法等.

* **例 4** 证明范得蒙(Vandermonde)行列式

$$D_n = \begin{vmatrix} 1 & 1 & 1 & \cdots & 1 \\ x_1 & x_2 & x_3 & \cdots & x_n \\ x_1^2 & x_2^2 & x_3^2 & \cdots & x_n^2 \\ \cdots & \cdots & \cdots & \cdots & \cdots \\ x_1^{n-1} & x_2^{n-1} & x_3^{n-1} & \cdots & x_n^{n-1} \end{vmatrix} = \prod_{n\geqslant i>j\geqslant 1}(x_i - x_j)$$

证 用数学归纳法证明

当 $n = 2$ 时,

$$D_2 = \begin{vmatrix} 1 & 1 \\ x_1 & x_2 \end{vmatrix} = x_2 - x_1 = \prod_{2\geqslant i>j\geqslant 1}(x_i - x_j)$$

结论成立. 假定结论对 $n-1$ 阶范得蒙行列式成立,下面证明对 n 阶范得蒙行列式结论也成立.

从第 n 行起到第 2 行止,每行各元素都依次减去前面一行对应元素的 x_1 倍,得

$$D_n = \begin{vmatrix} 1 & 1 & 1 & \cdots & 1 \\ 0 & x_2 - x_1 & x_3 - x_1 & \cdots & x_n - x_1 \\ 0 & x_2(x_2 - x_1) & x_3(x_3 - x_1) & \cdots & x_n(x_n - x_1) \\ \cdots & \cdots & \cdots & \cdots & \cdots \\ 0 & x_2^{n-2}(x_2 - x_1) & x_3^{n-2}(x_3 - x_1) & \cdots & x_n^{n-2}(x_n - x_1) \end{vmatrix}$$

按第 1 列展开,并提出公因子,得

$$D_n = (x_2 - x_1)(x_3 - x_1)\cdots(x_n - x_1)\begin{vmatrix} 1 & 1 & \cdots & 1 \\ x_2 & x_3 & \cdots & x_n \\ x_2^2 & x_3^2 & \cdots & x_n^2 \\ \cdots & \cdots & \cdots & \cdots \\ x_2^{n-2} & x_3^{n-2} & \cdots & x_n^{n-2} \end{vmatrix}$$

右边行列式是 $n-1$ 阶范得蒙行列式,由假设知

$$D_n = (x_2 - x_1)(x_3 - x_1)\cdots(x_n - x_1)\cdot\prod_{n\geqslant i>j\geqslant 2}(x_i - x_j)$$

即

$$D_n = \prod_{n\geqslant i>j\geqslant 1}(x_i - x_j).$$

* **例 5** 计算 n 阶行列式

$$D_n = \begin{vmatrix} x & xy & 0 & \cdots & 0 & 0 \\ 1 & x+y & xy & \cdots & 0 & 0 \\ 0 & 1 & x+y & \cdots & 0 & 0 \\ \cdots & \cdots & \cdots & \cdots & \cdots & \cdots \\ 0 & 0 & 0 & \cdots & x+y & xy \\ 0 & 0 & 0 & \cdots & 1 & x+y \end{vmatrix}$$

解 用递推法证明．在行列式 D_n 中,先将第 1 行的公因子 x 提出,又将第 1 行乘以 -1 倍加到第 2 行,再按第 1 列降阶展开,即

$$D_n = x\begin{vmatrix} 1 & y & 0 & \cdots & 0 & 0 \\ 1 & x+y & xy & \cdots & 0 & 0 \\ 0 & 1 & x+y & \cdots & 0 & 0 \\ \cdots & \cdots & \cdots & \cdots & \cdots & \cdots \\ 0 & 0 & 0 & \cdots & x+y & xy \\ 0 & 0 & 0 & \cdots & 1 & x+y \end{vmatrix} \overset{\times(-1)}{\longleftarrow} = x\begin{vmatrix} 1 & y & 0 & \cdots & 0 & 0 \\ 0 & x & xy & \cdots & 0 & 0 \\ 0 & 1 & x+y & \cdots & 0 & 0 \\ \cdots & \cdots & \cdots & \cdots & \cdots & \cdots \\ 0 & 0 & 0 & \cdots & x+y & xy \\ 0 & 0 & 0 & \cdots & 1 & x+y \end{vmatrix}$$

$$= xD_{n-1}$$

于是,可得递推公式

$$D_n = xD_{n-1}$$

由于 D_{n-1} 是与 D_n 具有相同元素结构的 $n-1$ 阶行列式,对 D_{n-1} 继续提公因子,降阶展开,又得

$$D_{n-1} = xD_{n-2},$$

同理,

$$D_{n-2} = xD_{n-3},\cdots,D_1 = 1,$$

故

$$D_n = xD_{n-1} = x^2D_{n-2} = \cdots = x^{n-1}D_1 = x^n.$$

二、行列式按某 k 行(列) 展开

定理 1.4 给出了 n 阶行列式按一行(列) 展开的方法,该方法可以推广到按某 k 行(列) 展开．为此先给出如下定义：

定义 1.6 在 n 阶行列式 D 中,任意选定 k 行和 k 列($1\leqslant k\leqslant n$),位于这些行和列交

叉点处的 k^2 个元素，按原来位置组成相对保持不变的一个 k 阶行列式 M，称为行列式 D 的一个 k **阶子式**.

在 D 中划去 k 行、k 列后，余下的元素按原来位置组成相对保持不变的一个 $n-k$ 阶行列式 N，称为 k 阶子式 M 的**余子式**.

如果 k 阶子式 M 在 D 中所在的行与列的行标和列标分别为 $i_1,i_2,\cdots,i_k$ 和 $j_1,j_2,\cdots,j_k$，则在 M 的余子式 N 前添加符号

$$(-1)^{(i_1+i_2+\cdots+i_k)+(j_1+j_2+\cdots+j_k)}$$

后，所得到的 $n-k$ 阶行列式，称为 k 阶子式 M 的**代数余子式**，记作 A. 即

$$A=(-1)^{(i_1+i_2+\cdots+i_k)+(j_1+j_2+\cdots+j_k)}N$$

例如，在四阶行列式 $D=\begin{vmatrix}1&2&3&4\\5&6&7&8\\0&2&0&0\\0&0&3&0\end{vmatrix}$ 中，如果选定第1、2行，第3、4列，就可以确定行列式 D 的一个二阶子式

$$M=\begin{vmatrix}3&4\\7&8\end{vmatrix}$$

M 的余子式为

$$N=\begin{vmatrix}0&2\\0&0\end{vmatrix}$$

M 的代数余子式为

$$A=(-1)^{(1+2)+(3+4)}\begin{vmatrix}0&2\\0&0\end{vmatrix}$$

定理 1.5[**拉普拉斯**(Laplace) **定理**]　在行列式 D 中任意取定 k 行($1\leqslant k\leqslant n$)，则行列式 D 等于由这 k 行元素组成的所有 k 阶子式 $M_1,M_2,\cdots,M_t$ 与其对应的代数余子式 $A_1,A_2,\cdots,A_t$ 的乘积之和，即

$$D=M_1A_1+M_2A_2+\cdots+M_tA_t$$

其中

$$t=C_n^k=\frac{n!}{k!(n-k)!}.$$

显然，定理1.4是定理1.5取一阶子式的特殊情形. 定理1.5主要应用于高阶行列式的某些行和列中零元素较多的行列式计算.

例6　用拉普拉斯定理计算上述行列式

$$D=\begin{vmatrix}1&2&3&4\\5&6&7&8\\0&2&0&0\\0&0&3&0\end{vmatrix}$$

解　因为在行列式中按三、四行展开的全部二阶子式为

$$M_1=\begin{vmatrix}0&2\\0&0\end{vmatrix}=0,M_2=\begin{vmatrix}0&0\\0&3\end{vmatrix}=0,M_3=\begin{vmatrix}0&0\\0&0\end{vmatrix}=0$$

$$M_4=\begin{vmatrix}2&0\\0&3\end{vmatrix}=6,M_5=\begin{vmatrix}2&0\\0&0\end{vmatrix}=0,M_6=\begin{vmatrix}0&0\\3&0\end{vmatrix}=0$$

所以由定理1.5,得

$$D=M_4A_4$$

而

$$M_4=\begin{vmatrix}2&0\\0&3\end{vmatrix}=6$$

M_4 的代数余子式

$$A_4=(-1)^{(1+2)+(1+4)}\begin{vmatrix}1&4\\5&8\end{vmatrix}=-12$$

故

$$D=M_4A_4=6\cdot(-12)=-72$$

例7　计算 $2n$ 阶行列式

$$D=\begin{vmatrix}a_{11}&\cdots&a_{1n}&c_{11}&\cdots&c_{1n}\\\cdots&\cdots&\cdots&\cdots&\cdots&\cdots\\a_{n1}&\cdots&a_{nn}&c_{n1}&\cdots&c_{nn}\\0&\cdots&0&b_{11}&\cdots&b_{1n}\\\cdots&\cdots&\cdots&\cdots&\cdots&\cdots\\0&\cdots&0&b_{n1}&\cdots&b_{nn}\end{vmatrix}$$

解　因为前 n 列和后 n 行交叉位置上的元素都是零,所以按前 n 行展开,得

$$D=\begin{vmatrix}a_{11}&\cdots&a_{1n}\\\cdots&\cdots&\cdots\\a_{n1}&\cdots&a_{nn}\end{vmatrix}\cdot(-1)^{(1+2+\cdots+n)+(1+2+\cdots+n)}\begin{vmatrix}b_{11}&\cdots&b_{1n}\\\cdots&\cdots&\cdots\\b_{n1}&\cdots&b_{nn}\end{vmatrix}$$

$$=\begin{vmatrix}a_{11}&\cdots&a_{1n}\\\cdots&\cdots&\cdots\\a_{n1}&\cdots&a_{nn}\end{vmatrix}\cdot\begin{vmatrix}b_{11}&\cdots&b_{1n}\\\cdots&\cdots&\cdots\\b_{n1}&\cdots&b_{nn}\end{vmatrix}$$

类似地，

$$D=\begin{vmatrix}a_{11}&\cdots&a_{1n}&0&\cdots&0\\\cdots&\cdots&\cdots&\cdots&\cdots&\cdots\\a_{n1}&\cdots&a_{nn}&0&\cdots&0\\c_{11}&\cdots&c_{1n}&b_{11}&\cdots&b_{1n}\\\cdots&\cdots&\cdots&\cdots&\cdots&\cdots\\c_{n1}&\cdots&c_{nn}&b_{n1}&\cdots&b_{nn}\end{vmatrix}=\begin{vmatrix}a_{11}&\cdots&a_{1n}\\\cdots&\cdots&\cdots\\a_{n1}&\cdots&a_{nn}\end{vmatrix}\cdot\begin{vmatrix}b_{11}&\cdots&b_{1n}\\\cdots&\cdots&\cdots\\b_{n1}&\cdots&b_{nn}\end{vmatrix}$$

§1.4　克莱姆法则

本节从二、三元一次线性方程组的求解出发，结合行列式的理论，获得一类 n 元线性方程组的求解法则 —— 克莱姆法则，并给出齐次线性方程组有非零解的必要条件.

含有 n 个未知量 n 个方程组的 n 元线性方程组的一般形式为

$$\begin{cases}a_{11}x_1+a_{12}x_2+\cdots+a_{1n}x_n=b_1\\a_{21}x_1+a_{22}x_2+\cdots+a_{2n}x_n=b_2\\\cdots\cdots\cdots\cdots\cdots\cdots\cdots\cdots\cdots\cdots\cdots\\a_{n1}x_1+a_{n2}x_2+\cdots+a_{nn}x_n=b_n\end{cases}\tag{1-17}$$

定理 1.6（克莱姆法则）　如果方程组(1 - 17) 的系数行列式

$$\begin{vmatrix}a_{11}&a_{12}&\cdots&a_{1n}\\a_{21}&a_{22}&\cdots&a_{2n}\\\cdots&\cdots&\cdots&\cdots\\a_{n1}&a_{n2}&\cdots&a_{nn}\end{vmatrix}\neq 0$$

则方程组(1 - 17) 有唯一的解

$$x_j=\frac{D_j}{D}\quad(j=1,2,\cdots,n)\tag{1-18}$$

其中

$$D_j=\begin{vmatrix}a_{11}&\cdots&a_{1j-1}&b_1&a_{1j+1}&\cdots&a_{1n}\\a_{21}&\cdots&a_{2j-1}&b_2&a_{2j+1}&\cdots&a_{2n}\\\cdots&\cdots&\cdots&\cdots&\cdots&\cdots&\cdots\\a_{n1}&\cdots&a_{nj-1}&b_n&a_{nj+1}&\cdots&a_{nn}\end{vmatrix}$$

即 D_j 是把系数行列式 D 的第 j 列元素 $a_{1j},a_{2j},\cdots,a_{nj}$ 换为方程组常数项 $b_1,b_2,\cdots,b_n$，其余元素不变所得到的行列式.

证　以行列式 D 的第 $j(j=1,2,\cdots,n)$ 列的代数余子式 $A_{1j},A_{2j},\cdots,A_{nj}$ 分别乘方程组(1 - 17) 的第一，第二，$\cdots$，第 n 个方程，然后相加，得

$$\begin{aligned}&(a_{11}A_{1j}+a_{21}A_{2j}+\cdots+a_{n1}A_{nj})x_1\\&+\cdots\cdots\cdots\cdots\cdots\\&+(a_{1j}A_{1j}+a_{2j}A_{2j}+\cdots+a_{nj}A_{nj})x_j\\&+\cdots\cdots\cdots\cdots\cdots\\&+(a_{1n}A_{1j}+a_{2n}A_{2j}+\cdots+a_{nn}A_{nj})x_n\\&=b_1A_{1j}+b_2A_{2j}+\cdots+b_nA_{nj}\end{aligned}$$

由(1－15)式和(1－16)式,x_j 的系数等于 D,$x_s(s\neq j)$ 的系数等于零. 等号右端等于 D 中第 j 列元素以常数项 $b_1,b_2,\cdots,b_n$ 替换后的行列式 D_j,即

$$Dx_j=D_j \qquad (j=1,2,\cdots,n) \tag{1-19}$$

如果方程组(1－17)有解,则其解必满足方程组(1－19),而当 $D\neq0$ 时,方程组(1－19)只有形式为(1－18)式的解

$$x_j=\frac{D_j}{D} \qquad (j=1,2,\cdots,n)$$

另一方面,将(1－18)式代入方程组(1－17),容易验证它满足方程组(1－17),所以(1－18)式是方程组(1－17)的解.

综上所述,得:

当方程组(1－17)的系数行列式 $D\neq0$ 时,有且仅有唯一解

$$x_j=\frac{D_j}{D} \qquad (j=1,2,\cdots,n)$$

例1 解线性方程组

$$\begin{cases}2x_1+x_2-5x_3+x_4=8\\x_1-3x_2-6x_4=9\\2x_2-x_3+2x_4=-5\\x_1+4x_2-7x_3+6x_4=0\end{cases}$$

解 由系数行列式

$$D=\begin{vmatrix}2&1&-5&1\\1&-3&0&-6\\0&2&-1&2\\1&4&-7&6\end{vmatrix}=27\neq0$$

知方程组有唯一解. 且

$$D_1=\begin{vmatrix}8&1&-5&1\\9&-3&0&-6\\-5&2&-1&2\\0&4&-7&6\end{vmatrix}=81,D_2=\begin{vmatrix}2&8&-5&1\\1&9&0&-6\\0&-5&-1&2\\1&0&-7&6\end{vmatrix}=-108,$$

$$D_3=\begin{vmatrix}2&1&8&1\\1&-3&9&-6\\0&2&-5&2\\1&4&0&6\end{vmatrix}=-27,\ D_4=\begin{vmatrix}2&1&-5&8\\1&-3&0&9\\0&2&-1&-5\\1&4&-7&0\end{vmatrix}=27$$

所以

$$x_1=\frac{D_1}{D}=3,\qquad x_2=\frac{D_2}{D}=-4,\qquad x_3=\frac{D_3}{D}=-1,\qquad x_4=\frac{D_4}{D}=1$$

即方程组的唯一解为$x_1=3,x_2=-4,x_3=-1,x_4=1$.

在线性方程组(1 - 17) 中,如果常数项$b_i(i=1,2,\cdots,n)$全为零,即

$$\begin{cases}a_{11}x_1+a_{12}x_2+\cdots+a_{1n}x_n=0\\a_{21}x_1+a_{22}x_2+\cdots+a_{2n}x_n=0\\\cdots\cdots\cdots\cdots\cdots\cdots\cdots\cdots\cdots\cdots\\a_{n1}x_1+a_{n2}x_2+\cdots+a_{nn}x_n=0\end{cases}\tag{1-20}$$

称为n**元齐次线性方程组**. 作为定理1.6的推论,关于n元齐次线性方程组的解有如下结论:

推论1　若n元齐次线性方程组(1 - 20) 的系数行列式$D\neq0$,则方程组仅有零解.

证　因为$D\neq0$根据克莱姆法则,方程组有唯一解

$$x_j=\frac{D_j}{D}\quad(j=1,2,\cdots,n)$$

但$D_j=0(j=1,2,\cdots,n)$,所以方程组仅有零解.

推论2　如果齐次线性方程组有非零解,则方程组的系数行列式$D=0$.

注意:该推论在第三章中可扩充为充分必要条件.

例2　若齐次线性方程组

$$\begin{cases}\lambda x_1+x_2+x_3=0\\x_1+\lambda x_2+x_3=0\\x_1+x_2+\lambda x_3=0\end{cases}$$

有非零解,求λ的值.

解　方程组的系数行列式

$$D=\begin{vmatrix}\lambda&1&1\\1&\lambda&1\\1&1&\lambda\end{vmatrix}=\begin{vmatrix}\lambda&1&1\\1-\lambda&\lambda-1&0\\1-\lambda^2&1-\lambda&0\end{vmatrix}=(1-\lambda)^2\begin{vmatrix}\lambda&1&1\\1&-1&0\\1+\lambda&1&0\end{vmatrix}$$

$$= (1-\lambda)^2(-1)^{1+3}\begin{vmatrix} 1 & -1 \\ 1+\lambda & 1 \end{vmatrix} = (1-\lambda)^2(2+\lambda)$$

因为方程组有非零解,则 $D=0$,即

$$D=(1-\lambda)^2(2+\lambda)=0.$$

故 $\lambda=1$ 或 $\lambda=-2$.

克莱姆法则在线性方程组理论上是一个很完善的结果,它不仅给出系数行列式不等于零的 n 元线性方程组有唯一解的条件,而且还将线性方程组的系数和常数项组成的行列式与解之间的关系简洁明了地表示出来,这在理论研究上具有十分重要的作用. 但在线性方程组的未知量较多时,求解比较繁琐,在线性方程组未知量的个数与方程的个数不相等时,克莱姆法则甚至会失效. 在第三章中,我们将研究一般情形下的线性方程组的求解问题.

本章小结

一、掌握逆序与逆序数的定义,理解逆序数的性质.

二、熟练掌握二阶、三阶行列式的定义,掌握 n 阶行列式的定义,熟练掌握 n 阶行列式的性质.

三、熟练掌握余子式和代数余子式的定义及行列式的展开定理.

四、熟练掌握行列式的两种计算方法:三角行列式法和降阶法.

五、理解克莱姆法则,掌握 n 元齐次线性方程组的性质.

习题一

(A)

1. 求下列排列的逆序数.

(1)41253; (2)3712456; (3)$n(n-1)\cdots 21$.

2. n 级排列 $a_1a_2\cdots a_n$ 的逆序数为 k,求 $a_na_{n-1}\cdots a_1$ 的逆序数,并讨论这两个排列的奇偶关系.

3. 确定 i 和 j 的值,使得 9 级排列

(1)$1274i56j9$ 成偶排列; (2)$3972i15j4$ 成奇排列.

4. 当 k 为何值时,$\begin{vmatrix} k & 3 & 4 \\ -1 & k & 0 \\ 0 & k & 1 \end{vmatrix}=0$.

5. 当 x 取何值时，$\begin{vmatrix} 3 & 1 & x \\ 4 & x & 0 \\ 1 & 0 & x \end{vmatrix} \neq 0$

6. 在6阶行列式 $|a_{ij}|$ 中，下列各元素乘积应取什么符号？

(1) $a_{15}a_{23}a_{32}a_{44}a_{51}a_{66}$；　　(2) $a_{11}a_{26}a_{32}a_{44}a_{53}a_{65}$；

(3) $a_{21}a_{53}a_{16}a_{42}a_{65}a_{34}$；　　(4) $a_{51}a_{32}a_{13}a_{44}a_{65}a_{26}$；

(5) $a_{61}a_{52}a_{43}a_{34}a_{25}a_{16}$.

7. 选择 k、l 使 $a_{13}a_{2k}a_{34}a_{42}a_{5l}$ 成为5阶行列式 $|a_{ij}|$ 中带有负号的项.

8. 设 n 阶行列式中有 n^2-n 个以上元素为零，则该行列式值为多少，为什么？

9. 确定下列16个元素皆不同的四阶行列式

$$\begin{vmatrix} 1 & -6 & 8 & 0 \\ 3 & 5 & -1 & 6 \\ 4 & -2 & -3 & -4 \\ -5 & 7 & -7 & 2 \end{vmatrix}$$

中乘积项 $8\cdot(-5)\cdot(-2)\cdot 6$ 前应冠以什么符号？

10. 求下列多项式中各项的系数和常数项.

(1) $f(x)=\begin{vmatrix} 2x & 1 & -1 \\ -x & -x & x \\ 1 & 2 & x \end{vmatrix}$；　　(2) $f(x)=\begin{vmatrix} 2 & 0 & x & 1 \\ -1 & 3 & 4 & 0 \\ 1 & 2 & x^3 & 1 \\ 0 & -2 & x^2 & 4 \end{vmatrix}$.

11. 用行列式的定义计算下列行列式：

(1) $\begin{vmatrix} 0 & 0 & 1 & 0 \\ 0 & 1 & 0 & 0 \\ 0 & 0 & 0 & 1 \\ 1 & 0 & 0 & 0 \end{vmatrix}$；　　(2) $\begin{vmatrix} 0 & 0 & \cdots & 0 & a_{1n} \\ 0 & 0 & \cdots & a_{2n-1} & a_{2n} \\ \cdots & \cdots & \cdots & \cdots & \cdots \\ 0 & a_{n-12} & \cdots & a_{n-1n-1} & a_{n-1n} \\ a_{n1} & a_{n2} & \cdots & a_{nn-1} & a_{nn} \end{vmatrix}$；

(3) $\begin{vmatrix} 0 & 1 & 0 & \cdots & 0 \\ 0 & 0 & 2 & \cdots & 0 \\ \cdots & \cdots & \cdots & \cdots & \cdots \\ 0 & 0 & 0 & \cdots & n-1 \\ n & 0 & 0 & \cdots & 0 \end{vmatrix}$；　　(4) $\begin{vmatrix} a_{11} & a_{12} & a_{13} & a_{14} & a_{15} \\ a_{21} & a_{22} & a_{23} & a_{24} & a_{25} \\ a_{31} & a_{32} & 0 & 0 & 0 \\ a_{41} & a_{42} & 0 & 0 & 0 \\ a_{51} & a_{52} & 0 & 0 & 0 \end{vmatrix}$.

12. 用行列式的性质计算下列行列式：

(1) $\begin{vmatrix} 1 & 3 & 302 \\ -4 & 3 & 297 \\ 2 & 2 & 203 \end{vmatrix}$;　　(2) $\begin{vmatrix} 1 & 1 & 1 & 1 \\ -1 & 1 & 1 & 1 \\ -1 & -1 & 1 & 1 \\ -1 & -1 & -1 & 1 \end{vmatrix}$;

(3) $\begin{vmatrix} 1 & 1 & 1 & 1 \\ 1 & 2 & 3 & 4 \\ 1 & 3 & 6 & 10 \\ 1 & 4 & 10 & 20 \end{vmatrix}$;　　(4) $\begin{vmatrix} x & y & x+y \\ y & x+y & x \\ x+y & x & y \end{vmatrix}$;

(5) $\begin{vmatrix} a+b+2c & a & b \\ c & b+c+2a & b \\ c & a & c+a+2b \end{vmatrix}$.

13. 计算下列行列式:

(1) $\begin{vmatrix} 2 & 1 & 4 & -1 \\ 3 & -1 & 2 & -1 \\ 1 & 2 & 3 & -2 \\ 5 & 0 & 6 & -2 \end{vmatrix}$;　　(2) $\begin{vmatrix} 1 & 2 & 0 & 1 \\ 1 & 3 & 5 & 0 \\ 0 & 1 & 5 & 6 \\ 1 & 2 & 3 & 4 \end{vmatrix}$;

(3) $\begin{vmatrix} a & b & b & b \\ a & b & a & b \\ a & a & b & b \\ a & b & b & a \end{vmatrix}$;　　(4) $\begin{vmatrix} 1+x & 1 & 1 & 1 \\ 1 & 1-x & 1 & 1 \\ 1 & 1 & 1-y & 1 \\ 1 & 1 & 1 & 1-y \end{vmatrix}$;

(5) $\begin{vmatrix} 0 & a & b & a \\ a & 0 & a & b \\ b & a & 0 & a \\ a & b & a & 0 \end{vmatrix}$;　　(6) $\begin{vmatrix} x & a & b & 0 & c \\ 0 & y & 0 & 0 & d \\ 0 & c & z & 0 & f \\ g & h & k & u & l \\ 0 & 0 & 0 & 0 & v \end{vmatrix}$.

14. 计算下列 n 阶行列式:

(1) $\begin{vmatrix} 1 & 2 & 2 & \cdots & 2 \\ 2 & 2 & 2 & \cdots & 2 \\ 2 & 2 & 3 & \cdots & 2 \\ \cdots & \cdots & \cdots & \cdots & \cdots \\ 2 & 2 & 2 & \cdots & n \end{vmatrix}$;　　(2) $\begin{vmatrix} x & a & a & \cdots & a \\ a & x & a & \cdots & a \\ a & a & x & \cdots & a \\ \cdots & \cdots & \cdots & \cdots & \cdots \\ a & a & a & \cdots & x \end{vmatrix}$;

(3) $\begin{vmatrix} x & y & 0 & \cdots & 0 & 0 \\ 0 & x & y & \cdots & 0 & 0 \\ \cdots & \cdots & \cdots & \cdots & \cdots & \cdots \\ 0 & 0 & 0 & \cdots & x & y \\ y & 0 & 0 & \cdots & 0 & x \end{vmatrix}$； (4) $\begin{vmatrix} a_0 & -1 & 0 & \cdots & 0 & 0 \\ a_1 & x & -1 & \cdots & 0 & 0 \\ \cdots & \cdots & \cdots & \cdots & \cdots & \cdots \\ a_{n-2} & 0 & 0 & \cdots & x & -1 \\ a_{n-1} & 0 & 0 & \cdots & 0 & x \end{vmatrix}$.

15. 解方程：

$$\begin{vmatrix} 1 & 2 & 3 & \cdots & n \\ 1 & 3-x & 3 & \cdots & n \\ 1 & 2 & 5-x & \cdots & n \\ \cdots & \cdots & \cdots & \cdots & \cdots \\ 1 & 2 & 3 & \cdots & 2n-1-x \end{vmatrix} = 0.$$

*16. 用数学归纳法证明 n 阶行列式(其中 $a \neq b$)

$$\begin{vmatrix} a+b & ab & 0 & \cdots & 0 & 0 \\ 1 & a+b & ab & \cdots & 0 & 0 \\ 0 & 1 & a+b & \cdots & 0 & 0 \\ \cdots & \cdots & \cdots & \cdots & \cdots & \cdots \\ 0 & 0 & 0 & \cdots & 1 & a+b \end{vmatrix} = \frac{a^{n+1}-b^{n+1}}{a-b}.$$

*17. 用递推法证明 n 阶行列式

$$\begin{vmatrix} a & -1 & 0 & \cdots & 0 \\ ax & a & -1 & \cdots & 0 \\ ax^2 & ax & a & \cdots & 0 \\ \cdots & \cdots & \cdots & \cdots & \cdots \\ ax^n & ax^{n-1} & ax^{n-2} & \cdots & a \end{vmatrix} = a(a+x)^n.$$

*18. 计算下列行列式：

(1) $\begin{vmatrix} 1 & 1 & 1 & 1 \\ a & b & c & d \\ a^2 & b^2 & c^2 & d^2 \\ a^3 & b^3 & c^3 & d^3 \end{vmatrix}$； (2) $\begin{vmatrix} 1 & 27 & 8 & 64 \\ 1 & 9 & 4 & 16 \\ 1 & 3 & 2 & 4 \\ 1 & 1 & 1 & 1 \end{vmatrix}$.

19. 用拉普拉斯定理计算 $2n$ 阶行列式：

$$D_{2n}=\begin{vmatrix} a & & & & & b \\ & \ddots & & & \iddots & \\ & & a & b & & \\ & & b & a & & \\ & \iddots & & & \ddots & \\ b & & & & & a \end{vmatrix}$$（其中未写出的元素均为零）.

20. 用克莱姆法则求解下列方程组：

(1) $\begin{cases} x_1+x_2+x_3+x_4=5 \\ x_1+2x_2-x_3+4x_4=-2 \\ 2x_1-3x_2-x_3-5x_4=-2 \\ 3x_1+x_2+2x_3+11x_4=0 \end{cases}$　(2) $\begin{cases} x_2-3x_3+4x_4=-5 \\ x_1-2x_3+3x_4=-4 \\ 3x_1+2x_2-5x_4=12 \\ 4x_1+3x_2-5x_3=5 \end{cases}$

(3) $\begin{cases} bx-ay+2ab=0 \\ -2cy+3bz-bc=0 \\ cx+az=0 \end{cases}$，其中 $abc\neq 0$；

(4) $\begin{cases} ax_1+ax_2+bx_3=1 \\ ax_1+bx_2+ax_3=1 \\ bx_1+ax_2+ax_3=1 \end{cases}$，其中 $a\neq b,\dfrac{b}{2}$.

21. k 取何值时，下面的方程组仅有零解？

(1) $\begin{cases} 2x+2y-z=0 \\ kx+7y-2z=0 \\ 2x-y+3z=0 \end{cases}$　(2) $\begin{cases} kx+y+z=0 \\ x+ky-z=0 \\ 2x-y+z=0 \end{cases}$

22. 若齐次线性方程组

$$\begin{cases} x_1+x_2+x_3+ax_4=0 \\ x_1+2x_2+x_3+x_4=0 \\ x_1+x_2-3x_3+x_4=0 \\ x_1+x_2+ax_3+bx_4=0 \end{cases}$$

有非零解，则 a、b 应满足什么条件？

23. 对于三次多项式 $f(x)$，已知 $f(0)=0$，$f(1)=-1$，$f(2)=4$，$f(-1)=1$，求 $f(x)$.

24. 某工厂生产甲、乙、丙三种钢制品，已知甲种产品的钢材利用率为60%，乙种产品的钢材利用率为70%，丙种产品钢材利用率为80%. 年进货钢材总吨位为100吨，年产品总吨位为67吨. 此外甲乙两种产品必须配套生产，乙产品成品总重量是甲产品成品总重量的70%. 还已知生产甲、乙、丙三种产品每吨可获得的利润分别是1万元，1.5万元，2万元. 问该工厂本年度可获利润多少万元？

(B)

1. 在由1,2,…,n构成的所有全排列中,奇排列和偶排列的个数(　　).

(A) 相等,且都为$\frac{n!}{2}$;

(B) 不相等,奇排列个数多于偶排列个数;

(C) 不相等,奇排列个数少于偶排列个数;

(D) 以上都不正确.

2. n级排列$j_1j_2\cdots j_n$对换成自然排列的对换次数与$\tau(j_1j_2\cdots j_n)$(　　).

(A) 一定相等;　　(B) 一定不等;

(C) 具有相同的奇偶性;　　(D) 奇偶性相反.

3. 自然数1,2,…,8的8阶全排列$36i15j84$当(　　)时,它是奇排列.

(A) $i=7, j=2$;　　(B) $i=2, j=7$;

(C) $i=j=7$;　　(D) $i=j=2$.

4. 下列乘积中(　　)不是六阶行列式的项.

(A) $a_{13}a_{24}a_{36}a_{42}a_{55}a_{61}$;　　(B) $a_{31}a_{24}a_{53}a_{14}a_{42}a_{65}$;

(C) $a_{31}a_{24}a_{13}a_{45}a_{32}a_{16}$;　　(D) $a_{13}a_{32}a_{51}a_{44}a_{65}a_{26}$.

5. 若$(-1)^{\tau(i_1i_2\cdots i_n)+\tau(j_1j_2\cdots j_n)}a_{i_1j_1}a_{i_2j_2}\cdots a_{i_nj_n}$是行列式$D$的一般项,则$D=$(　　).

(A) $\sum\limits_{i_1\cdots i_nj_1\cdots j_n}(-1)^{\tau(i_1i_2\cdots i_n)+\tau(j_1j_2\cdots j_n)}a_{i_1j_1}a_{i_2j_2}\cdots a_{i_nj_n}$;

(B) $\sum\limits_{j_1j_2\cdots j_n}(-1)^{\tau(i_1i_2\cdots i_n)+\tau(j_1j_2\cdots j_n)}a_{i_1j_1}a_{i_2j_2}\cdots a_{i_nj_n}$;

(C) $\sum\limits_{i_1i_2\cdots i_n}(-1)^{\tau(i_1i_2\cdots i_n)+\tau(j_1j_2\cdots j_n)}a_{i_1j_1}a_{i_2j_2}\cdots a_{i_nj_n}$;

(D) $\sum\limits_{(i_1+j_1)(i_2+j_2)\cdots(i_n+j_n)}(-1)^{\tau(i_1i_2\cdots i_n)+\tau(j_1j_2\cdots j_n)}a_{i_1j_1}a_{i_2j_2}\cdots a_{i_nj_n}$.

6. 在n阶行列式中,如果等于零的元素个数大于n^2-n. 则此行列式的值(　　).

(A) 一定大于零;　　(B) 一定小于零;

(C) 一定等于零;　　(D) 不一定等于零.

7. $2n+1$阶行列式$\begin{vmatrix} & & a_{1,n+1} & & \\ & & \vdots & & \\ a_{n+1,1} & \cdots & a_{n+1,n+1} & \cdots & a_{n+1,2n+1} \\ & & \vdots & & \\ & & a_{2n+1,n+1} & & \end{vmatrix}=$(　　).

(其中未写出的元素均为零)

(A) $a_{1,n+1}a_{2,n+1}\cdots a_{2n+1,n+1}$;

(B) $a_{n+1,1}a_{n+1,2}\cdots a_{n+1,2n+1}$;

(C) $a_{1,n+1}a_{n+1,1}a_{2,n+1}a_{n+1,2}\cdots a_{n,n+1}a_{n+1,n}a_{n+1,n+1}$;

$(D)0.$

8. 已知1368,2280,3192,4104能被456整除,故行列式$\begin{vmatrix}1&3&6&8\\2&2&8&0\\3&1&9&2\\4&1&0&4\end{vmatrix}$(　　).

(A) 一定不能被456整除;　　(B) 一定能被456整除;

(C) 不一定能被456整除;　　(D) 一定为零.

9. 若行列式 $D=\begin{vmatrix}a_{11}&a_{12}&\cdots&a_{1n}\\a_{21}&a_{22}&\cdots&a_{2n}\\\cdots&\cdots&\cdots&\cdots\\a_{n1}&a_{n2}&\cdots&a_{nn}\end{vmatrix}$反时针旋转90°,构成的行列式为 $D_1=\begin{vmatrix}a_{1n}&a_{2n}&\cdots&a_{nn}\\\cdots&\cdots&\cdots&\cdots\\a_{12}&a_{22}&\cdots&a_{n2}\\a_{11}&a_{21}&\cdots&a_{n1}\end{vmatrix}$,则 $D_1=$(　　).

$(A)D$;　　$(B)\ \frac{\pi}{2}D$;

$(C)\ -D$;　　$(D)(-1)^{\frac{n(n-1)}{2}}D$.

10. $2n+1$ 阶行列式

$$\begin{vmatrix}a_1&&&&b_1\\&\ddots&&⋰&\\&&a_nb_n&&\\&&a_{n+1}&&\\&&b_{n+1}a_{n+2}&&\\&⋰&&\ddots&\\b_{2n}&&&&a_{2n+1}\end{vmatrix}=(\quad).$$

(A) $\begin{vmatrix}a_1&&&&&\\&\ddots&&&&\\&&a_n&&&\\&&&a_{n+1}&&\\&&&&a_{n+2}&\\&&&&&\ddots\\&&&&&&a_{2n+1}\end{vmatrix}+\begin{vmatrix}&&&b_1\\&&⋰&\\&b_n&&\\&0&&\\b_{n+1}&&&\\⋰&&&\\b_{2n}&&&\end{vmatrix}$;

(B) $\begin{vmatrix} a_1 & & & & & & \\ & \ddots & & & & & \\ & & a_n & & & & \\ & & & 0 & & & \\ & & & & a_{n+2} & & \\ & & & & & \ddots & \\ & & & & & & a_{2n+1} \end{vmatrix} + \begin{vmatrix} & & & & & & b_1 \\ & & & & & \iddots & \\ & & & & b_n & & \\ & & & a_{n+1} & & & \\ & & b_{n+1} & & & & \\ & \iddots & & & & & \\ b_{2n} & & & & & & \end{vmatrix}$;

(C) $\begin{vmatrix} a_1 & & & & & & b_1 \\ & \ddots & & & & \iddots & \\ & & a_n & & b_n & & \\ & & & a_{n+1} & & & \\ & & b_{n+1} & & a_{n+2} & & \\ & \iddots & & & & \ddots & \\ b_{2n} & & & & & & a_{2n+1} \end{vmatrix} + \begin{vmatrix} a_1 & & & & & & b_1 \\ & \ddots & & & & \iddots & \\ & & a_n & & b_n & & \\ & & & 0 & & & \\ & & b_{n+1} & & a_{n+2} & & \\ & \iddots & & & & \ddots & \\ b_{2n} & & & & & & a_{2n+1} \end{vmatrix}$;

(D) $a_{n+1}\begin{vmatrix} a_1 & & & & & b_1 \\ & \ddots & & & \iddots & \\ & & a_n & b_n & & \\ & & b_{n+1} & a_{n+2} & & \\ & \iddots & & & \ddots & \\ b_{2n} & & & & & a_{2n+1} \end{vmatrix}$.

11. 如果 n 阶行列式的每个元素都扩大 k 倍，则行列式的值扩大（　　）.

(A) k 倍；　　(B) nk 倍；

(C) n^k 倍；　　(D) k^n 倍.

12. n 阶行列式 D 的第一行、第二行、…、第 n 行各元素分别乘以 1、2、…、n 后，所得的行列式的第一列、第二列、…、第 n 列各元素分别乘以 $\frac{1}{n}$、$\frac{1}{n-1}$、…、$\frac{1}{1}$ 则最后得到的行列式（　　）.

(A) 与 D 无关；　　(B) 等于 $\frac{n(n+1)}{2}D$；

(C) 等于 D；　　(D) 等于 $n!\left(\frac{1}{n}+\frac{1}{n-1}+\cdots+\frac{1}{1}\right)$D.

13. 一个 n 阶行列式任何一行、任何一列只有一个元素为 1，其余元素都为零，则此行列式的值（　　）.

(A) 为 1；　　(B) 为 -1；

(C) 为 1 或 -1；　　(D) 既不为 1 也不为 -1.

14. 如果 $D = \begin{vmatrix} a_{11} & a_{12} & \cdots & a_{1n} \\ a_{21} & a_{22} & \cdots & a_{2n} \\ \cdots & \cdots & \cdots & \cdots \\ a_{n1} & a_{n2} & \cdots & a_{nn} \end{vmatrix}$,则 $\sum\limits_{j_1 j_2 \cdots j_n} \begin{vmatrix} a_{1j_1} & a_{1j_2} & \cdots & a_{1j_n} \\ a_{2j_1} & a_{2j_2} & \cdots & a_{2j_n} \\ \cdots & \cdots & \cdots & \cdots \\ a_{nj_1} & a_{nj_2} & \cdots & a_{nj_n} \end{vmatrix} = ($　　$)$.

(A) $\tau(j_1 j_2 \cdots j_n) D$;　　(B) $n!D$;

(C) 0;　　(D) D.

15. 克莱姆法则是线性方程组(1 - 19)有解的(　　).

(A) 充分条件;　　(B) 必要条件;

(C) 充要条件;　　(D) 既不充分也不必要的条件.

第二章　矩阵

内容提要

一、矩阵的概念、特殊矩阵(零矩阵，行矩阵，列矩阵，负矩阵，方阵）和常见方阵(单位矩阵、对角矩阵、三角矩阵、对称矩阵、反对称矩阵).

二、矩阵的运算(矩阵相等、矩阵加法、矩阵数乘、矩阵乘法、矩阵方幂、矩阵转置、方阵行列式).

三、逆矩阵的定义、性质和计算公式

四、分块矩阵的定义和运算(分块矩阵加法、分块矩阵数乘、分块矩阵乘法、分块矩阵转置、可逆分块矩阵逆矩阵).

五、矩阵初等变换和初等矩阵的定义及性质,用初等变换求矩阵的逆矩阵以及求解一类矩阵方程.

六、矩阵秩的定义及用初等变换求矩阵秩的方法.

矩阵是现代数学中极其重要、应用非常广泛的基本概念,是代数学的主要研究对象,也是许多数学分支研究及应用的重要工具. 在经济理论的研究方面,利用矩阵这种数学工具,可以把所研究的问题化成简明的易于理解和分析的形式。本章主要介绍矩阵的基本概念与基本运算,并讨论它们的一些基本性质.

§2.1　矩阵的定义

一、矩阵的概念

定义 2.1　由 $m \times n$ 个数 $a_{ij}(i = 1,2,\cdots,m,j = 1,2,\cdots,n)$ 按确定次序排列成的一个 m 行 n 列的矩形数表

$$\begin{pmatrix} a_{11} & a_{12} & \cdots & a_{1n} \\ a_{21} & a_{22} & \cdots & a_{2n} \\ \cdots & \cdots & \cdots & \cdots \\ a_{m1} & a_{m2} & \cdots & a_{mn} \end{pmatrix} \qquad (2-1)$$

称为 m 行 n 列的**矩阵**，简称 $m \times n$ **矩阵**，记为 $A_{m\times n} = (a_{ij})_{m\times n}$，简记为 $A = (a_{ij})$. 其中横排称为**行**，纵排称为**列**，数 a_{ij} 称为矩阵 A 的第 i 行第 j 列的**元素**.

一般用大写的英文字母 A、B、C 等表示矩阵，用小写的英文字母 a,b,c 等表示矩阵的元素. 以下所讨论的矩阵如不特别声明，其元素均为实数.

由矩阵的定义可见，矩阵是由 $m \times n$ 个数所排列成的一个 m 行 n 列的数表，它一般不表示一个数或一个代数式. 在经济活动中，常常可见这样的数表.

例1 某公司有四个连锁商店，在第一季度的销售额如表 2－1 所示.

表 2－1 单位：万元

连锁商店 / 销售额 / 月份	甲	乙	丙	丁
1	12	10	9	15
2	20	15	11	16
3	18	14	8	13

如果把表格中每个销售额的数据取出，保持原来的相应位置，就可得到一个矩形数表：

$$\begin{pmatrix} 12 & 10 & 9 & 15 \\ 20 & 15 & 11 & 16 \\ 18 & 14 & 8 & 13 \end{pmatrix}$$

其中每一个元素都有确切的含义. 如第一行第二列的数据 10，表示在 1 月份里第二个连锁商店的销售额为 10 万元；第二行的数据表示在 2 月份里各个连锁商店的销售额；第三列的数据就表示第三个连锁商店在第一季度各个月份里的销售额. 若将矩形数表记为 A，则也称矩阵 A 为**销售矩阵**.

例2 在国民经济生产中，任何一个生产部门都要消耗其他部门的产品，即一个生产部门同时也是一个消耗部门. 若以 $c_{ij}(i,j = 1,2,\cdots,n)$ 表示在某个计划期内第 j 个部门的生产中消耗第 i 个部门的产品数量，则在此计划期内，各部门之间的产品消耗数量可表示为

$$B_{n\times n} = \begin{pmatrix} c_{11} & c_{12} & \cdots & c_{1n} \\ c_{21} & c_{22} & \cdots & c_{2n} \\ \cdots & \cdots & \cdots & \cdots \\ c_{n1} & c_{n2} & \cdots & c_{nn} \end{pmatrix}$$

称矩阵 B 为**消耗矩阵**.

矩阵与行列式虽然在形式上比较相似，但它们有着本质的区别：行列式是一个算式，它本身包含了元素间的运算关系，若一个行列式里的元素是数字，则经过计算可得到一

个确定的常数，而矩阵仅仅表示的是一个矩形数表，它本身不包含元素间的任何运算关系；行列式中的行数与列数必须相同，而矩阵的行数与列数却可以不相同；行列式用两条竖线包含一个矩形数表，而矩阵却用括号包含一个矩形数表.

如果矩阵 A 中的行数与列数相同，即当 $m=n$ 时，

$$A_{n\times n}=\begin{pmatrix} a_{11} & a_{12} & \cdots & a_{1n} \\ a_{21} & a_{22} & \cdots & a_{2n} \\ \cdots & \cdots & \cdots & \cdots \\ a_{n1} & a_{n2} & \cdots & a_{nn} \end{pmatrix}$$

称矩阵 A 为 n **阶方阵**，方阵在矩阵理论中占有重要的地位.

当 $m=1$ 时，矩阵 A 只有一行，即

$$A_{1\times n}=(a_{11},a_{12},\cdots,a_{1n})$$

称矩阵 $A_{1\times n}$ 为**行矩阵**.

当 $n=1$ 时，矩阵 A 只有一列，即

$$A_{m\times 1}=\begin{pmatrix} a_{11} \\ a_{21} \\ \vdots \\ a_{m1} \end{pmatrix}$$

称矩阵 $A_{m\times 1}$ 为**列矩阵**.

当 $m=n=1$ 时，称矩阵 $A=(a_{11})$ 为 1×1 矩阵，此时矩阵 A 可看成与普通的数 a_{11} 相同，即 $A=a_{11}$. 特别地，当 $m\times n$ 矩阵的所有元素都是零时，称为**零矩阵**，记为 $O_{m\times n}$. 把矩阵 A 的所有元素 a_{ij} 改变符号而得到的矩阵，称为 A 的**负矩阵**，记为 $-A=(-a_{ij})$.

例如，$A=\begin{pmatrix} 1 & -2 & 0 \\ 4 & 7 & -1 \\ -3 & 12 & 9 \end{pmatrix}$，则 $-A=\begin{pmatrix} -1 & 2 & 0 \\ -4 & -7 & 1 \\ 3 & -12 & -9 \end{pmatrix}$.

二、几种常见的矩阵

1. 单位矩阵：一个 n 阶方阵，如果主对角线上的元素全是1，其他各元素都是零，则称为 n 阶**单位矩阵**，简称**单位阵**，记为 E. 即

$$E=\begin{pmatrix} 1 & 0 & \cdots & 0 \\ 0 & 1 & \cdots & 0 \\ \cdots & \cdots & \cdots & \cdots \\ 0 & 0 & \cdots & 1 \end{pmatrix} \tag{2-2}$$

2. 对角矩阵：一个 n 阶方阵，除主对角线上的元素外，其他各元素都为零，则称之为 n 阶**对角矩阵**，简称**对角阵**，记为 Λ. 即

$$\Lambda = \begin{pmatrix} a_{11} & 0 & \cdots & 0 \\ 0 & a_{22} & \cdots & 0 \\ \cdots & \cdots & \cdots & \cdots \\ 0 & 0 & \cdots & a_{nn} \end{pmatrix} \tag{2-3}$$

有时也简记为

$$\Lambda = \begin{pmatrix} a_{11} & & & \\ & a_{22} & & \\ & & \ddots & \\ & & & a_{nn} \end{pmatrix}.$$

特别地,当 $a_{11} = a_{22} = \cdots = a_{nn} = k \neq 0$ 时,称对角矩阵为**数量矩阵**,记为 kE(k 取任意常数). 即

$$kE = \begin{pmatrix} k & 0 & \cdots & 0 \\ 0 & k & \cdots & 0 \\ \cdots & \cdots & \cdots & \cdots \\ 0 & 0 & \cdots & k \end{pmatrix} \tag{2-4}$$

3. 三角矩阵:一个 n 阶方阵,如果主对角线以下(或以上)的元素都是零,则称之为**上(或下)三角矩阵**,即

$$\begin{pmatrix} a_{11} & a_{12} & \cdots & a_{1n} \\ 0 & a_{22} & \cdots & a_{2n} \\ \cdots & \cdots & \cdots & \cdots \\ 0 & 0 & \cdots & a_{nn} \end{pmatrix} \left(\text{或} \begin{pmatrix} a_{11} & 0 & \cdots & 0 \\ a_{21} & a_{22} & \cdots & 0 \\ \cdots & \cdots & \cdots & \cdots \\ a_{n1} & a_{n2} & \cdots & a_{nn} \end{pmatrix} \right) \tag{2-5}$$

上三角矩阵和下三角矩阵统称为**三角矩阵**.

4. 对称矩阵:一个 n 阶方阵,如果元素满足条件

$$a_{ij} = a_{ji} \quad (i,j = 1,2,\cdots,n),$$

则称之为 n 阶**对称矩阵**,简称**对称阵**. 即

$$\begin{pmatrix} a_{11} & a_{12} & \cdots & a_{1n} \\ a_{12} & a_{22} & \cdots & a_{2n} \\ \cdots & \cdots & \cdots & \cdots \\ a_{1n} & a_{2n} & \cdots & a_{nn} \end{pmatrix} \tag{2-6}$$

例如,$A = \begin{pmatrix} 1 & -2 & 0 \\ -2 & 7 & 1 \\ 0 & 1 & 0 \end{pmatrix}$就是一个 3 阶对称阵.

5. 反对称矩阵:一个 n 阶方阵,如果元素满足条件

$$a_{ii}=0,a_{ij}=-a_{ji}\quad(i,j=1,2,\cdots,n,i\neq j),$$

则称之为 n 阶**反对称矩阵**,简称**反对称阵**. 即

$$\begin{pmatrix} 0 & a_{12} & \cdots & a_{1n} \\ -a_{12} & 0 & \cdots & a_{2n} \\ \cdots & \cdots & \cdots & \cdots \\ -a_{1n} & -a_{2n} & \cdots & 0 \end{pmatrix} \tag{2-7}$$

例如,$B=\begin{pmatrix} 0 & -2 & 3 \\ 2 & 0 & 1 \\ -3 & -1 & 0 \end{pmatrix}$,就是一个3阶反对称阵.

§2.2 矩阵的运算

一、矩阵的相等

定义 2.2 设矩阵 $A=(a_{ij})$ 与 $B=(b_{ij})$ 都是 $m\times n$ 矩阵,且各对应元素相等,即

$$a_{ij}=b_{ij}(i=1,2,\cdots,m,j=1,2,\cdots,n),$$

则称矩阵 A 与矩阵 B **相等**,记为 $A=B$.

注意:行数与列数不相同的零矩阵,不能相等. 如下列两个矩阵

$$\begin{pmatrix} 0 & 0 \\ 0 & 0 \end{pmatrix}与\begin{pmatrix} 0 & 0 & 0 \\ 0 & 0 & 0 \end{pmatrix}$$

都是零矩阵,但左边的零矩阵是一个2阶方阵,右边的零矩阵是一个 2×3 矩阵,所以它们是不同的零矩阵.

二、矩阵的加法

定义 2.3 设矩阵 $A=(a_{ij})$ 与 $B=(b_{ij})$ 都是 $m\times n$ 矩阵,称矩阵 A 与 B 的对应元素相加所得的 $m\times n$ 矩阵 C,为矩阵 A 与 B 的**和**,记为 $C=A+B$,即

$$C=\begin{pmatrix} a_{11}+b_{11} & a_{12}+b_{12} & \cdots & a_{1n}+b_{1n} \\ a_{21}+b_{21} & a_{22}+b_{22} & \cdots & a_{2n}+b_{2n} \\ \cdots & \cdots & \cdots & \cdots \\ a_{m1}+b_{m1} & a_{m2}+b_{m2} & \cdots & a_{mn}+b_{mn} \end{pmatrix} \tag{2-8}$$

由定义可知,只有行数与列数分别相同的两个矩阵(即同型矩阵)才能相加. 所以在进行矩阵加法的运算时,首先应检验两个矩阵的行数与列数是否相同,如果行数与列数都分别相同,则只要将两个矩阵的对应元素相加即可.

例 1 设$A=\begin{pmatrix}1&0&-3\\5&1&-2\end{pmatrix}$，$B=\begin{pmatrix}3&1&-1\\7&12&-5\end{pmatrix}$，求 $A+B$.

解 因为 A 与 B 都是 2×3 矩阵，所以

$$A+B=\begin{pmatrix}1&0&-3\\5&1&-2\end{pmatrix}+\begin{pmatrix}3&1&-1\\7&12&-5\end{pmatrix}=\begin{pmatrix}1+3&0+1&-3+(-1)\\5+7&1+12&-2+(-5)\end{pmatrix}$$

$$=\begin{pmatrix}4&1&-4\\12&13&-7\end{pmatrix}$$

一个 $m\times n$ 矩阵 A 与一个 $m\times n$ 的零矩阵 O 相加，显然其和的值不变，即 $A+O=A$. 这说明零矩阵在矩阵加法中的作用与数字0 在数字加法中的作用类似. 由负矩阵可定义矩阵减法：

$$A-B=A+(-B)$$

即矩阵的减法可以看作是矩阵加法的逆运算.

例 2 设$A=\begin{pmatrix}3&1\\a&-4\\0&b\end{pmatrix}$，$B=\begin{pmatrix}c&4\\3&d\\-1&-2\end{pmatrix}$，$C=\begin{pmatrix}1&-3\\2&0\\1&1\end{pmatrix}$，若 $A-B=C$，求：a,b,c,d.

解 因为 A,B,C 都是 3×2 矩阵，所以

$$A-B=A+(-B)=\begin{pmatrix}3&1\\a&-4\\0&b\end{pmatrix}+\begin{pmatrix}-c&-4\\-3&-d\\1&2\end{pmatrix}=\begin{pmatrix}3-c&1-4\\a-3&-4-d\\0+1&b+2\end{pmatrix}=\begin{pmatrix}1&-3\\2&0\\1&1\end{pmatrix}$$

又由矩阵相等的定义知$\begin{cases}a-3=2\\b+2=1\\3-c=1\\-4-d=0\end{cases}$，解之得 $\begin{cases}a=5\\b=-1\\c=3\\d=-4\end{cases}$

利用矩阵加法的定义，可直接验证矩阵加法满足下列运算律：

(1) $A+B=B+A$ （加法的交换律）

(2) $(A+B)+C=A+(B+C)$ （加法的结合律）

(3) $A+O=O+A=A$

(4) $A+(-A)=O$

证明请读者自己完成.

三、矩阵的数乘

定义 2.4 设矩阵 $A=(a_{ij})_{m\times n}$，k 是一个常数，称数 k 乘以矩阵 A 中的每一个元素为**矩阵的数乘**，所得的矩阵称为数 k 与矩阵 A 的**数量乘积矩阵**，简称**数乘矩阵**，记为 kA. 即

$$kA = \begin{pmatrix} ka_{11} & ka_{12} & \cdots & ka_{1n} \\ ka_{21} & ka_{22} & \cdots & ka_{2n} \\ \cdots & \cdots & \cdots & \cdots \\ ka_{m1} & ka_{m2} & \cdots & ka_{mn} \end{pmatrix} \tag{2-9}$$

在矩阵数乘中,由于 $ka_{ij} = a_{ij}k$,所以常数 k 即可以放在矩阵 A 的左边,也可以放在矩阵 A 的右边. 即 $kA = Ak$.

矩阵的数乘满足下列运算律:

(1) $k(A+B) = kA + kB$　　(数对矩阵的分配律)

(2) $(k+l)A = kA + lA$　　(矩阵对数的分配律)

(3) $(kl)A = k(lA)$　　(数乘对数的结合律)

(4) $1 \cdot A = A$　　(左边是数1)

(5) $0 \cdot A = O$　　(左边是数0)

上述运算律的验证也很容易,请读者自己完成. 矩阵加法与矩阵的数乘运算统称为矩阵的**线性运算**.

例3　设矩阵

$$A = \begin{pmatrix} 2 & 0 & -3 & 0 \\ 1 & 1 & 9 & 5 \\ -2 & 4 & 0 & 5 \end{pmatrix},\quad B = \begin{pmatrix} -1 & 1 & -2 & 0 \\ 0 & 1 & -1 & 2 \\ 0 & 0 & 0 & 4 \end{pmatrix}$$

满足 $A + 2X = B$,求未知矩阵 X.

解　因为

$$2X = B - A = \begin{pmatrix} -1 & 1 & -2 & 0 \\ 0 & 1 & -1 & 2 \\ 0 & 0 & 0 & 4 \end{pmatrix} - \begin{pmatrix} 2 & 0 & -3 & 0 \\ 1 & 1 & 9 & 5 \\ -2 & 4 & 0 & 5 \end{pmatrix} = \begin{pmatrix} -3 & 1 & 1 & 0 \\ -1 & 0 & -10 & -3 \\ 2 & -4 & 0 & -1 \end{pmatrix}$$

所以

$$X = \frac{1}{2}(B-A) = \frac{1}{2}\begin{pmatrix} -3 & 1 & 1 & 0 \\ -1 & 0 & -10 & -3 \\ 2 & -4 & 0 & -1 \end{pmatrix} = \begin{pmatrix} -\frac{3}{2} & \frac{1}{2} & \frac{1}{2} & 0 \\ -\frac{1}{2} & 0 & -5 & -\frac{3}{2} \\ 1 & -2 & 0 & -\frac{1}{2} \end{pmatrix}.$$

四、矩阵的乘法

定义2.5　设矩阵 $A = (a_{ij})$ 是 $m \times s$ 的矩阵,矩阵 $B = (b_{ij})$ 是 $s \times n$ 的矩阵,且 $c_{ij} = \sum_{k=1}^{s} a_{ik}b_{kj}(i = 1,2,\cdots,m, j = 1,2,\cdots,n)$,称矩阵 $C = (c_{ij})$ 为矩阵 A 与 B 的**乘积矩阵**,记为 $C = AB$. 即

$$AB=\begin{pmatrix}a_{11}&a_{12}&\cdots&a_{1s}\\a_{21}&a_{22}&\cdots&a_{2s}\\\cdots&\cdots&\cdots&\cdots\\a_{m1}&a_{m2}&\cdots&a_{ms}\end{pmatrix}\begin{pmatrix}b_{11}&b_{12}&\cdots&b_{1n}\\b_{21}&b_{22}&\cdots&b_{2n}\\\cdots&\cdots&\cdots&\cdots\\b_{s1}&b_{s2}&\cdots&b_{sn}\end{pmatrix}=\begin{pmatrix}c_{11}&c_{12}&\cdots&c_{1n}\\c_{21}&c_{22}&\cdots&c_{2n}\\\cdots&\cdots&\cdots&\cdots\\c_{m1}&c_{m2}&\cdots&c_{mn}\end{pmatrix}=C \tag{2-10}$$

其中

$$c_{ij}=\sum_{k=1}^{s}a_{ik}b_{kj}=a_{i1}b_{1j}+a_{i2}b_{2j}+\cdots+a_{is}b_{sj}(i=1,2,\cdots,m,j=1,2,\cdots,n)$$

关于矩阵乘法的说明：

（1）矩阵A与B只有在矩阵A的列数等于矩阵B的行数时才可以相乘，这时矩阵A与B的乘积才有意义，且乘积矩阵C的行数与列数分别是矩阵A的行数与矩阵B的列数，我们用下列式子来帮助大家记忆：

$$\underset{m\times s}{A}\times\underset{s\times n}{B}=\underset{m\times n}{C}$$

（2）乘积矩阵C的元素c_{ij}是由矩阵A的第i行与矩阵B的第j列的对应元素乘积之和组成，即

$$c_{ij}=(a_{i1}\quad a_{i2}\quad\cdots\quad a_{is})\begin{pmatrix}b_{1j}\\b_{2j}\\\vdots\\b_{sj}\end{pmatrix}=a_{i1}b_{1j}+a_{i2}b_{2j}+\cdots+a_{is}b_{sj}$$

$$(i=1,2,\cdots,m,j=1,2,\cdots,n)$$

例4 设矩阵$A=\begin{pmatrix}1&3\\0&2\end{pmatrix}$，$B=\begin{pmatrix}1&0&1\\1&-2&0\end{pmatrix}$，求$AB$.

解 因为A是2×2矩阵，B是2×3矩阵，所以乘积矩阵C是2×3矩阵．即

$$AB=\begin{pmatrix}1&3\\0&2\end{pmatrix}\begin{pmatrix}1&0&1\\1&-2&0\end{pmatrix}=\begin{pmatrix}1\times1+3\times1&1\times0+3\times(-2)&1\times1+3\times0\\0\times1+2\times1&0\times0+2\times(-2)&0\times1+2\times0\end{pmatrix}$$

$$=\begin{pmatrix}4&-6&1\\2&-4&0\end{pmatrix}$$

注意：（1）矩阵乘法不满足交换律，即$AB\neq BA$.

在上例中，把矩阵A与B交换位置以后，由于矩阵B的列数不等于矩阵A的行数，所以矩阵B与矩阵A不能相乘，即BA没有意义．这说明矩阵乘法一般不满足交换律．对于某些矩阵，即使AB与BA都有意义，但它们仍不一定相等．

例5 设矩阵$A=(a_{11}\quad a_{12}\quad\cdots\quad a_{1n})$，$B=\begin{pmatrix}b_{11}\\b_{21}\\\vdots\\b_{n1}\end{pmatrix}$，求$AB$与$BA$.

解 $AB=(a_{11}\quad a_{12}\quad\cdots\quad a_{1n})\begin{pmatrix}b_{11}\\b_{21}\\\vdots\\b_{n1}\end{pmatrix}=a_{11}b_{11}+a_{12}b_{21}+\cdots+a_{1n}b_{n1}$

$$BA=\begin{pmatrix}b_{11}\\b_{21}\\\vdots\\b_{n1}\end{pmatrix}(a_{11}\quad a_{12}\quad\cdots\quad a_{1n})=\begin{pmatrix}b_{11}a_{11}&b_{11}a_{12}&\cdots&b_{11}a_{1n}\\b_{21}a_{11}&b_{21}a_{12}&\cdots&b_{21}a_{1n}\\\cdots&\cdots&\cdots&\cdots\\b_{n1}a_{11}&b_{n1}a_{12}&\cdots&b_{n1}a_{1n}\end{pmatrix}$$

显然，AB 与 BA 都有意义，但 $AB\neq BA$，即矩阵乘法一般不满足交换律．若矩阵 A 与 B 是同阶方阵，当 $AB=BA$ 时，称矩阵 A 与 B 是**可交换矩阵**．

例 6 设矩阵 $A=\begin{pmatrix}a&a\\-a&-a\end{pmatrix}$，$B=\begin{pmatrix}b&-b\\-b&b\end{pmatrix}$，$C=\begin{pmatrix}k&0\\0&k\end{pmatrix}$，求 AB，BC 与 CB.

解

$$AB=\begin{pmatrix}a&a\\-a&-a\end{pmatrix}\begin{pmatrix}b&-b\\-b&b\end{pmatrix}=\begin{pmatrix}0&0\\0&0\end{pmatrix}$$

$$BC=\begin{pmatrix}b&-b\\-b&b\end{pmatrix}\begin{pmatrix}k&0\\0&k\end{pmatrix}=\begin{pmatrix}kb&-kb\\-kb&kb\end{pmatrix}$$

$$CB=\begin{pmatrix}k&0\\0&k\end{pmatrix}\begin{pmatrix}b&-b\\-b&b\end{pmatrix}=\begin{pmatrix}kb&-kb\\-kb&kb\end{pmatrix}$$

注意：(2) 两个非零矩阵 A 与 B 的乘积矩阵 AB 可能为零矩阵．

这时称 B 是 A 的**右零因子**，A 是 B 的**左零因子**．由于 a，b 可以取不同的实数，所以一个非零矩阵的右零因子与左零因子可以是不唯一的，这种现象在数的乘法中是不可能出现的，这说明矩阵的乘法运算不同于数的乘法运算．此外由于 $BC=CB$，说明一个数量矩阵可以与任意的同阶方阵交换．

例 7 设矩阵 $A=\begin{pmatrix}2&0&0\\0&2&0\end{pmatrix}$，$B=\begin{pmatrix}1&0\\0&1\\1&0\end{pmatrix}$，$C=\begin{pmatrix}1&0\\0&1\\0&0\end{pmatrix}$，求 AB，AC.

解 $AB=\begin{pmatrix}2&0&0\\0&2&0\end{pmatrix}\begin{pmatrix}1&0\\0&1\\1&0\end{pmatrix}=\begin{pmatrix}2&0\\0&2\end{pmatrix}$，$AC=\begin{pmatrix}2&0&0\\0&2&0\end{pmatrix}\begin{pmatrix}1&0\\0&1\\0&0\end{pmatrix}=\begin{pmatrix}2&0\\0&2\end{pmatrix}$

注意：(3) 当 $AB=AC$ 时，矩阵 B 不一定等于矩阵 C，即矩阵乘法一般不满足消去律．

这是因为两个矩阵相乘表示的是两个数表相乘，它不同于两个数相乘，反映在运算律上也有一定的差异．但矩阵乘法运算与数的乘法运算也有相同或类似的运算律．

矩阵乘法满足下列运算律（假设下列各式等号两边的运算都可进行）：

(1) $(AB)C=A(BC)$　　　　（乘法结合律）

(2) $k(AB)=(kA)B=A(kB)$ （数乘结合律）

(3) $A(B+C)=AB+AC$ （左乘分配律）

$(A+B)C=AC+BC$ （右乘分配律）

(4) $AE=EA=A$ （单位矩阵有类似于数1的作用）

(5) $AO=O, OA=O$ （零矩阵有类似于数零的作用）

利用矩阵乘法及其运算律,可以把很多经济管理工作中的复杂问题化为便于分析处理的简单形式.

例8 试用矩阵表示线性方程组

$$\begin{cases} a_{11}x_1+a_{12}x_2+\cdots+a_{1n}x_n=b_1 \\ a_{21}x_1+a_{22}x_2+\cdots+a_{2n}x_n=b_2 \\ \cdots\cdots\cdots\cdots\cdots\cdots\cdots\cdots\cdots\cdots \\ a_{m1}x_1+a_{m2}x_2+\cdots+a_{mn}x_n=b_m \end{cases} \tag{2-11}$$

解 设线性方程组的系数所组成的矩阵为

$$A=\begin{pmatrix} a_{11} & a_{12} & \cdots & a_{1n} \\ a_{21} & a_{22} & \cdots & a_{2n} \\ \cdots & \cdots & \cdots & \cdots \\ a_{m1} & a_{m2} & \cdots & a_{mn} \end{pmatrix}$$

未知数与常数分别组成的矩阵为

$$X=\begin{pmatrix} x_1 \\ x_2 \\ \vdots \\ x_n \end{pmatrix}, \qquad B=\begin{pmatrix} b_1 \\ b_2 \\ \vdots \\ b_m \end{pmatrix}$$

则由矩阵乘法及矩阵相等的定义,线性方程组 (2 - 11) 可以表示为

$$\begin{pmatrix} a_{11} & a_{12} & \cdots & a_{1n} \\ a_{21} & a_{22} & \cdots & a_{2n} \\ \cdots & \cdots & \cdots & \cdots \\ a_{m1} & a_{m2} & \cdots & a_{mn} \end{pmatrix}\begin{pmatrix} x_1 \\ x_2 \\ \vdots \\ x_n \end{pmatrix}=\begin{pmatrix} b_1 \\ b_2 \\ \vdots \\ b_m \end{pmatrix} \tag{2-12}$$

或简记为

$$AX=B \tag{2-13}$$

(2 - 13) 式表示线性方程组 (2 - 11) 的矩阵形式,一般称为**矩阵方程**.

例9 设某公司有4个销售点出售3种商品,其各商品的存货量如表2 - 2,若此三种产品的价格分别为520元、250元、5元,求各销售点的存货价值.

表 2 - 2

销售点＼商品存货量	甲	乙	丙
A_1	120	90	250
A_2	200	210	340
A_3	175	160	320
A_4	140	250	510

解 设商品的存货量与价格分别表示为

$$A=\begin{pmatrix}120 & 90 & 250\\ 200 & 210 & 340\\ 175 & 160 & 320\\ 140 & 250 & 510\end{pmatrix},\qquad P=\begin{pmatrix}520\\ 250\\ 5\end{pmatrix}$$

则存货价值为商品的存货量与价格的乘积,即

$$V=AP=\begin{pmatrix}120 & 90 & 250\\ 200 & 210 & 340\\ 175 & 160 & 320\\ 140 & 250 & 510\end{pmatrix}\begin{pmatrix}520\\ 250\\ 5\end{pmatrix}=\begin{pmatrix}86150\\ 158200\\ 132600\\ 137850\end{pmatrix}$$

五、矩阵的方幂

定义 2.6 设 A 是 n 阶方阵,k 个 A 的连乘积称为 A 的 k **次幂**,记作 A^k. 即

$$A^k=\overbrace{AA\cdots A}^{k\text{个}} \tag{2-14}$$

由定义可以证明,当 m,k 为正整数时,矩阵的方幂满足下列运算律:

(1)$A^mA^k=A^{m+k}$

(2)$(A^m)^k=A^{mk}$

(3) 约定$(A)^0=E$

注意:当 A,B 不可交换时,$(AB)^k\neq A^kB^k$.

例如,

$$(A+2E)(2A-E)=(2A-E)(A+2E)=2A^2+3A-2E$$

这是因为 A 与单位矩阵 E 总是可以交换的,但当 A,B 不可交换时,

$$(A+B)^2\neq A^2+2AB+B^2.$$

* **定义 2.7** 设$f(x)=a_mx^m+a_{m-1}x^{m-1}+\cdots+a_1x+a_0$ 是 x 的 m 次多项式,A 是 n 阶方阵,则

$$f(A)=a_mA^m+a_{m-1}A^{m-1}+\cdots+a_1A+a_0E \tag{2-15}$$

称为 n 阶方阵 A 的 m **次多项式**（注意常数项应变为 a_0E）.

显然，n 阶方阵 A 的 m 次多项式仍为 n 阶方阵.

* **例 10** 设 $A=\begin{pmatrix}1 & -3\\0 & 2\end{pmatrix}$，$f(x)=x^2-3x+4$，求 $f(A)$.

解 因为

$$A^2=\begin{pmatrix}1 & -3\\0 & 2\end{pmatrix}\begin{pmatrix}1 & -3\\0 & 2\end{pmatrix}=\begin{pmatrix}1 & -9\\0 & 4\end{pmatrix}$$

所以

$$f(A)=A^2-3A+4E=\begin{pmatrix}1 & -9\\0 & 4\end{pmatrix}-3\begin{pmatrix}1 & -3\\0 & 2\end{pmatrix}+4\begin{pmatrix}1 & 0\\0 & 1\end{pmatrix}=\begin{pmatrix}2 & 0\\0 & 2\end{pmatrix}$$

六、矩阵的转置

定义 2.8 把一个 $m\times n$ 矩阵

$$A=\begin{pmatrix}a_{11} & a_{12} & \cdots & a_{1n}\\a_{21} & a_{22} & \cdots & a_{2n}\\\cdots & \cdots & \cdots & \cdots\\a_{m1} & a_{m2} & \cdots & a_{mn}\end{pmatrix}$$

的每一行的所有元素依次换为对应列的元素，得到的一个 $n\times m$ 矩阵，称为矩阵 A 的**转置矩阵**，记作 A^T 或 A'. 即

$$A^T=\begin{pmatrix}a_{11} & a_{21} & \cdots & a_{m1}\\a_{12} & a_{22} & \cdots & a_{m2}\\\cdots & \cdots & \cdots & \cdots\\a_{1n} & a_{2n} & \cdots & a_{mn}\end{pmatrix}\qquad(2-16)$$

如 $A=\begin{pmatrix}1 & 0 & 2\\-1 & 2 & 3\\4 & 7 & -5\end{pmatrix}$，则 $A^T=\begin{pmatrix}1 & -1 & 4\\0 & 2 & 7\\2 & 3 & -5\end{pmatrix}$.

矩阵的转置满足下列运算律：

(1) $(A^T)^T=A$

(2) $(A+B)^T=A^T+B^T$

(3) $(kA)^T=kA^T$（其中 k 是常数）

(4) $(AB)^T=B^TA^T$

运算律(4) 还可推广为 $(A_1A_2\cdots A_k)^T=A_k^T\cdots A_2^TA_1^T$.

例 11 设 A 是对称矩阵，B 是反对称矩阵，证明：

(1) A^2 是对称矩阵；(2) $AB-BA$ 是对称矩阵.

证 (1) 因为 A 是对称矩阵,则

$$A^T = A,$$

所以

$$(A^2)^T = (AA)^T = A^TA^T = AA = A^2$$

即 A^2 是对称矩阵.

(2) 因为 A 是对称矩阵,B 是反对称矩阵,则

$$A^T = A, \quad B^T = -B$$

所以

$$(AB - BA)^T = (AB)^T - (BA)^T = B^TA^T - A^TB^T = -BA + AB = AB - BA$$

即 $AB - BA$ 是对称矩阵.

七、方阵行列式

定义 2.9 设 A 是 n 阶方阵,将 A 的元素保持其原有位置不变所构成的 n 阶行列式称为 n 阶方阵 A 的**方阵行列式**,记作 $|A|$. 即

$$|A| = \begin{vmatrix} a_{11} & a_{12} & \cdots & a_{1n} \\ a_{21} & a_{22} & \cdots & a_{2n} \\ \cdots & \cdots & \cdots & \cdots \\ a_{n1} & a_{n2} & \cdots & a_{nn} \end{vmatrix} \qquad (2-17)$$

注意:方阵 A 与方阵行列式 $|A|$ 是两个不同的概念. 前者是一个矩阵,后者是一个数. 例如,设 $A = \begin{pmatrix} 2 & -1 \\ 1 & 3 \end{pmatrix}$,则 A 的行列式 $|A| = \begin{vmatrix} 2 & -1 \\ 1 & 3 \end{vmatrix} = 7$.

n 阶方阵行列式满足下列运算律:

(1) $|A^T| = |A|$

(2) $|kA| = k^n|A|$

(3) $|AB| = |A| \cdot |B|$

利用行列式性质容易证明(1) 与(2),(3) 的证明比较复杂,这里省略,但这些运算律的应用很广泛,请读者注意.

例 12 设 $A = \begin{pmatrix} 1 & 0 & 2 \\ 0 & 4 & 1 \\ 0 & 1 & 1 \end{pmatrix}$,$B = \begin{pmatrix} 2 & 0 & 0 \\ -1 & 1 & 0 \\ 0 & 4 & 2 \end{pmatrix}$,求:$|2A|$,$|AB|$.

解 由方阵行列式运算律(2) 知

$$|2A| = 2^3|A| = 8\begin{vmatrix} 1 & 0 & 2 \\ 0 & 4 & 1 \\ 0 & 1 & 1 \end{vmatrix} = 8 \times 3 = 24$$

又由方阵行列式运算律(3) 知

$$|AB| = |A|\cdot|B| = \begin{vmatrix} 1 & 0 & 2 \\ 0 & 4 & 1 \\ 0 & 1 & 1 \end{vmatrix}\begin{vmatrix} 2 & 0 & 0 \\ -1 & 1 & 0 \\ 0 & 4 & 2 \end{vmatrix} = 3\times 4 = 12$$

例 13 $A = \begin{pmatrix} a & -b & -c & -d \\ b & a & -d & c \\ c & d & a & -b \\ d & -c & b & a \end{pmatrix}$,求$|A|^2$, $|A|$, $|2A|$.

解

$$因为 A^T = \begin{pmatrix} a & b & c & d \\ -b & a & d & -c \\ -c & -d & a & b \\ -d & c & -b & a \end{pmatrix}$$

由行列式的性质 1,得

$$|A^T| = |A|$$

所以

$$\begin{aligned} |A|^2 &= |A|\cdot|A^T| = |AA^T| \\ &= \begin{vmatrix} a^2+b^2+c^2+d^2 & 0 & 0 & 0 \\ 0 & a^2+b^2+c^2+d^2 & 0 & 0 \\ 0 & 0 & a^2+b^2+c^2+d^2 & 0 \\ 0 & 0 & 0 & a^2+b^2+c^2+d^2 \end{vmatrix} \\ &= (a^2+b^2+c^2+d^2)^4 \end{aligned}$$

于是$|A| = \pm(a^2+b^2+c^2+d^2)^2$,但由于$A$的主对角元素全是$a$,行列式$|A|$中$a^4$项的符号为"+". 故

$$|A| = (a^2+b^2+c^2+d^2)^2$$
$$|2A| = 2^4|A| = 16(a^2+b^2+c^2+d^2)^2.$$

§2.3 逆矩阵

由数的运算律知,当数$a\neq 0$时,$aa^{-1}=1$,利用这个运算律,可以求解一次方程$ax=b$的解为$x=a^{-1}b$. 那么,对于一个矩阵A,是否存在一个矩阵A^{-1},使得矩阵方程$AX=B$的解为也可表示$X=A^{-1}B$呢? 为了探讨此问题,本节引入逆矩阵A^{-1}的定义,并讨论逆矩

阵存在的条件、求逆矩阵的方法以及逆矩阵的性质．

一、逆矩阵的定义

定义 2.10　设 A 是一个 n 阶方阵，如果存在 n 阶方阵 B，使得

$$AB = BA = E \tag{2-18}$$

则称 A 是可逆矩阵，B 是 A 的**逆矩阵**，记为 $B = A^{-1}$．

由定义可知，可逆矩阵与其逆矩阵必是同阶方阵，由于（2－18）式中，A 与 B 处于对称地位，故 B 也是可逆矩阵且 A 也称为 B 的逆矩阵，即 A 与 B 互为逆矩阵．

例如，因

$$\begin{pmatrix} 1 & 2 \\ 2 & 3 \end{pmatrix}\begin{pmatrix} -3 & 2 \\ 2 & -1 \end{pmatrix} = \begin{pmatrix} -3 & 2 \\ 2 & -1 \end{pmatrix}\begin{pmatrix} 1 & 2 \\ 2 & 3 \end{pmatrix} = \begin{pmatrix} 1 & 0 \\ 0 & 1 \end{pmatrix}$$

则$\begin{pmatrix} 1 & 2 \\ 2 & 3 \end{pmatrix}$与$\begin{pmatrix} -3 & 2 \\ 2 & -1 \end{pmatrix}$互为逆矩阵，即有

$$\begin{pmatrix} 1 & 2 \\ 2 & 3 \end{pmatrix}^{-1} = \begin{pmatrix} -3 & 2 \\ 2 & -1 \end{pmatrix},$$

及

$$\begin{pmatrix} -3 & 2 \\ 2 & -1 \end{pmatrix}^{-1} = \begin{pmatrix} 1 & 2 \\ 2 & 3 \end{pmatrix}$$

注意：只有方阵，才可能有逆矩阵．

定理 2.1　若 A 是一个 n 阶可逆方阵，则 A 的逆矩阵是唯一的.

证　设 B,C 都是 A 的逆矩阵，则

$$AB = BA = E, AC = CA = E,$$

于是由矩阵乘法的结合律知

$$B = BE = B(AC) = (BA)C = EC = C$$

故 A 的逆矩阵是唯一的．

定义 2.11　若矩阵 A 有逆矩阵，则称 A 是**非奇异矩阵**，反之若矩阵 A 没有逆矩阵，则称 A 是**奇异矩阵**．

例 1　设对角矩阵 $A = \begin{pmatrix} a_{11} & & & \\ & a_{22} & & \\ & & \ddots & \\ & & & a_{nn} \end{pmatrix}$满足 $a_{ii} \neq 0(i = 1,2,\cdots,n)$，可以验证其逆矩阵存在，为

$$A^{-1} = \begin{pmatrix} a_{11}^{-1} & & & \\ & a_{22}^{-1} & & \\ & & \ddots & \\ & & & a_{nn}^{-1} \end{pmatrix}$$

所以 A 是非奇异矩阵.

例2 判断下列矩阵 $A=\begin{pmatrix}0&2\\0&0\end{pmatrix}$, $C=\begin{pmatrix}1&-1\\0&2\end{pmatrix}$ 是否有逆矩阵?如果有求出其逆矩阵

解 设矩阵 A 有逆矩阵 $B=(b_{ij})$,使得 $AB=BA=E$,则

$$AB=\begin{pmatrix}0&2\\0&0\end{pmatrix}\begin{pmatrix}b_{11}&b_{12}\\b_{21}&b_{22}\end{pmatrix}=\begin{pmatrix}2b_{21}&2b_{22}\\0&0\end{pmatrix}=\begin{pmatrix}1&0\\0&1\end{pmatrix}$$

显然这是不可能的. 因此 A 没有逆矩阵.

设矩阵 C 有逆矩阵 $D=(d_{ij})$,使得 $CD=DC=E$,则

$$CD=\begin{pmatrix}1&-1\\0&2\end{pmatrix}\begin{pmatrix}d_{11}&d_{12}\\d_{21}&d_{22}\end{pmatrix}=\begin{pmatrix}d_{11}-d_{21}&d_{12}-d_{22}\\2d_{21}&2d_{22}\end{pmatrix}=\begin{pmatrix}1&0\\0&1\end{pmatrix}$$

于是,由矩阵相等的定义可得,

$$d_{11}=1, d_{12}=\frac{1}{2}, d_{21}=0, d_{22}=\frac{1}{2}$$

因此矩阵 C 有逆矩阵,且

$$C^{-1}=D=\begin{pmatrix}1&\frac{1}{2}\\0&\frac{1}{2}\end{pmatrix}.$$

二、逆矩阵的求法

由例2可见,要直接求一个矩阵的逆矩阵比较麻烦,如何简便地判断一个矩阵是否可逆,若可逆,怎样求得其逆矩阵呢? 为此先引入伴随矩阵的概念.

定义2.12 若 $A_{ij}(i,j=1,2,\cdots,n)$ 是 n 阶方阵 A 的方阵行列式 $|A|$ 中元素 a_{ij} 的代数余子式,则方阵

$$\begin{pmatrix}A_{11}&A_{21}&\cdots&A_{n1}\\A_{12}&A_{22}&\cdots&A_{n2}\\\cdots&\cdots&\cdots&\cdots\\A_{1n}&A_{2n}&\cdots&A_{nn}\end{pmatrix}\tag{2-19}$$

称为 A 的**伴随矩阵**,记为 A^*. 其中第 i 行元素 $A_{ji}(j=1,2,\cdots,n)$ 是行列式 $|A|$ 中第 i 列元素 $a_{ji}(j=1,2,\cdots,n)$ 的代数余子式.

定理2.2 n 阶方阵 A 可逆的充要条件是行列式 $|A|\neq 0$,且当 A 可逆时,A 的逆矩阵为

$$A^{-1}=\frac{1}{|A|}A^*\tag{2-20}$$

证 必要性. 若 A 是可逆方阵,则 A 的逆矩阵 A^{-1} 存在,使得

$$AA^{-1}=A^{-1}A=E$$

于是,由方阵行列式的运算律有

$$|AA^{-1}|=|A||A^{-1}|=|E|=1$$

即

$$|A|\neq 0.$$

充分性. 若 $|A|\neq 0$,由行列式按一行(列)的展开公式,有

$$\sum_{k=1}^{n}a_{ik}A_{jk}=\begin{cases}|A|, & i=j\\ 0, & i\neq j\end{cases}\quad (i,j=1,2,\cdots,n)$$

又由矩阵乘法的定义,得

$$AA^{*}=\begin{pmatrix}a_{11} & a_{12} & \cdots & a_{1n}\\ a_{21} & a_{22} & \cdots & a_{2n}\\ \cdots & \cdots & \cdots & \cdots\\ a_{n1} & a_{n2} & \cdots & a_{nn}\end{pmatrix}\begin{pmatrix}A_{11} & A_{21} & \cdots & A_{n1}\\ A_{12} & A_{22} & \cdots & A_{n2}\\ \cdots & \cdots & \cdots & \cdots\\ A_{1n} & A_{2n} & \cdots & A_{nn}\end{pmatrix}$$

$$=\begin{pmatrix}\sum_{k=1}^{n}a_{1k}A_{1k} & \sum_{k=1}^{n}a_{1k}A_{2k} & \cdots & \sum_{k=1}^{n}a_{1k}A_{nk}\\ \sum_{k=1}^{n}a_{2k}A_{1k} & \sum_{k=1}^{n}a_{2k}A_{2k} & \cdots & \sum_{k=1}^{n}a_{2k}A_{nk}\\ \cdots & \cdots & \cdots & \cdots\\ \sum_{k=1}^{n}a_{nk}A_{1k} & \sum_{k=1}^{n}a_{nk}A_{2k} & \cdots & \sum_{k=1}^{n}a_{nk}A_{nk}\end{pmatrix}=\begin{pmatrix}|A| & 0 & 0 & 0\\ 0 & |A| & 0 & 0\\ \cdots & \cdots & \cdots & \cdots\\ 0 & 0 & 0 & |A|\end{pmatrix}$$

$$=|A|\cdot E$$

同理可得

$$A^{*}A=|A|\cdot E$$

所以

$$AA^{*}=A^{*}A=|A|\cdot E$$

当 $|A|\neq 0$ 时,

$$A\left(\frac{1}{|A|}A^{*}\right)=\left(\frac{1}{|A|}A^{*}\right)A=E$$

故

$$A^{-1}=\frac{1}{|A|}A^{*}.$$

定理2.2不仅给出了矩阵 A 可逆的充要条件,而且提供了求逆矩阵的一种方法.

例3 设矩阵 $A=\begin{pmatrix}a & b\\ c & d\end{pmatrix}$的方阵行列式$|A|=ad-bc\neq 0$,求$A^{-1}$.

解 因为$|A|=ad-bc\neq 0$,且

$$A^*=\begin{pmatrix}d & -b\\ -c & a\end{pmatrix}$$

所以

$$A^{-1}=\frac{1}{|A|}A^*=\frac{1}{ad-bc}\begin{pmatrix}d & -b\\ -c & a\end{pmatrix}.$$

推论 若A,B都是n阶方阵,且$AB=E$,则$BA=E$,即A,B都为可逆矩阵,且A,B互为逆矩阵.

证 因为

$$|AB|=|A|\cdot|B|=|E|=1\neq 0,$$

所以

$$|A|\neq 0,|B|\neq 0$$

即A,B都为可逆矩阵. 且由$AB=E$知,$A^{-1}=B,B^{-1}=A$故A,B互为逆矩阵.

这个推论告诉我们,判断矩阵A是否为矩阵B的逆矩阵,只需验证$AB=E$或$BA=E$成立即可.

例4 判断矩阵$A=\begin{pmatrix}3 & 2 & 1\\ 1 & 1 & 1\\ 1 & 0 & 1\end{pmatrix}$是否可逆?若可逆,求其逆矩阵.

解 因为$|A|=2\neq 0$,所以A可逆.

又因为$A=(a_{ij})_{3\times 3}$的各元素a_{ij}的代数余子式为

$$A_{11}=(-1)^{1+1}\begin{vmatrix}1 & 1\\ 0 & 1\end{vmatrix}=1,\quad A_{21}=(-1)^{2+1}\begin{vmatrix}2 & 1\\ 0 & 1\end{vmatrix}=-2,$$

$$A_{31}=(-1)^{3+1}\begin{vmatrix}2 & 1\\ 1 & 1\end{vmatrix}=1,\quad A_{12}=(-1)^{1+1}\begin{vmatrix}1 & 1\\ 1 & 1\end{vmatrix}=0,$$

$$A_{22}=(-1)^{2+2}\begin{vmatrix}3 & 1\\ 1 & 1\end{vmatrix}=2,\quad A_{32}=(-1)^{3+2}\begin{vmatrix}3 & 1\\ 1 & 1\end{vmatrix}=-2,$$

$$A_{13}=(-1)^{1+3}\begin{vmatrix}1 & 1\\ 1 & 0\end{vmatrix}=-1,\quad A_{23}=(-1)^{2+3}\begin{vmatrix}3 & 2\\ 1 & 0\end{vmatrix}=2,$$

$$A_{33}=(-1)^{3+3}\begin{vmatrix}3 & 2\\ 1 & 1\end{vmatrix}=1$$

故

$$A^{-1}=\frac{1}{|A|}A^{*}=\frac{1}{2}\begin{pmatrix}1&-2&1\\0&2&-2\\-1&2&1\end{pmatrix}.$$

例5　设 n 阶方阵 A 满足方程 $A^2+3A-2E=O$，证明 A 可逆，并求 A^{-1}.

证　由

$$A^2+3A-2E=O,$$

得

$$A(A+3E)=2E$$

两边取行列式，得

$$|A|\cdot|A+3E|=|2E|=2^n\neq 0$$

于是 $|A|\neq 0$，所以 A 可逆．且由 $A(A+3E)=2E$，得

$$A\cdot\frac{1}{2}(A+3E)=E$$

故由定理2.2的推论得

$$A^{-1}=\frac{1}{2}(A+3E).$$

例6　设矩阵 X 满足 $XA=B$，其中 $A=\begin{pmatrix}1&1&-1\\-2&1&1\\1&1&1\end{pmatrix}$，$B=\begin{pmatrix}1&-1&1\\0&3&1\end{pmatrix}$，求矩阵 X.

解　因为

$$A=\begin{vmatrix}1&1&-1\\-2&1&1\\1&1&1\end{vmatrix}=6\neq 0,$$

所以 A 可逆，且

$$A_{11}=0,\quad A_{21}=-2,\quad A_{31}=2,\quad A_{12}=3,\quad A_{22}=2,\quad A_{32}=1,$$
$$A_{13}=-3,\quad A_{23}=0,\quad A_{33}=3$$

故

$$A^{-1}=\frac{A^{*}}{|A|}=\frac{1}{6}\begin{pmatrix}0&-2&2\\3&2&1\\-3&0&3\end{pmatrix}$$

将 A^{-1} 右乘矩阵方程 $XA=B$ 两边，得

$$X=BA^{-1}=\begin{pmatrix}1&-1&1\\0&3&1\end{pmatrix}\cdot\frac{1}{6}\begin{pmatrix}0&-2&2\\3&2&1\\-3&0&3\end{pmatrix}=\begin{pmatrix}-1&-\frac{2}{3}&\frac{2}{3}\\1&1&1\end{pmatrix}$$

上述求逆矩阵的方法往往要涉及大量高阶行列式的计算．事实上还可以有比较简单的方法来求逆矩阵，这在 §2.4 中还要讲到．根据逆矩阵的定义可以说明，矩阵可逆时，

矩阵乘法具有消去律,即若矩阵 A 是非奇异矩阵,且 $AB = AC$,则 $B = C$.

三、逆矩阵的性质

我们利用逆矩阵的定义以及定理 2.2 的推论,可以得到可逆矩阵 A 有如下性质:

(1) $(A^{-1})^{-1} = A$

(2) $(kA)^{-1} = k^{-1}A^{-1}$(k 为常数)

(3) $(AB)^{-1} = B^{-1}A^{-1}$

(4) $(A^T)^{-1} = (A^{-1})^T$

(5) $|A^{-1}| = |A|^{-1}$

以上性质利用逆矩阵的定义,都可直接证明. 性质(3) 可推广到多个可逆矩阵的乘积,即若 $A_1, A_2, \cdots, A_m$ 是 m 个同阶可逆矩阵,则 $A_1A_2\cdots A_m$ 也是可逆矩阵,且

$$(A_1A_2\cdots A_m)^{-1} = A_m^{-1}\cdots A_2^{-1}A_1^{-1}.$$

但当 A 与 B 皆可逆时,$A + B$ 不一定可逆,即使 $A + B$ 可逆,一般的

$$(A + B)^{-1} \neq A^{-1} + B^{-1}.$$

如

$$A = \begin{pmatrix} 1 & 0 \\ 0 & -1 \end{pmatrix}, B = \begin{pmatrix} 1 & 0 \\ 0 & 1 \end{pmatrix}, C = \begin{pmatrix} 1 & 1 \\ 0 & 2 \end{pmatrix}$$

显然 A, B 皆可逆,但

$$A + B = \begin{pmatrix} 2 & 0 \\ 0 & 0 \end{pmatrix}$$

不可逆. 而 A, C 皆可逆,且

$$A + C = \begin{pmatrix} 2 & 1 \\ 0 & 1 \end{pmatrix}$$

也可逆,且

$$(A + C)^{-1} = \frac{1}{2}\begin{pmatrix} 1 & -1 \\ 0 & 2 \end{pmatrix}$$

$$A^{-1} = \begin{pmatrix} 1 & 0 \\ 0 & -1 \end{pmatrix}, \quad C^{-1} = \frac{1}{2}\begin{pmatrix} 2 & -1 \\ 0 & 1 \end{pmatrix}$$

所以

$$(A + C)^{-1} \neq A^{-1} + C^{-1}.$$

例 7 证明:若 A 是可逆的对称矩阵,则 A^{-1} 也是对称矩阵;若 A 是可逆的反对称矩阵,则 A^{-1} 也是反对称矩阵.

证 因为若 A 是对称矩阵,则 $A = A^T$,所以

$$(A^{-1})^T = (A^T)^{-1} = A^{-1}$$

即 A^{-1} 是对称矩阵.

又因为若 A 是反对称矩阵,则 $A=-A^T$,所以

$$(A^{-1})^T=(A^T)^{-1}=(-A)^{-1}=-A^{-1}$$

即 A^{-1} 是反对称矩阵.

§2.4　分块矩阵

在矩阵运算中,为了理论分析与计算方便,在处理大型矩阵(即矩阵的行数与列数都比较大)的运算时,常常采用分块矩阵的方法,将复杂的矩阵运算化为较简单的矩阵运算,这种技巧在实际应用中是非常重要的. 本节将简单介绍如何将矩阵进行分块,分块矩阵的运算以及一些特殊的分块矩阵的性质.

一、矩阵的分块

用贯通矩阵的横线与纵线将矩阵 A 划分为若干个小矩阵,这些小矩阵称为矩阵 A 的**子块矩阵**(或**子矩阵**),简称**子块**,由子块为元素的矩阵称为**分块矩阵**.

例如,将 3 ×4 的矩阵

$$A=\begin{pmatrix} a_{11} & a_{12} & a_{13} & a_{13} \\ a_{21} & a_{22} & a_{23} & a_{24} \\ a_{31} & a_{32} & a_{33} & a_{34} \end{pmatrix}$$

用横线与纵线可以分成

$$A=\left(\begin{array}{ccc:c} a_{11} & a_{12} & a_{13} & a_{14} \\ a_{21} & a_{22} & a_{23} & a_{24} \\ \hdashline a_{31} & a_{32} & a_{33} & a_{34} \end{array}\right)$$

若记

$$A_{11}=\begin{pmatrix} a_{11} & a_{12} & a_{13} \\ a_{21} & a_{22} & a_{23} \end{pmatrix} \qquad A_{12}=\begin{pmatrix} a_{14} \\ a_{24} \end{pmatrix}$$

$$A_{21}=(a_{31} \quad a_{32} \quad a_{33}) \qquad A_{22}=(a_{34})$$

则矩阵 A 可表示为

$$A=\begin{pmatrix} A_{11} & A_{12} \\ A_{21} & a_{22} \end{pmatrix}$$

这是一个分了四个子块的分块矩阵.

矩阵 A 也可以按下面方法分成分块矩阵:

$$A=\left(\begin{array}{c:c:c:c} a_{11} & a_{12} & a_{13} & a_{14} \\ a_{21} & a_{22} & a_{23} & a_{24} \\ a_{31} & a_{32} & a_{33} & a_{34} \end{array}\right)=(B_1,B_2,B_3,B_4)$$

其中

$$B_1=\begin{pmatrix} a_{11} \\ a_{21} \\ a_{31} \end{pmatrix},B_2=\begin{pmatrix} a_{12} \\ a_{22} \\ a_{32} \end{pmatrix},B_3=\begin{pmatrix} a_{13} \\ a_{22} \\ a_{33} \end{pmatrix},B_4=\begin{pmatrix} a_{14} \\ a_{24} \\ a_{34} \end{pmatrix}$$

一个矩阵可以根据需要任意划分，分块矩阵的元素可以是数，也可以是子块矩阵，一般地，可以把 $m\times n$ 的矩阵 A 划分成 $r\times s$ 个子块 $A_{pq}(p=1,2,\cdots,r,q=1,2,\cdots,s)$，构成分块矩阵

$$A=(A_{pq})=\begin{pmatrix} A_{11} & A_{12} & \cdots & A_{1s} \\ A_{21} & A_{22} & \cdots & A_{2s} \\ \cdots & \cdots & \cdots & \cdots \\ A_{r1} & A_{r2} & \cdots & A_{rs} \end{pmatrix}\begin{matrix} m_1 \\ m_2 \\ \vdots \\ m_r \end{matrix} \qquad (2-21)$$
$$\begin{matrix} n_1 & n_2 & \cdots & n_s \end{matrix}$$

其中每个子块 A_{pq} 是 $m_p\times n_q$ 子矩阵，且 $\sum_{p=1}^{r}m_p=m,\sum_{q=1}^{s}n_q=n.$

例 1 设 $A=\begin{pmatrix} 1 & 0 & 0 & 1 & 2 \\ 0 & 1 & 0 & 0 & 3 \\ 0 & 0 & 1 & 3 & 1 \\ 0 & 0 & 0 & 5 & 0 \\ 0 & 0 & 0 & 1 & 5 \end{pmatrix}$在3、4行与3、4列之间分别划一条横线及纵线，这样 A 就被划分为

$$A=\left(\begin{array}{ccc:cc} 1 & 0 & 0 & 1 & 2 \\ 0 & 1 & 0 & 0 & 3 \\ 0 & 0 & 1 & 3 & 1 \\ \hdashline 0 & 0 & 0 & 5 & 0 \\ 0 & 0 & 0 & 1 & 5 \end{array}\right)=\begin{pmatrix} E & A_1 \\ O & A_2 \end{pmatrix}$$

即矩阵 A 可以划分为 2×2 的三角分块矩阵，其中 E 为三阶单位矩阵，A_1 是 3×2 矩阵，O 是 2×3 的零矩阵，A_2 是二阶下三角矩阵．显然，将矩阵作适当的分块，能显示矩阵结构上的某些特征，从而给矩阵分析与运算带来方便．当然矩阵 A 也可以有其它的划分，至于一个矩阵如何划分，应视矩阵的结构与计算或分析的需要而定．

二、分块矩阵的运算

分块矩阵的运算是以子块为元素的矩阵运算，其运算规则与普通矩阵的运算规则相

类似,下面分别加以说明.

1. 分块矩阵的相等

设 A 与 B 都是 $m \times n$ 的矩阵,采用相同的划分有

$$A = (A_{pq}) = \begin{pmatrix} A_{11} & \cdots & A_{1s} \\ \cdots & \cdots & \cdots \\ A_{r1} & \cdots & A_{rs} \end{pmatrix},\ B = (B_{pq}) = \begin{pmatrix} B_{11} & \cdots & B_{1s} \\ \cdots & \cdots & \cdots \\ B_{r1} & \cdots & B_{rs} \end{pmatrix}$$

且

$$A_{pq} = B_{pq} \quad (p = 1,2,\cdots,r, q = 1,2,\cdots,s)$$

则称两个分块矩阵**相等**,即 $A = B$.

两个分块矩阵相等必须是它们的分块方式相同,且对应子块相等. 当然两个分块矩阵相等,则它们作为普通矩阵也应相等.

2. 分块矩阵的加法

设 A 与 B 都是 $m \times n$ 的矩阵,采用相同的划分有

$$A = (A_{pq}) = \begin{pmatrix} A_{11} & \cdots & A_{1s} \\ \cdots & \cdots & \cdots \\ A_{r1} & \cdots & A_{rs} \end{pmatrix},\ B = (B_{pq}) = \begin{pmatrix} B_{11} & \cdots & B_{1s} \\ \cdots & \cdots & \cdots \\ B_{r1} & \cdots & B_{rs} \end{pmatrix}$$

其中对应子块 A_{pq} 与 B_{pq}($p = 1,2,\cdots,r, q = 1,2,\cdots,s$) 的行数与列数相同,则

$$A + B = \begin{pmatrix} A_{11} + B_{11} & \cdots & A_{1s} + B_{1s} \\ \cdots & \cdots & \cdots \\ A_{r1} + B_{r1} & \cdots & A_{rs} + B_{rs} \end{pmatrix} \tag{2-22}$$

即分块矩阵 A 与 B 相加等于其对应子块 A_{pq} 与 B_{pq} 相加.

3. 分块矩阵的数乘

设分块矩阵

$$A = \begin{pmatrix} A_{11} & \cdots & A_{1s} \\ \cdots & \cdots & \cdots \\ A_{r1} & \cdots & A_{rs} \end{pmatrix},$$

k 为常数,则

$$kA = \begin{pmatrix} kA_{11} & \cdots & kA_{1s} \\ \cdots & \cdots & \cdots \\ kA_{r1} & \cdots & kA_{rs} \end{pmatrix} \tag{2-23}$$

即分块矩阵与常数 k 相乘,等于其对应子块 A_{pq} 分别与常数 k 相乘.

4. 分块矩阵的乘法

设 A 是 $m \times l$ 的矩阵,B 是 $l \times n$ 的矩阵,分块成为

$$A=(A_{pk})=\begin{pmatrix}A_{11}&\cdots&A_{1t}\\ \cdots&\cdots&\cdots\\ A_{r1}&\cdots&A_{rt}\end{pmatrix},\ B=(B_{kq})=\begin{pmatrix}B_{11}&\cdots&B_{1s}\\ \cdots&\cdots&\cdots\\ B_{t1}&\cdots&B_{ts}\end{pmatrix}$$

其中对应子块 A_{pk} 的列数与 B_{kq} 的行数相同($p=1,2,\cdots,r,q=1,2,\cdots,s,k=1,2,\cdots,t$),则

$$AB=(C_{pq})=\begin{pmatrix}C_{11}&\cdots&C_{1s}\\ \cdots&\cdots&\cdots\\ C_{r1}&\cdots&C_{rs}\end{pmatrix}\qquad(2-24)$$

其中

$$C_{pq}=\sum_{k=1}^{t}A_{pk}B_{kq}\qquad(p=1,2,\cdots,r,q=1,2,\cdots,s).$$

即分块矩阵的乘积矩阵中的元素,等于 A 的行子块与 B 的列子块对应乘积相加.

在分块矩阵的乘法运算时,我们把子块当作"元素"那样对待,运用矩阵的乘法规则,要求左矩阵 A 的列划分必须与右矩阵 B 的行划分一致,而左矩阵 A 的行划分与右矩阵 B 的列划分是可以不一致的.

矩阵的分块乘法,不仅可以化简行数、行数较大的矩阵间的运算,而且在矩阵理论的证明中还起着重要作用.

例 2 设矩阵

$$A=\begin{pmatrix}4&-5&7&0&0\\-1&2&6&0&0\\-3&1&8&0&0\\0&0&0&5&0\\0&0&0&0&5\end{pmatrix},\quad B=\begin{pmatrix}3&0&0&0&0\\0&3&0&0&0\\0&0&3&0&0\\0&0&0&-1&3\\0&0&0&9&4\end{pmatrix},$$

用矩阵的分块计算 $A+2B,AB$.

解 先将 A 与 B 作如下的划分

$$A=\left(\begin{array}{ccc:cc}4&-5&7&0&0\\-1&2&6&0&0\\-3&1&8&0&0\\ \hdashline 0&0&0&5&0\\0&0&0&0&5\end{array}\right)=\begin{pmatrix}A_1&O\\O&5E\end{pmatrix},B=\left(\begin{array}{ccc:cc}3&0&0&0&0\\0&3&0&0&0\\0&0&3&0&0\\ \hdashline 0&0&0&-1&3\\0&0&0&9&4\end{array}\right)=\begin{pmatrix}3E&O\\O&B_2\end{pmatrix}$$

于是,

$$A+2B=\begin{pmatrix}A_1&O\\O&5E\end{pmatrix}+2\begin{pmatrix}3E&O\\O&B_2\end{pmatrix}=\begin{pmatrix}A_1+6E&O\\O&5E+2B_2\end{pmatrix}$$

其中

$$A_1+6E=\begin{pmatrix}4&-5&7\\-1&2&6\\-3&1&8\end{pmatrix}+6\begin{pmatrix}1&0&0\\0&1&0\\0&0&1\end{pmatrix}=\begin{pmatrix}10&-5&7\\-1&8&6\\-3&1&14\end{pmatrix}$$

$$5E+2B_2=\begin{pmatrix}5&0\\0&5\end{pmatrix}+2\begin{pmatrix}-1&3\\9&4\end{pmatrix}=\begin{pmatrix}3&6\\18&13\end{pmatrix}$$

故

$$A+2B=\begin{pmatrix}A_1+6E&O\\O&5E+2B_2\end{pmatrix}=\begin{pmatrix}10&-5&7&0&0\\-1&8&6&0&0\\-3&1&14&0&0\\0&0&0&3&6\\0&0&0&18&13\end{pmatrix}$$

而

$$AB=\begin{pmatrix}A_1&O\\O&5E\end{pmatrix}\begin{pmatrix}3E&O\\O&B_2\end{pmatrix}=\begin{pmatrix}A_1\cdot 3E&O\\O&5E\cdot B_2\end{pmatrix}=\begin{pmatrix}3A_1&O\\O&5B_2\end{pmatrix}$$

故

$$AB=\begin{pmatrix}12&-15&21&0&0\\-3&6&18&0&0\\-9&3&24&0&0\\0&0&0&-5&15\\0&0&0&45&20\end{pmatrix}.$$

由此例可见,两个分块对角矩阵相加、相乘,等于其对角子块相加、相乘,然后再按照分块矩阵原有的位置得出所需结果. 读者也可直接用矩阵的加法与数乘和矩阵的乘法验证结果.

例3 由 §2.2 例8,线性方程组(2-11)的系数矩阵为 A,设

$$A=\left(\begin{array}{c:c:c:c}a_{11}&a_{12}&\cdots&a_{1n}\\a_{21}&a_{22}&\cdots&a_{2n}\\\cdots&\cdots&\cdots&\cdots\\a_{m1}&a_{m2}&\cdots&a_{mn}\end{array}\right)=(A_1,A_2,\cdots,A_n),$$

$$X=\begin{pmatrix}x_1\\x_2\\\vdots\\x_n\end{pmatrix},\quad B=\begin{pmatrix}b_1\\b_2\\\vdots\\b_n\end{pmatrix},\quad A_i=\begin{pmatrix}a_{1j}\\a_{2j}\\\vdots\\a_{mj}\end{pmatrix}\quad (j=1,2,\cdots,n)$$

则利用分块矩阵可将矩阵方程 $AX=B$ 表示为

$$AX = (A_1, A_2, \cdots, A_n)\begin{pmatrix} x_1 \\ x_2 \\ \vdots \\ x_n \end{pmatrix}$$

$$= A_1x_1 + A_2x_2 + \cdots + A_nx_n = B$$

矩阵方程的这种表示形式在以后的理论研究与分析中,将起到重要的作用.

例 4 设 $D = \begin{pmatrix} \lambda & & & \\ & \lambda & & \\ & & \ddots & \\ & & & \lambda \end{pmatrix}$ 是一个 n 阶数量矩阵,X 是一个 n 阶方阵,将 X 按列分块为 $X = (X_1, X_2, \cdots, X_n)$,其中

$$X_j = \begin{pmatrix} x_{1j} \\ x_{2j} \\ \vdots \\ x_{nj} \end{pmatrix} \quad (j = 1, 2, \cdots, n)$$

则

$$DX = D(X_1, X_2, \cdots, X_n) = (DX_1, DX_2, \cdots, DX_n) = (\lambda X_1, \lambda X_2, \cdots, \lambda X_n)$$

而

$$XD = (X_1, X_2, \cdots, X_n)\begin{pmatrix} \lambda & & & \\ & \lambda & & \\ & & \ddots & \\ & & & \lambda \end{pmatrix} = (\lambda X_1, \lambda X_2, \cdots, \lambda X_n)$$

即

$$DX = XD.$$

此例说明,数量矩阵可以与任意的同阶方阵交换.

5. 分块矩阵的转置

设分块矩阵 $A = \begin{pmatrix} A_{11} & A_{12} & \cdots & A_{1s} \\ A_{21} & A_{22} & \cdots & A_{2s} \\ \cdots & \cdots & \cdots & \cdots \\ A_{r1} & A_{r2} & \cdots & A_{rs} \end{pmatrix}$,则

$$A^T = \begin{pmatrix} A_{11}^T & A_{21}^T & \cdots & A_{r1}^T \\ A_{12}^T & A_{22}^T & \cdots & A_{r2}^T \\ \cdots & \cdots & \cdots & \cdots \\ A_{1s}^T & A_{2s}^T & \cdots & A_{rs}^T \end{pmatrix} \tag{2-25}$$

称为分块矩阵 A 的**转置矩阵**.

例如,例 1 中矩阵 A 的转置矩阵为

$$A^T = \begin{pmatrix} E^T & O \\ A_1^T & A_2^T \end{pmatrix} = \begin{pmatrix} 1 & 0 & 0 & 0 & 0 \\ 0 & 1 & 0 & 0 & 0 \\ 0 & 0 & 1 & 0 & 0 \\ 1 & 0 & 3 & 5 & 1 \\ 2 & 3 & 1 & 0 & 5 \end{pmatrix}.$$

6. 分块矩阵求逆

用分块矩阵求逆矩阵,可以将高阶矩阵求逆转化为低阶矩阵求逆,但在具体计算时,只能对一些具有特殊结构的矩阵才能体现其功效. 所以对分块矩阵求逆,我们只介绍两种特殊的分块矩阵求逆矩阵的方法.

定义 2.13 设分块矩阵

$$A = \begin{pmatrix} A_{11} & O & \cdots & O \\ O & A_{22} & \cdots & O \\ \cdots & \cdots & \cdots & \cdots \\ O & O & \cdots & A_{ss} \end{pmatrix} \tag{2-26}$$

其中主对角线上均是方阵子块,其他子块都是零矩阵,则称此分块矩阵为**分块对角方阵**(**或准对角方阵**).

和对角矩阵一样,准对角方阵也可简记为 $A = \begin{pmatrix} A_{11} & & & \\ & A_{22} & & \\ & & \ddots & \\ & & & A_{ss} \end{pmatrix}$.

准对角方阵具有一些特殊性质:

(1) $|A| = |A_{11}| \cdot |A_{22}| \cdots |A_{ss}|$;

(2) 如果

$$A = \begin{pmatrix} A_{11} & & & \\ & A_{22} & & \\ & & \ddots & \\ & & & A_{ss} \end{pmatrix}, B = \begin{pmatrix} B_{11} & & & \\ & B_{22} & & \\ & & \ddots & \\ & & & B_{ss} \end{pmatrix}$$

是两个同阶准对角方阵,且对应子块亦同阶,则

$$A + B = \begin{pmatrix} A_{11} + B_{11} & & & \\ & A_{22} + B_{22} & & \\ & & \ddots & \\ & & & A_{ss} + B_{ss}, \end{pmatrix},$$

$$AB=\begin{pmatrix}A_{11}B_{11} & & & \\ & A_{22}B_{22} & & \\ & & \ddots & \\ & & & A_{ss}B_{ss}\end{pmatrix};$$

(3) 如果子块 $A_{ii}(i=1,2,\cdots,s)$ 均可逆,则 A 也可逆,且

$$A^{-1}=\begin{pmatrix}A_{11}^{-1} & & & \\ & A_{22}^{-1} & & \\ & & \ddots & \\ & & & A_{ss}^{-1}\end{pmatrix}. \tag{2-27}$$

例 5 设 $A=\begin{pmatrix}1 & 0 & 0\\ 0 & 3 & 1\\ 0 & 2 & 1\end{pmatrix}$,求 A^{-1}.

解 因为 $|A|=1\neq 0$,所以 A 可逆. 先将 A 作适当的划分为

$$A=\left(\begin{array}{c:cc}1 & 0 & 0\\ \hdashline 0 & 3 & 1\\ 0 & 2 & 1\end{array}\right)=\begin{pmatrix}B & O\\ O & C\end{pmatrix}$$

其中

$$B=(1),C=\begin{pmatrix}3 & 1\\ 2 & 1\end{pmatrix},B^{-1}=1,C^{-1}=\begin{pmatrix}1 & -1\\ -2 & 3\end{pmatrix}$$

故

$$A^{-1}=\begin{pmatrix}B^{-1} & O\\ O & C^{-1}\end{pmatrix}=\left(\begin{array}{c:cc}1 & 0 & 0\\ \hdashline 0 & 1 & -1\\ 0 & -2 & 3\end{array}\right)$$

根据逆矩阵的定义,也可用解矩阵方程的方法,求得分块矩阵的逆矩阵.

例 6 设分块矩阵 $A=\begin{pmatrix}B & O\\ C & D\end{pmatrix}$,其中 B、D 皆为可逆方阵,证明 A 可逆并求 A^{-1}.

证 由行列式的拉普拉斯展开定理,得

$$|A|=|B|\cdot|D|\neq 0$$

故 A 可逆.

设

$$A^{-1}=\begin{pmatrix}X_{11} & X_{12}\\ X_{21} & X_{22}\end{pmatrix},$$

其中 X_{11} 与 B,X_{22} 与 D 分别是同阶方阵,X_{12} 与 O,X_{21} 与 C 分别是同型矩阵,由

$$AA^{-1}=\begin{pmatrix}B & O\\ C & D\end{pmatrix}\begin{pmatrix}X_{11} & X_{12}\\ X_{21} & X_{22}\end{pmatrix}=\begin{pmatrix}BX_{11} & BX_{12}\\ CX_{11}+DX_{21} & CX_{12}+DX_{22}\end{pmatrix}=\begin{pmatrix}E_1 & O\\ O & E_2\end{pmatrix}$$

得

$$\begin{cases}BX_{11}=E_1\\ BX_{12}=O\\ CX_{11}+DX_{21}=O\\ CX_{12}+DX_{22}=E_2\end{cases}$$

解之得

$$\begin{cases}X_{11}=B^{-1}\\ X_{12}=O\\ X_{21}=-D^{-1}CB^{-1}\\ X_{22}=D^{-1}\end{cases}$$

故

$$A^{-1}=\begin{pmatrix}B^{-1} & O\\ -D^{-1}CB^{-1} & D^{-1}\end{pmatrix} \tag{2-28}$$

类似地,若分块矩阵 $A=\begin{pmatrix}B & C\\ O & D\end{pmatrix}$,其中 B、D 皆为可逆方阵,则

$$A^{-1}=\begin{pmatrix}B^{-1} & -B^{-1}CD^{-1}\\ O & D^{-1}\end{pmatrix} \tag{2-29}$$

例 7 设 $A=\begin{pmatrix}1 & 0 & 4 & -8\\ 0 & 1 & 2 & 6\\ 0 & 0 & -2 & 0\\ 0 & 0 & 0 & -2\end{pmatrix}$,求 A^{-1}.

解 先将 A 作适当的划分为

$$A=\left(\begin{array}{cc:cc}1 & 0 & 4 & -8\\ 0 & 1 & 2 & 6\\ \hdashline 0 & 0 & -2 & 0\\ 0 & 0 & 0 & -2\end{array}\right)=\begin{pmatrix}E & A_1\\ 0 & -2E\end{pmatrix}$$

则由(2-29)式,得

$$A^{-1}=\begin{pmatrix}E & \frac{1}{2}A_1\\ O & -\frac{1}{2}E\end{pmatrix}=\begin{pmatrix}1 & 0 & 2 & -4\\ 0 & 1 & 1 & 3\\ 0 & 0 & -\frac{1}{2} & 0\\ 0 & 0 & 0 & -\frac{1}{2}\end{pmatrix}$$

§2.5　矩阵的初等变换

矩阵的初等变换是矩阵的一种重要变换．这些变换可以简化矩阵运算，并有利于研究矩阵的性质以及求逆矩阵、解线性方程组等．本节主要介绍矩阵的初等变换与初等矩阵的概念和它们之间的关系，以及初等变换在求逆矩阵和一些矩阵方程求解中的应用．

一、矩阵的初等变换与初等矩阵

定义 2.14　对矩阵施行的下列变换称作矩阵的**行（列）初等变换**：

(1) 将矩阵的第 i 行（列）与第 j 行（列）互换；

(2) 以非零常数 k 乘矩阵的第 i 行（列）各元素；

(3) 将矩阵的第 j 行（列）元素的 k 倍加到第 i 行（列）的对应元素上．其中 k 是任意常数．

矩阵的行初等变换与矩阵的列初等变换统称为矩阵的**初等变换**．当对矩阵进行初等变换时常常采用类似求行列式值时所采用的记号．

例如，

$$A=\begin{pmatrix}1&0&2&-3\\2&1&1&0\\0&-4&-1&2\end{pmatrix}\begin{matrix}\times(-2)\\ \swarrow\\ \\ \end{matrix}\rightarrow\begin{pmatrix}1&0&2&-3\\0&1&-3&6\\0&-4&-1&2\end{pmatrix}\begin{matrix}\\ \times 4\\ \swarrow\end{matrix}\rightarrow\begin{pmatrix}1&0&2&-3\\0&1&-3&6\\0&0&-13&26\end{pmatrix}$$

一般地，我们称具有上述形式的矩阵为**阶梯形矩阵**．继续进行初等变换可得

$$\rightarrow\begin{pmatrix}1&0&2&-3\\0&1&-3&6\\0&0&-13&26\end{pmatrix}\times\left(-\frac{1}{13}\right)\rightarrow\begin{pmatrix}1&0&2&-3\\0&1&-3&6\\0&0&1&-2\end{pmatrix}\begin{matrix}\\ \uparrow\\ \times 3\end{matrix}\rightarrow\begin{pmatrix}1&0&2&-3\\0&1&0&0\\0&0&1&-2\end{pmatrix}\begin{matrix}\uparrow\\ \\ \times(-2)\end{matrix}$$

$$\rightarrow\begin{pmatrix}1&0&0&1\\0&1&0&0\\0&0&1&-2\end{pmatrix}=B$$

由上述例子表明，矩阵 A 经过若干次的初等变换后变为矩阵 B，虽然它们的行数与列数不变，但其结构以及其中的元素已经发生了改变，所以它们之间不能以等号相连，一般记作 $A\rightarrow B$.

定义 2.15　如果一个矩阵 A 经过若干次的初等变换后变为矩阵 B，则称矩阵 A 与 B **等价**或称为**相抵**．记作 $A\cong B$.

矩阵等价具有如下性质：

(1) 反身性．即 $A\cong A$；

(2) 对称性．即若 $A\cong B$，则 $B\cong A$；

(3) 传递性．即若 $A\cong B$，$B\cong C$，则 $A\cong C$.

为了研究矩阵的应用，了解矩阵经过初等变换后的一些情况，需要引入下面的定理．

定理 2.3　任意一个 $m\times n$ 矩阵 $A=(a_{ij})$，经过有限次初等变换总可以化为下面形式的 $m\times n$ 矩阵

$$B=\begin{pmatrix}E_r & O\\ O & O\end{pmatrix} \tag{2-30}$$

其中 E_r 是一个 r 阶的单位矩阵，其余各子块都是零矩阵．

证　若 $A=O$，即 A 是一个零矩阵则显然满足定理．

若 $A\neq O$，则 A 至少有一个元素 $a_{ij}\neq 0$，因此可以对矩阵 A 施行第一种初等变换，将 a_{ij} 移至矩阵 A 的左上角，所以不妨假设 $a_{11}\neq 0$，则将第一行依次乘以 $-a_{11}^{-1}a_{i1}$ 加到第 i 行上去 $(i=1,2,\cdots,m)$，于是第一列的元素除 a_{11} 外都变成了零．再将第一列的元素乘以 $-a_{11}^{-1}a_{1j}$ 加到第 j 列上去 $(i=1,2,\cdots,n)$，从而使第一行的元素除 a_{11} 外都变成零．再以 a_{11}^{-1} 乘以第一行，则矩阵 A 经过这样一系列初等变换后变成如下形状的矩阵：

$$A\rightarrow\begin{pmatrix}1 & 0 & \cdots & 0\\ 0 & a_{22}^{(1)} & \cdots & a_{2n}^{(1)}\\ \cdots & \cdots & \cdots & \cdots\\ 0 & a_{m2}^{(1)} & \cdots & a_{mn}^{(1)}\end{pmatrix}=\begin{pmatrix}1 & 0\\ 0 & A_1\end{pmatrix}$$

其中

$$A_1=\begin{pmatrix}a_{22}^{(1)} & \cdots & a_{2n}^{(1)}\\ \cdots & \cdots & \cdots\\ a_{m2}^{(1)} & \cdots & a_{mn}^{(1)}\end{pmatrix}$$

是一个 $(m-1)\times(n-1)$ 矩阵．

若 $A_1=O$，则 A 已化为 B 的形式，目的已达到，若 $A_1\neq O$，则可继续对矩阵 A_1 施行初等变换使 A_1 变成如下形状的矩阵

$$\begin{pmatrix}1 & 0\\ 0 & A_2\end{pmatrix}$$

其中 A_2 是一个 $(m-2)\times(n-2)$ 矩阵．这时矩阵 A 已化成

$$\begin{pmatrix}E_2 & 0\\ 0 & A_2\end{pmatrix}$$

若 $A_2=O$，则目的已达到，若 $A_2\neq O$，则可继续按照上述方式对矩阵 A_2 施行初等变换，直至变成定理所要求的形状为止．

一般地，称(2-30)式的矩阵 B 为矩阵 A 的**标准形**．

推论　任意可逆矩阵 A 都可通过初等变换化为单位矩阵．

即 n 阶可逆方阵 A 的标准形就是 n 阶单位矩阵．

例 1　用初等变换将下列矩阵化为标准形

$$A=\begin{pmatrix}0&2&-4\\-1&-4&5\\3&1&7\\0&5&-10\end{pmatrix}$$

解 对矩阵 A 多次使用初等变换

$$A=\begin{pmatrix}0&2&-4\\-1&-4&5\\3&1&7\\0&5&-10\end{pmatrix}\to\begin{pmatrix}-1&-4&5\\0&2&-4\\3&1&7\\0&5&-10\end{pmatrix}\times 3\to\begin{pmatrix}-1&-4&5\\0&2&-4\\0&-11&22\\0&5&-10\end{pmatrix}$$

$$\times(-4)\quad \times 5$$

$$\to\begin{pmatrix}-1&0&0\\0&2&-4\\0&-11&22\\0&5&-10\end{pmatrix}\to\begin{pmatrix}1&0&0\\0&2&0\\0&-11&0\\0&5&0\end{pmatrix}\times\frac{1}{2}\to\begin{pmatrix}1&0&0\\0&1&0\\0&-11&0\\0&5&0\end{pmatrix}\times 11\times(-5)$$

$$\times 2$$

$$\to\begin{pmatrix}1&0&0\\0&1&0\\0&0&0\\0&0&0\end{pmatrix}=\begin{pmatrix}E_2&O\\O&O\end{pmatrix}$$

在将一个矩阵化为标准形时,可以先利用初等行变换将矩阵化为阶梯型矩阵,然后再用初等列变换化为标准形;也可以初等行变换与初等列变换交替应用,常能更快地将矩阵化为标准形.

例 2 将矩阵 $A=\begin{pmatrix}-2&1&0\\1&-2&1\\0&1&-2\end{pmatrix}$化为标准形.

解 对矩阵 A 多次使用初等变换

$$A=\begin{pmatrix}-2&1&0\\1&-2&1\\0&1&-2\end{pmatrix}\to\begin{pmatrix}1&-2&1\\-2&1&0\\0&1&-2\end{pmatrix}\times 2\to\begin{pmatrix}1&-2&1\\0&-3&2\\0&1&-2\end{pmatrix}$$

$$\to\begin{pmatrix}1&-2&1\\0&1&-2\\0&-3&2\end{pmatrix}\times 3\to\begin{pmatrix}1&-2&1\\0&1&-2\\0&0&-4\end{pmatrix}\times\left(-\frac{1}{4}\right)\to\begin{pmatrix}1&-2&1\\0&1&-2\\0&0&1\end{pmatrix}\times 2\times(-1)$$

$$\to\begin{pmatrix}1&-2&0\\0&1&0\\0&0&1\end{pmatrix}\times 2\to\begin{pmatrix}1&0&0\\0&1&0\\0&0&1\end{pmatrix}$$

由例 3 可见，仅用初等行变换就将矩阵 A 化为标准形，且其标准形是一个单位矩阵，这是因为矩阵 A 不仅是方阵，而且 $|A| = -4 \neq 0$，即 A 是可逆方阵，则它可以通过初等行变换将其化为单位矩阵，此结论具有普遍性．不过应该指出，如果仅用初等行变换或初等列变换不一定能将一般的矩阵化为标准形．

由于矩阵的等价关系不是用等量关系表达的，在进行矩阵分析时，用起来不甚方便，下面我们引入初等矩阵的概念．

定义 2.16　由单位矩阵经过一次初等变换得到的矩阵称为**初等矩阵**．

如对单位矩阵分别施行一次初等变换得到的矩阵有三种形式：

第一，将单位矩阵的第 i 行（列）与第 j 行（列）互换得到的初等矩阵记为 P_{ij}，即

$$P_{ij}=\begin{array}{c} \begin{matrix} & & i & & & j & & \end{matrix} \\ \begin{pmatrix} 1 & & & & & & & \\ & \ddots & & & & & & \\ & & 0 & \cdots & \cdots & 1 & & \\ & & \vdots & 1 & & \vdots & & \\ & & \vdots & & \ddots & \vdots & & \\ & & \vdots & & 1 & \vdots & & \\ & & 1 & \cdots & \cdots & 0 & & \\ & & & & & & \ddots & \\ & & & & & & & 1 \end{pmatrix} \begin{matrix} \\ \\ i \\ \\ \\ \\ j \\ \\ \\ \end{matrix} \end{array}$$

矩阵中没有写出来的元素都为零．

第二，将单位矩阵的第 i 行（列）乘以非零常数 k 得到的初等矩阵记为 $P_i(k)$，即

$$P_i(k)=\begin{array}{c} \begin{matrix} & & & i & & & \end{matrix} \\ \begin{pmatrix} 1 & & & & & & \\ & \ddots & & & & & \\ & & 1 & & & & \\ & & & k & & & \\ & & & & 1 & & \\ & & & & & \ddots & \\ & & & & & & 1 \end{pmatrix} \begin{matrix} \\ \\ \\ i \\ \\ \\ \\ \end{matrix} \end{array}$$

第三，将单位矩阵的第 j 行乘以常数 k 倍后加到第 i 行（或将单位矩阵的第 i 列乘以常数 k 倍后加到第 j 列）上去，得到的初等矩阵记为 $P_{ij}(k)$．即

$$P_{ij}(k)=\begin{array}{c} \begin{matrix} & & i & & j & & \end{matrix} \\ \begin{pmatrix} 1 & & & & & & \\ & \ddots & & & & & \\ & & 1 & \cdots & k & & \\ & & & \ddots & \vdots & & \\ & & & & 1 & & \\ & & & & & \ddots & \\ & & & & & & 1 \end{pmatrix} \begin{matrix} \\ \\ i \\ \\ j \\ \\ \\ \end{matrix} \end{array}$$

初等矩阵满足如下性质：

(1) 初等矩阵均可逆，其逆矩阵仍为初等矩阵，且

$$P_{ij}^{-1}=P_{ij},P_i^{-1}(k)=P_i(\frac{1}{k}),P_{ij}^{-1}(k)=P_{ij}(-k).$$

(2) 初等矩阵的转置矩阵仍为初等矩阵.

利用逆矩阵的定义很容易证明以上结论.

二、矩阵的初等变换与初等矩阵之间的关系

定理 2.4 设 A 是一个 $m\times n$ 矩阵，则对 A 作一次初等行变换的结果，等于用一个相应的 m 阶初等矩阵左乘 A；对 A 作一次初等列变换的结果，等于用一个相应的 n 阶初等矩阵右乘 A.

证 (仅对第三种初等行变换进行证明)

对矩阵 $A=(a_{ij})_{m\times n}$ 和单位矩阵 E_m 矩阵按行分块为

$$A=\begin{pmatrix}A_1\\A_2\\\vdots\\A_m\end{pmatrix},\quad E=\begin{pmatrix}\varepsilon_1\\\varepsilon_2\\\vdots\\\varepsilon_m\end{pmatrix}$$

其中

$$A_i=(a_{i1},a_{i2},\cdots,a_{in})\qquad(i=1,2,\cdots,m)$$
$$\varepsilon_i=(0,\cdots,0,1,0,\cdots,0)\qquad(i=1,2,\cdots,m)$$

如果把 A 的第 j 行乘以 k 倍加第 i 行上，则相应的同种初等矩阵为

$$P_{ij}(k)=\begin{pmatrix}\varepsilon_1\\\vdots\\\varepsilon_i+k\varepsilon_j\\\vdots\\\varepsilon_j\\\vdots\\\varepsilon_m\end{pmatrix}$$

于是，由分块矩阵的乘法知，

$$P_{ij}(k)A=\begin{pmatrix}\varepsilon_1\\\vdots\\\varepsilon_i+k\varepsilon_j\\\vdots\\\varepsilon_j\\\vdots\\\varepsilon_m\end{pmatrix}A=\begin{pmatrix}\varepsilon_1A\\\vdots\\(\varepsilon_i+k\varepsilon_j)A\\\vdots\\\varepsilon_jA\\\vdots\\\varepsilon_mA\end{pmatrix}=\begin{pmatrix}A_1\\\vdots\\A_i+kA_j\\\vdots\\A_j\\\vdots\\A_m\end{pmatrix}$$

这就说明,用初等矩阵 $P_{ij}(k)$ 左乘 A 恰好是将 A 的第 j 行的 k 倍加到第 i 行的结果.

对于其他两种初等行变换以及初等列变换,可类似的进行证明.

推论 奇异矩阵经过若干次初等变换后仍是奇异矩阵;非奇异矩阵经过若干次初等变换后仍是非奇异矩阵.

证 设 A 是奇异矩阵,则 $|A| = 0$. 若 P 是任一个初等矩阵,由初等矩阵的性质知 $|P| \neq 0$,则

$$|PA| = |P| \cdot |A| = |A| \cdot |P| = |AP| = 0$$

即 PA 或 AP 是奇异矩阵;

若 A 是非奇异矩阵,则 $|A| \neq 0$,且 $|P| \neq 0$,则

$$|PA| = |P| \cdot |A| = |A| \cdot |P| = |AP| \neq 0$$

故 PA 或 AP 是非奇异矩阵.

定理 2.5 n 阶矩阵可逆的充要条件是 A 可以表示为若干个初等矩阵的乘积.

证 必要性. 设矩阵 A 可逆,则由定理 2.4 知,存在初等矩阵 $P_1, P_2, \cdots, P_k$ 和 $Q_1, Q_2, \cdots, Q_s$ 使得

$$P_k P_{k-1} \cdots P_1 A Q_1 Q_2 \cdots Q_s = E$$

又由初等矩阵的性质知,$P_1, P_2, \cdots, P_k$ 与 $Q_1, Q_2, \cdots, Q_s$ 都是可逆矩阵且其逆矩阵仍是初等矩阵,因此

$$A = P_1^{-1} \cdots P_k^{-1} Q_s^{-1} \cdots Q_1^{-1}$$

故矩阵 A 可以表示为若干个初等矩阵的乘积.

充分性. 如果矩阵 A 可以表示为若干个初等矩阵的乘积,则由初等矩阵都可逆,直接可得矩阵 A 也可逆.

推论 可逆矩阵可以只用初等行变换或初等列变换化为单位矩阵.

证 由定理 2.5 知,若 A 是可逆矩阵,则可以表示为若干个初等矩阵的乘积,即

$$A = P_1 P_2 \cdots P_k \tag{2-31}$$

于是,A 的逆矩阵为

$$A^{-1} = (P_1 P_2 \cdots P_k)^{-1} = P_k^{-1} P_{k-1}^{-1} \cdots P_1^{-1} \tag{2-32}$$

因此

$$P_k^{-1} P_{k-1}^{-1} \cdots P_1^{-1} A = A^{-1} A = E \tag{2-33}$$

$$A P_k^{-1} P_{k-1}^{-1} \cdots P_1^{-1} = A A^{-1} = E \tag{2-34}$$

上面的(2-33)式表明,A 只用初等行变换(左乘初等矩阵相当于进行初等行变换)就可以化为单位矩阵,这就为利用初等行变换求逆矩阵提供了理论依据. 而(2-34)式表明,A 只用初等列变换(右乘初等矩阵相当于进行初等列变换)就可以化为单位矩阵.

三、利用初等变换求逆矩阵

作为初等变换的应用,我们给出一个求可逆矩阵的逆矩阵的方法,它是一个求逆阵的简便方法.

设矩阵A可逆,其逆矩阵为A^{-1}. 现构造一个$n\times 2n$阶的分块矩阵$(A\,|\,E)$,由(2-32)式,用$A^{-1}=P_k^{-1}\cdots P_2^{-1}P_1^{-1}$左乘$(A\,|\,E)$,则由分块矩阵的乘法,得

$$P_k^{-1}\cdots P_2^{-1}P_1^{-1}(A\,|\,E)=(P_k^{-1}\cdots P_2^{-1}P_1^{-1}A\,|\,P_k^{-1}\cdots P_2^{-1}P_1^{-1}E)=(E\,|\,A^{-1})$$

这就表明,将A化为单位阵E的那些初等行变换也将单位阵E化为A的逆矩阵. 即

$$(A\,|\,E)\xrightarrow{\text{行}}(E\,|\,A^{-1})$$

例 3 求下列非奇异矩阵A的逆矩阵.

$$A=\begin{pmatrix}1&2&3\\2&1&2\\1&3&4\end{pmatrix}$$

解 对$(A\,|\,E)$多次施行初等行变换

$$(A\,|\,E)=\left(\begin{array}{ccc|ccc}1&2&3&1&0&0\\2&1&2&0&1&0\\1&3&4&0&0&1\end{array}\right)^{\times(-2)\ \times(-1)}\to\left(\begin{array}{ccc|ccc}1&2&3&1&0&0\\0&-3&-4&-2&1&0\\0&1&1&-1&0&1\end{array}\right)$$

$$\to\left(\begin{array}{ccc|ccc}1&2&3&1&0&0\\0&1&1&-1&0&1\\0&-3&-4&-2&1&0\end{array}\right)\times 3\to\left(\begin{array}{ccc|ccc}1&2&3&1&0&0\\0&1&1&-1&0&1\\0&0&-1&-5&1&3\end{array}\right)\times 3$$

$$\to\left(\begin{array}{ccc|ccc}1&2&0&-14&3&9\\0&1&0&-6&1&4\\0&0&-1&-5&1&3\end{array}\right)\times(-2)\to\left(\begin{array}{ccc|ccc}1&0&0&-2&1&1\\0&1&0&-6&1&4\\0&0&-1&-5&1&3\end{array}\right)\times(-1)$$

$$\to\left(\begin{array}{ccc|ccc}1&0&0&-2&1&1\\0&1&0&-6&1&1\\0&0&1&5&-1&-3\end{array}\right)=(E\,|\,A^{-1})$$

故

$$A^{-1}=\begin{pmatrix}-2&1&1\\-6&1&4\\5&-1&-3\end{pmatrix}.$$

如果矩阵A经过有限次的初等行变换后,左边矩阵出现了零行或零列时,由定理2.4的推论知,A为奇异矩阵,从而A不可逆,变换即可终止. 即A^{-1}不存在.

如

$$A=\begin{pmatrix}1&1&-1\\1&-1&4\\3&1&2\end{pmatrix}$$

$$(A\,|\,E)=\left(\begin{array}{ccc|ccc}1&1&-1&1&0&0\\1&-1&4&0&1&0\\3&1&2&0&0&1\end{array}\right)^{\times(-1)\ \times(-3)}\to\left(\begin{array}{ccc|ccc}1&1&-1&1&0&0\\0&-2&5&-1&1&0\\0&-2&5&-3&0&1\end{array}\right)\times(-1)$$

$$\rightarrow\left(\begin{array}{ccc:ccc}1 & 1 & -1 & 1 & 0 & 0\\0 & -2 & 5 & -1 & 1 & 0\\0 & 0 & 0 & -2 & -1 & 1\end{array}\right)$$

故 A 不可逆 .

注意:利用分块矩阵 $(A\,|\,E)$ 求逆矩阵时,只能用初等行变换,而不能用初等列变换 .

可以证明,对分块矩阵 $\left(\dfrac{A}{E}\right)$ 仅施行初等列变换,使得其中的子块 A 化为单位矩阵时,子块 E 化为逆矩阵 A^{-1}. 即

$$\left(\frac{A}{E}\right)\xrightarrow{\text{列}}\left(\frac{E}{A^{-1}}\right)$$

四、利用初等变换求解一些矩阵方程

初等变换不仅可以求逆矩阵,还可以用来求解以些简单的矩阵方程 . 事实上,若 $AX = B$,A 是 n 阶可逆矩阵,X 是 $n \times m$ 矩阵,B 是 $n \times m$ 矩阵,则 $X = A^{-1}B$,即

$$(A\,|\,B)\xrightarrow{\text{行}}(E\,|\,A^{-1}B)$$

如果对矩阵 $(A\,|\,B)$ 仅施行初等行变换,由(2 - 32)式知,

$$P_k^{-1}\cdots P_2^{-1}P_1^{-1}(A\,|\,B) = (A^{-1}A\,|\,A^{-1}B) = (E\,|\,A^{-1}B)$$

即对 A 仅施行初等行变换,把 A 化为单位矩阵 E 时,同样的初等变换就将 B 化为 $A^{-1}B = X$.

类似地,若 $XA = B$,A 是一个 n 阶可逆矩阵,X 是 $m \times n$ 矩阵 B 是 $m \times n$ 矩阵,则 $X = BA^{-1}$. 如果对矩阵 $\left(\dfrac{A}{B}\right)$ 仅施行初等列变换,把 A 化为单位矩阵 E 时,同样的初等变换就将 B 化为 $BA^{-1} = X$,即

$$\left(\frac{A}{B}\right)\xrightarrow{\text{列}}\left(\frac{E}{BA^{-1}}\right)$$

例 4 求解矩阵方程

$$\begin{pmatrix}1 & 1 & -1\\0 & 2 & 2\\1 & -1 & 0\end{pmatrix}X = \begin{pmatrix}1 & -1 & 1\\1 & 1 & 0\\0 & 1 & 0\end{pmatrix}$$

解 设

$$A = \begin{pmatrix}1 & 1 & -1\\0 & 2 & 2\\1 & -1 & 0\end{pmatrix},B = \begin{pmatrix}1 & -1 & 1\\1 & 1 & 0\\0 & 1 & 0\end{pmatrix}$$

则

$$AX = B.$$

因为

$$|A|=\begin{vmatrix}1&1&-1\\0&2&2\\1&-1&0\end{vmatrix}=6\neq 0,$$

所以 A 可逆．由

$$(A|B)=\left(\begin{array}{ccc:ccc}1&1&-1&1&-1&1\\0&2&2&1&1&0\\1&-1&0&0&1&0\end{array}\right)\begin{matrix}\times(-1)\\ \\ \end{matrix}\to\left(\begin{array}{ccc:ccc}1&1&-1&1&-1&1\\0&2&2&1&1&0\\0&-2&1&-1&2&-1\end{array}\right)$$

$$\to\left(\begin{array}{ccc:ccc}1&1&-1&1&-1&1\\0&2&2&1&1&0\\0&0&3&0&3&-1\end{array}\right)\begin{matrix}\\ \times\frac{1}{2}\\ \times\frac{1}{3}\end{matrix}\to\left(\begin{array}{ccc:ccc}1&1&-1&1&-1&1\\0&1&1&\frac{1}{2}&\frac{1}{2}&0\\0&0&1&0&1&-\frac{1}{3}\end{array}\right)\times(-1)$$

$$\to\left(\begin{array}{ccc:ccc}1&1&0&1&0&\frac{2}{3}\\0&1&0&\frac{1}{2}&-\frac{1}{2}&\frac{1}{3}\\0&0&1&0&1&-\frac{1}{3}\end{array}\right)\times(-1)\to\left(\begin{array}{ccc:ccc}1&0&0&\frac{1}{2}&\frac{1}{2}&\frac{1}{3}\\0&1&0&\frac{1}{2}&-\frac{1}{2}&\frac{1}{3}\\0&0&1&0&1&-\frac{1}{3}\end{array}\right)$$

故

$$X=A^{-1}B=\begin{pmatrix}\frac{1}{2}&\frac{1}{2}&\frac{1}{3}\\\frac{1}{2}&-\frac{1}{2}&\frac{1}{3}\\0&1&-\frac{1}{3}\end{pmatrix}.$$

例 5　设 $A+B=AB$，且 $B=\begin{pmatrix}3&0&0\\0&1&-2\\0&1&1\end{pmatrix}$，求 A.

解　由 $A+B=AB$ 得 $A(E-B)=-B$，而

$$E-B=\begin{pmatrix}-2&0&0\\0&0&2\\0&-1&0\end{pmatrix}$$

且

$$|E-B|=\begin{vmatrix}-2&0&0\\0&0&2\\0&-1&0\end{vmatrix}=-4\neq 0$$

则 $(E-B)$ 可逆，

$$A=-B(E-B)^{-1}$$

所以

$$\begin{pmatrix} E-B \\ -B \end{pmatrix}=\begin{pmatrix} -2 & 0 & 0 \\ 0 & 0 & 2 \\ 0 & -1 & 0 \\ \hdashline -3 & 0 & 0 \\ 0 & -1 & 2 \\ 0 & -1 & -1 \end{pmatrix}\rightarrow\begin{pmatrix} 1 & 0 & 0 \\ 0 & 2 & 0 \\ 0 & 0 & -1 \\ \hdashline \frac{3}{2} & 0 & 0 \\ 0 & 2 & -1 \\ 0 & -1 & -1 \end{pmatrix}\rightarrow\begin{pmatrix} 1 & 0 & 0 \\ 0 & 1 & 0 \\ 0 & 0 & 1 \\ \hdashline \frac{3}{2} & 0 & 0 \\ 0 & 1 & 1 \\ 0 & -\frac{1}{2} & 1 \end{pmatrix}$$

故

$$A=-B(E-B)^{-1}=\begin{pmatrix} \frac{3}{2} & 0 & 0 \\ 0 & 1 & 1 \\ 0 & -\frac{1}{2} & 1 \end{pmatrix}$$

§2.6 矩阵的秩

矩阵的初等变换可以将任意一个矩阵化为标准形．那么标准形中单位矩阵的阶数有什么意义呢？它是根据什么确定的呢?由此我们引入矩阵秩的概念,它是矩阵内在的一个重要特性,对线性方程组的求解有十分重要的意义．本节主要介绍矩阵秩的概念和求秩的方法,研究矩阵的秩与初等变换之间的关系．

一、矩阵秩的概念

定义 2.17 设 $A=(a_{ij})$ 是 $m\times n$ 矩阵,从 A 中任取 k 行 k 列($1\leqslant k\leqslant \min\{m,n\}$),位于这些行和列相交处的元素,保持它们原来的相对位置所构成的 k 阶行列式,称为矩阵 A 的一个 **k 阶子式**．

例 1 设 $A=\begin{pmatrix} 1 & 1 & -2 & 3 \\ 2 & 0 & 1 & 0 \\ 0 & -2 & 5 & -6 \end{pmatrix}$,则矩阵 A 的第二、三行与第一、三列相交处的元素,所构成的 2 阶子式为

$$\begin{vmatrix} 2 & 1 \\ 0 & 5 \end{vmatrix}$$

矩阵 A 的所有 3 阶子式为

$$\begin{vmatrix}1&1&-2\\2&0&1\\0&-2&5\end{vmatrix},\quad\begin{vmatrix}1&-2&3\\2&1&0\\0&5&-6\end{vmatrix},\quad\begin{vmatrix}1&1&3\\2&0&0\\0&-2&-6\end{vmatrix},\quad\begin{vmatrix}1&-2&3\\0&1&0\\-2&5&-6\end{vmatrix}.$$

显然,矩阵 $A_{m\times n}$ 的 r 阶子式($1\leqslant r\leqslant \min\{m,n\}$)都有多个,且 $A_{m\times n}$ 的最高阶子式的阶数为 $r=\min\{m,n\}$.

定义 2.18 若 $m\times n$ 矩阵 A 至少有一个 r 阶子式不为零,而所有 $r+1$ 阶子式(如果有的话)全为零,则称 r 为矩阵 A 的**秩**,记为 $R(A)=r$.

在例 1 中,由于 A 的 2 阶子式 $\begin{vmatrix}2&1\\0&5\end{vmatrix}=10\neq 0$,且 A 的所有 3 阶子式全为零,则 $R(A)=2$. 又如矩阵

$$B=\begin{pmatrix}1&2&3&0\\0&-1&-3&-1\\0&0&1&0\end{pmatrix}$$

由于 B 的一个 3 阶子式 $\begin{vmatrix}1&2&3\\0&-1&-3\\0&0&1\end{vmatrix}=-1\neq 0$,没有 4 阶以上的子式,则 $R(B)=3$.

设 A 是一个 $m\times n$ 矩阵,当 $A=O$ 时,它的任意阶子式都为零,所以规定零矩阵的秩为 0,而当 $A\neq O$ 时,则它至少有一个元素不为零,即 A 至少有一个一阶子式不为零,又由于 A 的最高阶子式的阶数 $r\leqslant\min\{m,n\}$,所以 $0\leqslant R(A)\leqslant\min\{m,n\}$.

由定义 2.18 计算矩阵秩的方法是:先计算低阶子式,若求得一个 k 阶子式 $D_1\neq 0$,再计算所有的 $k+1$ 阶子式. 若这些子式都等于零,则 A 的秩就等于 k. 若有一个 $k+1$ 阶子式 $D_2\neq 0$,再继续计算所有的 $k+2$ 阶子式. 若这些子式都等于零,则 A 的秩为 $k+1$,否则再继续前面的步骤,直到算出 A 的秩为止.

例 2 设矩阵 $A=\begin{pmatrix}2&-3&8&2\\2&12&-2&12\\1&3&1&4\end{pmatrix}$,计算 A 的秩.

解 因为 A 有一个 1 阶子式为 $|2|\neq 0$,有一个 2 阶子式为

$$\begin{vmatrix}2&-3\\2&12\end{vmatrix}\neq 0$$

而 A 的 3 阶子式,共有 3 个:

$$\begin{vmatrix}2&-3&8\\2&12&-2\\1&3&1\end{vmatrix}=0,\quad\begin{vmatrix}2&-3&2\\2&12&12\\1&3&4\end{vmatrix}=0,\quad\begin{vmatrix}2&8&2\\2&-2&12\\1&1&4\end{vmatrix}=0,\quad\begin{vmatrix}-3&8&2\\12&-2&12\\3&1&4\end{vmatrix}=0,$$

所以 $R(A) = 2$.

二、利用初等变换求矩阵的秩

根据定义2.18,求矩阵A的秩,需计算多个行列式的值是比较麻烦的. 下面介绍矩阵的秩与初等变换之间的关系,从而引出求矩阵秩的较简便计算方法.

定理2.6　矩阵的初等变换不改变矩阵的秩.

证　仅考察经一次初等行变换的情形. 对第(1)、(2)两种变换,请读者自证. 现证第(3)种初等行变换不改变矩阵的秩.

设 $m \times n$ 矩阵 $A = (a_{ij})$ 的第j行乘以k倍加到第i行变为矩阵B,D为B的任意一个$r+1$阶子式,且$R(A) = r$,即A中至少有一个r阶子式不为零,所有$r+1$阶子式(如果有的话)全为零.

若D中不含有B的第i行的元素,则D是A的$r+1$阶子式,从而$D = 0$;

若D中含有B的第i行的元素,且不含有B的第j行的元素,则由行列式的性质知,

$$D = \begin{vmatrix} a_{11} & a_{12} & \cdots & a_{1r+1} \\ \vdots & \vdots & & \vdots \\ a_{i1}+ka_{j1} & a_{i2}+ka_{j2} & & a_{ir+1}+ka_{jr+1} \\ \vdots & \vdots & & \vdots \\ a_{r+11} & a_{r+12} & \cdots & a_{r+1r+1} \end{vmatrix}$$

$$= \begin{vmatrix} a_{11} & a_{12} & \cdots & a_{1r+1} \\ \vdots & \vdots & & \vdots \\ a_{i1} & a_{i2} & & a_{ir+1} \\ \vdots & \vdots & & \vdots \\ a_{r+11} & a_{r+12} & \cdots & a_{r+1r+1} \end{vmatrix} + k \begin{vmatrix} a_{11} & a_{12} & \cdots & a_{1r+1} \\ \vdots & \vdots & & \vdots \\ a_{j1} & a_{j2} & & a_{jr+1} \\ \vdots & \vdots & & \vdots \\ a_{r+11} & a_{r+12} & \cdots & a_{r+1r+1} \end{vmatrix}$$

$$= D_1 + kD_2$$

由于D_1与D_2都是A的$r+1$阶子式为零,从而$D = 0$;

若D中含有B的第i行的元素,且又含有B的第j行的元素,则由行列式的性质知,

$$D = \begin{vmatrix} a_{11} & a_{12} & \cdots & a_{1r+1} \\ \vdots & \vdots & & \vdots \\ a_{i1}+ka_{j1} & a_{i2}+ka_{j2} & & a_{ir+1}+ka_{jr+1} \\ \vdots & \vdots & & \vdots \\ a_{j1} & a_{j2} & \cdots & a_{jr+1} \\ \vdots & \vdots & & \vdots \\ a_{r+11} & a_{r+12} & \cdots & a_{r+1r+1} \end{vmatrix}$$

$$= \begin{vmatrix} a_{11} & a_{12} & \cdots & a_{1r+1} \\ \vdots & \vdots & & \vdots \\ a_{i1} & a_{i2} & & a_{ir+1} \\ \vdots & \vdots & & \vdots \\ a_{j1} & a_{j2} & \cdots & a_{jr+1} \\ \vdots & \vdots & & \vdots \\ a_{r+11} & a_{r+12} & \cdots & a_{r+1r+1} \end{vmatrix} + k \begin{vmatrix} a_{11} & a_{12} & \cdots & a_{1r+1} \\ \vdots & \vdots & & \vdots \\ a_{j1} & a_{j2} & & a_{jr+1} \\ \vdots & \vdots & & \vdots \\ a_{j1} & a_{j2} & \cdots & a_{jr+1} \\ \vdots & \vdots & & \vdots \\ a_{r+11} & a_{r+12} & \cdots & a_{r+1r+1} \end{vmatrix}$$

$$= D_1 + kD_2$$

由于 D_1 是 A 的 $r+1$ 阶子式为零,D_2 有两行元素完全相同为零,从而 $D=0$. 故综上所述,得

$$R(A) \leqslant R(B).$$

又因为矩阵 A 也可看成是矩阵 B 经过初等行变换得到(矩阵 B 的第 j 行乘以 $-k$ 倍加到第 i 行即可),所以同理可证

$$R(B) \leqslant R(A).$$

故

$$R(A) = R(B).$$

例 3　设矩阵 $A = \begin{pmatrix} 1 & 1 & -2 & 3 \\ 2 & 0 & 1 & 0 \\ 0 & -2 & 5 & -6 \end{pmatrix}$,求 A 的秩.

解　对矩阵 A 行施行初等多次变换

$$A = \begin{pmatrix} 1 & 1 & -2 & 3 \\ 2 & 0 & 1 & 0 \\ 0 & -2 & 5 & -6 \end{pmatrix} \xrightarrow{r_2 + (-2) r_1} \begin{pmatrix} 1 & 1 & -2 & 3 \\ 0 & -2 & 5 & -6 \\ 0 & -2 & 5 & -6 \end{pmatrix} \xrightarrow{r_3 + (-1) r_2} \begin{pmatrix} 1 & 1 & -2 & 3 \\ 0 & -2 & 5 & -6 \\ 0 & 0 & 0 & 0 \end{pmatrix} = B$$

由于矩阵 B 有一个二阶子式

$$\begin{vmatrix} 1 & 1 \\ 0 & -2 \end{vmatrix} = -2 \neq 0,$$

且所有的三阶子式全为零,故 $R(A)=2$.

例 4　设矩阵 $A = \begin{pmatrix} 1 & 1 & 1 & 1 \\ 1 & 1 & -1 & -1 \\ 1 & -1 & 1 & -1 \\ 1 & -1 & -1 & 1 \end{pmatrix}$,求 A 的秩.

解　对矩阵 A 多次施行初等行交换

$$A=\begin{pmatrix}1&1&1&1\\1&1&-1&-1\\1&-1&1&-1\\1&-1&-1&1\end{pmatrix}\to\begin{pmatrix}1&1&1&1\\0&0&-2&-2\\0&-2&0&-2\\0&-2&-2&0\end{pmatrix}\to\begin{pmatrix}1&1&1&1\\0&0&-2&-2\\0&0&2&-2\\0&-2&-2&0\end{pmatrix}$$

$$\to\begin{pmatrix}1&1&1&1\\0&-2&-2&0\\0&0&2&-2\\0&0&-2&-2\end{pmatrix}\to\begin{pmatrix}1&1&1&1\\0&-2&-2&0\\0&0&2&-2\\0&0&0&-4\end{pmatrix}=B$$

由于$|B|=16\neq 0$，而矩阵B中不为零子式的最高阶数为4，所以由定理2.6知，$R(B)=4$，即$R(A)=4$.

定理2.7　n阶矩阵A的秩为n的充要条件是A为可逆矩阵，即$|A|\neq 0$.

注意：若n阶矩阵A不可逆，即$|A|=0$，则$R(A)<n$.

例5　设矩阵$A=\begin{pmatrix}k&1&1&1\\1&k&1&1\\1&1&k&1\\1&1&1&k\end{pmatrix}$且秩$R(A)=3$，求常数$k$.

解　因为$R(A)=3$，则

$$|A|=\begin{vmatrix}k&1&1&1\\1&k&1&1\\1&1&k&1\\1&1&1&k\end{vmatrix}=\begin{vmatrix}k-1&0&0&1-k\\0&k-1&0&1-k\\0&0&k-1&1-k\\1&1&1&k\end{vmatrix}=\begin{vmatrix}k-1&0&0&0\\0&k-1&0&0\\0&0&k-1&0\\1&1&1&k+3\end{vmatrix}$$

$$=(k-1)^3\cdot(k+3)=0$$

所以

$$k=1\text{ 或 }k=-3.$$

当$k=1$时，

$$A=\begin{pmatrix}1&1&1&1\\1&1&1&1\\1&1&1&1\\1&1&1&1\end{pmatrix}\to\begin{pmatrix}1&1&1&1\\0&0&0&0\\0&0&0&0\\0&0&0&0\end{pmatrix}\to\begin{pmatrix}1&0&0&0\\0&0&0&0\\0&0&0&0\\0&0&0&0\end{pmatrix}=B$$

由于矩阵B只有一个一阶子式不为零，且所有的二阶以上的子式全为零，则当$k=1$时，$R(A)=1$，故当$k=-3$时，$R(A)=3$.

从此例可见，要求任意矩阵A的秩，可以用初等变换将矩阵化为标准形$\begin{pmatrix}E_r&O\\O&O\end{pmatrix}$，其中标准形的主对角线上单位矩阵$E_r$的阶数$r$就是矩阵的秩．但有时矩阵$A$尚未化为标准形时，如化为阶梯形矩阵，就已经可以根据矩阵非零行的行数，得出矩阵的秩，则可以停止变换．

例 6 求矩阵 $A=\begin{pmatrix}-1 & 3 & 0 & 1\\ 4 & -1 & 1 & -2\\ 2 & -2 & 0 & 1\end{pmatrix}$的秩．

解 对矩阵A施行初等行变换

$$A=\begin{pmatrix}-1 & 3 & 0 & 1\\ 4 & -1 & 1 & -2\\ 2 & -2 & 0 & 1\end{pmatrix}\begin{matrix}\times 4 \quad \times 2\\ \swarrow \\ \leftarrow\end{matrix}\rightarrow\begin{pmatrix}-1 & 3 & 0 & 1\\ 0 & 11 & 1 & 2\\ 0 & 4 & 0 & 3\end{pmatrix}\rightarrow\begin{pmatrix}-1 & 0 & 3 & 1\\ 0 & 1 & 11 & 2\\ 0 & 0 & 4 & 3\end{pmatrix}=B$$

由于B已是一个阶梯形矩阵，且非零行数是3．故$R(A)=3$.

例 7 设A是n阶非奇异矩阵，B是$n\times m$矩阵时，则

$$R(AB)=R(B).$$

证 因为A非奇异，则由定理2.4的推论2知，存在初等矩阵$P_1,P_2,\cdots,P_s(i=1,2,\cdots,s)$，使得

$$A=P_1P_2\cdots P_s.$$

于是$AB=P_1P_2\cdots P_sB$，即AB是B经过s次初等变换后所得，再由定理2.6知，$R(AB)=R(B)$.

本章小结

一、掌握矩阵的概念、特殊矩阵和常见方阵．

二、熟练掌握矩阵的运算方法．

三、熟练逆矩阵的定义、性质和计算公式．

四、理解分块矩阵的定义和运算．

五、掌握矩阵初等变换和初等矩阵的定义，理解矩阵初等变换和初等矩阵的性质，熟练掌握用初等变换求矩阵的逆矩阵以及求解一类矩阵方程的方法．

六、掌握矩阵秩的定义，熟练掌握用初等变换求矩阵秩的方法．

习题二

(A)

1. 设矩阵 $A=\begin{pmatrix}2 & 4 & 1\\ 0 & 3 & 2\end{pmatrix}$，$B=\begin{pmatrix}1 & -1 & 0\\ 3 & 5 & 0\end{pmatrix}$，$C=\begin{pmatrix}0 & 2 & 0\\ 0 & -1 & 1\end{pmatrix}$，求：$A+B$，$B-C$，$2A-3C$.

2. 设矩阵 $A=\begin{pmatrix}3&1&0\\-1&2&1\\3&4&2\end{pmatrix}$, $B=\begin{pmatrix}1&0&2\\-1&1&1\\2&1&1\end{pmatrix}$, 求: 矩阵 X, 使其满足矩阵方程 $3A-2X=\mathrm{B}$.

3. 设矩阵 $A=\begin{pmatrix}x&0\\7&y\end{pmatrix}$, $B=\begin{pmatrix}u&v\\y&2\end{pmatrix}$, $C=\begin{pmatrix}3&-4\\x&v\end{pmatrix}$, 且满足 $A+2B-C=O$, 求: x,y,u,v.

4. 计算:

(1) $(2\quad 3\quad -1)\begin{pmatrix}1\\-1\\-1\end{pmatrix}$;　　(2) $\begin{pmatrix}1\\2\\3\end{pmatrix}(-1\quad 0\quad 1)$;

(3) $\begin{pmatrix}7&-1\\-2&5\\3&-4\end{pmatrix}\begin{pmatrix}1&4\\-5&2\end{pmatrix}$;　　(4) $\begin{pmatrix}1&2&0\\-1&1&2\end{pmatrix}\begin{pmatrix}0&1\\1&2\\3&-1\end{pmatrix}$;

(5) $\begin{pmatrix}0&0&1\\0&1&0\\1&0&0\end{pmatrix}\begin{pmatrix}6&2&-1\\1&4&-6\\3&-5&4\end{pmatrix}$;　　(6) $\begin{pmatrix}3&1&2&-1\\0&3&1&0\end{pmatrix}\begin{pmatrix}1&0&5\\0&2&0\\1&0&1\\0&3&0\end{pmatrix}\begin{pmatrix}-1&0\\1&5\\0&2\end{pmatrix}$.

5. 设有 4 个工厂均能生产甲、乙、丙 3 种产品,其单位成本如表 2-3:

表 2-3

单位成本 产品 / 工厂	甲	乙	丙
A_1	3	5	6
A_2	2	4	8
A_3	4	5	5
A_{IU4}	4	3	7

现要生产甲产品 600 件,乙产品 500 件,丙产品 200 件,问由哪个工厂生产成本最低.

6. 求与矩阵 $A=\begin{pmatrix}0&1&0\\0&0&1\\0&0&0\end{pmatrix}$ 可交换的所有矩阵.

7. 如果 $AB=BA$, $AC=CA$, 证明:

(1) $A(B+C)=(B+C)A$;　　(2) $A(BC)=(BC)\mathrm{A}$.

8. 计算:

(1) $\begin{pmatrix}1&1\\-1&-1\end{pmatrix}^3$;　　(2) $\begin{pmatrix}\lambda&1&0\\0&\lambda&1\\0&0&\lambda\end{pmatrix}^3$;

(3) $\begin{pmatrix}1&1&0\\0&1&0\\0&0&1\end{pmatrix}^n$（为正整数）；　　(4) $\begin{pmatrix}a&0&0\\0&b&0\\0&0&c\end{pmatrix}^n$（为正整数）.

9. 设 $A=\begin{pmatrix}1&0&1\\0&2&0\\1&0&1\end{pmatrix}$，求矩阵 A^n-2A^{n-1}，其中 $n\geqslant 2$ 为整数.

*10. 设 $f(x)=a_mx^m+a_{m-1}x^{m-1}+\cdots+a_1x+a_0$ 是一个 m 次多项式，A 是 n 阶方阵，

(1) 如果 $f(x)=x^2-x+1$，$A=\begin{pmatrix}2&1&1\\3&1&2\\1&-1&1\end{pmatrix}$，求 $f(A)$；

(2) 如果 $f(x)=x^3-2x^2+3x-1$，$A=\begin{pmatrix}1&1&0\\0&1&-1\\0&0&1\end{pmatrix}$，求 $f(A)$.

11. 设 $A=\begin{pmatrix}1&2&3\\3&2&1\end{pmatrix}$，$B=\begin{pmatrix}1&-2\\-2&4\\1&-2\end{pmatrix}$，求 AB,BA,A^TB^T,B^TA^T.

12. 设 $A=\begin{pmatrix}1&3\\0&-1\end{pmatrix}$，$B=\begin{pmatrix}2&1\\0&-2\end{pmatrix}$求：

(1) $(A+B)(A-B)$ 及 A^2-B^2；(2) A^TB^T；(3) $(AB)^T-A^TB^T$.

13. 对于任意的阶矩阵，证明：

(1) $A+A^T$ 是对称矩阵，$A-A^T$ 是反对称矩阵；

(2) A 可以表示为对称矩阵和反对称矩阵之和.

14. 判断下列矩阵是否可逆？若可逆，求出可逆矩阵.

(1) $\begin{pmatrix}1&1&1\\0&1&1\\1&2&2\end{pmatrix}$；　　(2) $\begin{pmatrix}2&2&3\\1&-1&0\\-1&2&1\end{pmatrix}$.

15. 求下列矩阵的逆矩阵：

(1) $\begin{pmatrix}-3&4\\-2&2\end{pmatrix}$；　　(2) $\begin{pmatrix}3&1&3\\0&1&2\\0&0&-1\end{pmatrix}$；

(3) $\begin{pmatrix}1&-3&2\\-3&0&-1\\1&1&-1\end{pmatrix}$；　　(4) $\begin{pmatrix}1&1&1&1\\1&1&-1&-1\\1&-1&1&-1\\1&-1&-1&1\end{pmatrix}$.

16. 设 A 是 n 阶矩阵，试证：

(1) $|AA^T|=|A|^2$；

(2) 如果 $AA^T=E$(E 是 n 阶单位阵),则 $|A^T|=\pm 1$.

17. 设 A 是 n 阶矩阵,且 $AA^T=E$, $|A|=-1$,求 $|A+E|$.

18. 设 A 是 n 阶方阵,A^* 是 A 的伴随矩阵,证明:

(1) 如果 A 可逆,则 A^* 也可逆,且 $(A^*)^{-1}=\frac{1}{|A|}A$;

(2) $|A^*|=|A|^{n-1}$;

(3) 如果 A 可逆,则 A^k 也可逆,且 $(A^k)^{-1}=(A^{-1})^k$.

19. 设 A,B,C 为 n 阶矩阵,且 C 为可逆矩阵,满足 $C^{-1}AC=B$,证明:$C^{-1}A^mC=B^m$.

20. 解下列矩阵方程

(1) $\begin{pmatrix}1&-2&0\\4&-2&-1\\-3&1&2\end{pmatrix}X=\begin{pmatrix}-1&4\\2&5\\1&3\end{pmatrix}$;　　(2) $X\begin{pmatrix}2&1&-1\\2&1&0\\1&-1&-1\end{pmatrix}=\begin{pmatrix}1&-1&3\\4&3&2\\1&-2&5\end{pmatrix}$;

(3) $\begin{pmatrix}1&4\\-1&1\end{pmatrix}X\begin{pmatrix}2&0\\-1&1\end{pmatrix}=\begin{pmatrix}3&1\\0&-1\end{pmatrix}$;　　(4) $\begin{pmatrix}1&1&-1\\0&2&2\\1&-1&0\end{pmatrix}X=\begin{pmatrix}1&-1&1\\1&1&0\\0&1&0\end{pmatrix}$.

21. 利用逆矩阵解下列线性方程组:

(1) $\begin{cases}x_1+2x_3=9\\-x_1+2x_2-3x_3=-5\\x_2-x_3=1\end{cases}$　　(2) $\begin{cases}y_1+2y_3=1\\-y_1+2y_2-3y_3=0\\y_2-y_3=-1\end{cases}$

22. 已知矩阵 $A=\begin{pmatrix}1&0&0&0\\-2&3&0&0\\0&-4&5&0\\0&0&-6&7\end{pmatrix}$,$B=(E+A)^{-1}(E-A)$,求矩阵 $(E+B)^{-1}$.

23. 设矩阵 A 满足 $A^2-2X=AX+E$,且矩阵 $A=\begin{pmatrix}2&0&0\\0&2&0\\0&0&3\end{pmatrix}$,求未知矩阵 X.

24. 设矩阵 A 满足 $A^2+A-7E=O$,试证方阵 $A,A+3E$ 均可逆,并求 $A,A+3E$ 的逆矩阵.

25. 设 $f(x)=a_0x^m+a_1x^{m-1}+\cdots+a_{m-1}x+a_m$,$A$ 为 n 阶方阵,若 $a_m\neq 0$,且 $f(A)=O$,试证 A 可逆并求 A^{-1}.

26. 设 A 为 3 阶矩阵,$|A|=-2$,把 A 按列分块为 $A=(A_1,A_2,A_3)$,其中 $A_j(j=1,2,3)$ 是 A 的第 j 列,求:

(1) $|A_1,-2A_2,A_3|$;　　(2) $|(A_1,4A_3,2A_2)^{-1}|$.

27. 利用分块矩阵求 A^2 与 A^{-1}:

(1) $\begin{pmatrix}1&0&0\\0&1&0\\0&-2&1\end{pmatrix}$;　　(2) $\begin{pmatrix}2&1&0&0\\0&2&0&0\\0&0&3&1\\0&0&0&3\end{pmatrix}$.

28. 利用分块矩阵计算 AB,其中

(1) $A=\begin{pmatrix}1&0&0&0\\0&1&0&0\\-1&2&1&0\\1&1&0&1\end{pmatrix}$,　　$B=\begin{pmatrix}1&0&3&2\\-1&2&0&1\\1&0&4&1\\-1&-1&2&0\end{pmatrix}$;

(2) $A=\begin{pmatrix}1&2&0&0&0&0\\2&1&0&0&0&0\\0&0&2&1&0&0\\0&0&1&3&0&0\\0&0&0&0&3&2\\0&0&0&0&2&1\end{pmatrix}$,　　$B=\begin{pmatrix}1\\2\\1\\3\\2\\1\end{pmatrix}$.

29. 设 $A=\begin{pmatrix}1&1&0&0\\0&1&0&0\\0&0&1&-1\\0&0&-1&1\end{pmatrix}$,利用分块矩阵求 A^n(其中 $n\geqslant 2$ 为正整数).

30. 设 $A=\begin{pmatrix}O&B\\C&O\end{pmatrix}$,其中 B 是 n 阶可逆阵,C 是 m 阶可逆阵,证明:A 可逆并求 A^{-1}.

31. 用矩阵分块的方法,求下列矩阵的逆矩阵:

(1) $\begin{pmatrix}2&0&1&0&2\\0&2&0&1&3\\0&0&1&0&0\\0&0&0&1&0\\0&0&0&0&1\end{pmatrix}$;　　(2) $\begin{pmatrix}0&0&0&4&4\\0&0&0&7&8\\1&1&1&0&0\\0&1&1&0&0\\0&0&1&0&0\end{pmatrix}$.

32. 设矩阵 $\begin{pmatrix}1&1\\-3&-2\end{pmatrix}$,将矩阵 A 表示成初等矩阵的乘积.

33. 将下列矩阵化为标准型:

(1) $\begin{pmatrix}-5&6&-3\\3&1&11\\4&-2&8\end{pmatrix}$;　　(2) $\begin{pmatrix}1&-1&2\\3&2&1\\1&-2&0\end{pmatrix}$;

(3) $\begin{pmatrix}1&2&-1&4\\2&4&3&5\\-1&-2&6&7\end{pmatrix}$;　　(4) $\begin{pmatrix}1&-1&2&1&0\\2&-2&4&2&0\\3&0&6&-1&1\\0&3&0&0&1\end{pmatrix}$.

34. 利用矩阵的初等变换，求下列矩阵的逆矩阵：

(1) $\begin{pmatrix} 1 & -1 & 2 \\ -2 & -1 & -2 \\ 4 & 3 & 3 \end{pmatrix}$；　　(2) $\begin{pmatrix} 1 & 2 & 3 \\ 2 & -1 & 4 \\ 0 & -1 & 1 \end{pmatrix}$；

(3) $\begin{pmatrix} 1 & 2 & 3 & 4 \\ 2 & 3 & 1 & 2 \\ 1 & 1 & 1 & -1 \\ 1 & 0 & -2 & -6 \end{pmatrix}$；　　(4) $\begin{pmatrix} 1 & 0 & 0 & 0 \\ \lambda & 1 & 0 & 0 \\ 0 & \lambda & 0 & 0 \\ 0 & 0 & \lambda & 1 \end{pmatrix}(\lambda \neq 0)$.

35. 用初等变换解下列矩阵方程：

(1) $\begin{pmatrix} 3 & -1 & 0 \\ -2 & 1 & 1 \\ 2 & -1 & 4 \end{pmatrix} X = \begin{pmatrix} -1 & 1 \\ 0 & 2 \\ -5 & 3 \end{pmatrix}$；　　(2) $X \begin{pmatrix} 1 & 0 & 5 \\ 1 & 1 & 2 \\ 1 & 2 & 5 \end{pmatrix} = \begin{pmatrix} 1 & 1 & 2 \\ 0 & 0 & -6 \end{pmatrix}$；

(3) $AX + B = X$，其中 $A = \begin{pmatrix} 0 & 1 & 0 \\ -1 & 1 & 1 \\ -1 & 0 & -1 \end{pmatrix}$，$B = \begin{pmatrix} 1 & -1 \\ 2 & 0 \\ 5 & -3 \end{pmatrix}$.

36. 设 n 阶可逆矩阵 A，B 满足关系式 $A + B = AB$.

(1) 证明：$A - E$ 为可逆矩阵；

(2) 已知 $B = \begin{pmatrix} 1 & -3 & 0 \\ 2 & 1 & 0 \\ 0 & 0 & 2 \end{pmatrix}$，求矩阵 A.

37. 已知矩阵 $A = \begin{pmatrix} 3 & 3 & 0 & -2 \\ -1 & -4 & 3 & 0 \\ 1 & -5 & 6 & -2 \end{pmatrix}$.

(1) 计算 A 的所有三阶子式；　　(2) 求 A 的秩.

38. 求下列矩阵的秩：

(1) $\begin{pmatrix} -2 & 1 & 1 & 1 \\ 1 & -2 & 1 & -2 \\ 1 & 1 & -2 & 4 \end{pmatrix}$；　　(2) $\begin{pmatrix} 1 & 2 & -1 & 4 \\ 2 & 4 & 3 & 5 \\ -1 & -2 & 6 & 7 \end{pmatrix}$；

(3) $\begin{pmatrix} 2 & 1 & 3 & -1 \\ 3 & -1 & 2 & 0 \\ 1 & 3 & 4 & -2 \\ 4 & -3 & 1 & 1 \end{pmatrix}$；　　(4) $\begin{pmatrix} 2 & 0 & 2 & 0 & 2 \\ 0 & 1 & 0 & 1 & 0 \\ 2 & 1 & 0 & 2 & 1 \\ 2 & 1 & 0 & 2 & 1 \\ 0 & 1 & 0 & 1 & 0 \end{pmatrix}$.

39. 设 A 为 $m \times n$ 矩阵，$P_{m \times n}$，$Q_{n \times n}$ 为可逆矩阵．试证：

$$R(A) = R(PA) = R(AQ).$$

40. 证明：如果 A 为 n 阶矩阵($n \geqslant 2$)，则

$$R(A^*)=\begin{cases}n, & R(A)=n\\1, & R(A)=n-1\\0, & R(A)<n-1\end{cases}.$$

(B)

1. 假设 D 是矩阵 A 的 r 阶子式，且 $D\neq 0$，但含 D 的一切 $r+1$ 阶子式都等于零，则矩阵 A 的 $r+1$ 阶子式(　　).

(A) 都不等于零；　　(B) 都等于零；

(C) 不一定都等于零；　　(D) 以上都不对.

2. 初等矩阵的乘积是(　　)

(A) 初等矩阵；　　(B) 单位矩阵；

(C) 零矩阵；　　(D) 对称矩阵.

3. $A=(a_{ij})_{m\times n}$，$B=(b_{ij})_{n\times p}$，$AB=C=(C_{ij})$，则 C 是(　　).

(A) $m\times n$ 阶矩阵；　　(B) $n\times p$ 阶矩阵；

(C) $m\times p$ 阶矩阵；　　(D) $n\times n$ 阶矩阵.

4. 设 $A=\begin{pmatrix}1&2\\0&3\end{pmatrix}$，$B=\begin{pmatrix}a&b\\c&d\end{pmatrix}$，则当 a、d 为任意常数，且(　　)时，恒有 $AB=BA$.

(A) $c=0, b=d-a$；　　(B) $c=0, b=0$；

(C) $c=d+a, b=2$；　　(D) $c=d, b=a$.

5. 设 $A=\begin{pmatrix}1&0&0\\-2&2&0\\-3&-2&3\end{pmatrix}$，则 $A_{13}=$(　　).

(A) 6；　　(B) 2；

(C) 10；　　(D) 0.

6. 下列命题中，正确的是(　　).

(A) 零矩阵有无穷多个；　　(B) 零矩阵均相等；

(C) 零矩阵与任何可以相乘的矩阵的积是零矩阵；

(D) 零矩阵是奇异矩阵.

7. 下列矩阵中与 $A=\begin{pmatrix}1&1\\-1&-1\end{pmatrix}$ 相乘等于零矩阵的是(　　).

(A) $\begin{pmatrix}1&-1\\-1&1\end{pmatrix}$；　　(B) $\begin{pmatrix}-1&2\\1&-2\end{pmatrix}$；

(C) $\begin{pmatrix}2&2\\3&3\end{pmatrix}$；　　(D) $\begin{pmatrix}1&2\\1&2\end{pmatrix}$.

8. 若 A、B 均为 n 阶方阵，则有(　　)成立.

(A) $(A+B)^3=A^3+3A^2B+3AB^2+B^3$；(B) $(A-B)(A+B)=A^2-B^2$；

(C)$A^2 - E = (A - E)(A + E)$； (D)$(AB)^2 = A^2B^2$.

9. n 阶方阵 A 非奇异的充要条件是(　　).

(A)$A^2 \neq O$； (B)A 的逆矩阵为非奇异矩阵；

(C)A 可表示成一些初等矩阵的乘积； (D)A 可以经初等行变换变为单位矩阵.

10. 下列命题中正确的是(　　).

(A) 两个同阶单位矩阵的和、差及乘积仍是单位矩阵；

(B) 两个同阶对角矩阵的和、差及乘积仍是对角矩阵；

(C) 两个同阶对称(反对称) 矩阵的和、差及乘积仍是对称(反对称) 矩阵；

(D) 以上都不正确.

11. 若 B 是一个 n 阶可逆矩阵,则有(　　).

(A)$(B^T)^T = B$； (B)$(B^{-1})^{-1} = B$；

(C)$(B^*)^* = B$； (D)$(B^T)^{-1} = (B^{-1})^T$.

12. A、B 为 n 阶可逆矩阵,则有(　　).

(A)$(AB)^{-1} = B^{-1}A^{-1}$； (B)$(kA)^{-1} = \frac{1}{k}A^{-1}(k \neq 0)$；

(C)$(A + B)$ 可逆,且$(A + B)^{-1} = A^{-1} + B^{-1}$；

(D)$A - B$ 必不可逆.

13. 设 A 为 n 阶可逆矩阵,A^* 为其伴随矩阵,则 A^{-1} 为(　　).

(A)A^*； (B) $\frac{A^*}{|A|}$；

(C) $\frac{A^*}{|A|^{n-1}}$； (D) $\frac{A^*}{|A|^n}$.

14. 若 n 阶矩阵 A 可逆,则 A^* 可逆,A^* 的逆矩阵为(　　).

(A)A； (B)$|A|A$；

(C) $\frac{A}{|A|}$； (D) $\frac{A}{|A|^{n-1}}$.

15. A 是 n 阶对称矩阵,B 是 n 阶反对称矩阵,则(　　).

(A)A^2 是对称矩阵； (B)AB 是反对称矩阵；

(C)B^2 是反对称矩阵； (D)$AB - BA$ 是对称矩阵.

第三章　线性方程组

内容提要

一、线性方程组的一般形式及其高斯消元法的一般步骤，线性方程组解的判定定理.

二、n 维向量的定义及其线性运算，n 维向量空间的概念.

三、向量间的线性关系（线性组合、线性相关和线性无关）的定义及性质.

四、向量组等价、向量组的极大无关组、向量组的秩和矩阵的秩的定义及性质.

五、齐次线性方程组解的性质，齐次线性方程组基础解系的定义，齐次线性方程组解的结构定理及其求解方法.

六、非齐次线性方程组解的性质，非齐次线性方程组解的结构定理及其求解方法.

在经济管理和生产实践中，大量存在多个变量和多个约束条件的问题，这类问题往往可以归结为求解一个线性方程组. 在第一章中虽然克莱姆法则提供了求解 n 元线性方程组的一个方法，却有很大的局限性，当线性方程组未知变量的个数与方程组的个数不相等时，克莱姆法则失效.

本章将首先用初等变换总结和提高初等代数中的高斯（Gauss）消元法，给出判定线性方程组有解的充要条件以及求解一般线性方程组的方法，并引入向量的概念，研究向量间的线性关系和性质，最后以矩阵和向量为工具，探讨一般线性方程组解的结构.

§3.1　高斯消元法

设有 m 个方程 n 个未知变量的线性方程组为

$$\begin{cases} a_{11}x_1 + a_{12}x_2 + \cdots + a_{1n}x_n = b_1 \\ a_{21}x_1 + a_{22}x_2 + \cdots + a_{2n}x_n = b_2 \\ \cdots\cdots\cdots\cdots\cdots\cdots\cdots\cdots \\ a_{m1}x_1 + a_{m2}x_2 + \cdots + a_{mn}x_n = b_m \end{cases} \tag{3-1}$$

其矩阵形式为

$$AX = B$$

其中

$$A=\begin{pmatrix} a_{11} & a_{12} & \cdots & a_{1n} \\ a_{21} & a_{22} & \cdots & a_{2n} \\ \cdots & \cdots & \cdots & \cdots \\ a_{m1} & a_{m2} & \cdots & a_{mn} \end{pmatrix}$$

称为方程组(3 - 1) 的**系数矩阵**；

$$B=\begin{pmatrix} b_1 \\ b_2 \\ \vdots \\ b_m \end{pmatrix}$$

称为方程组(3 - 1) 的**常数项矩阵**；

$$X=\begin{pmatrix} x_1 \\ x_2 \\ \vdots \\ x_n \end{pmatrix}$$

称为方程组(3 - 1) 的**未知量矩阵**.

此外

$$(A|B)=\left(\begin{array}{cccc:c} a_{11} & a_{12} & \cdots & a_{1n} & b_1 \\ a_{21} & a_{22} & \cdots & a_{2n} & b_2 \\ \cdots & \cdots & \cdots & \cdots & \cdots \\ a_{m1} & a_{m2} & \cdots & a_{mn} & b_m \end{array}\right)$$

称为方程组(3 - 1) 的**增广矩阵**.

当方程组(3 - 1) 的常数项 $b_i(i=1,2,\cdots,n)$ 全为零时,即

$$\begin{cases} a_{11}x_1+a_{12}x_2+\cdots+a_{1n}x_n=0 \\ a_{21}x_1+a_{22}x_2+\cdots+a_{2n}x_n=0 \\ \cdots\cdots\cdots\cdots\cdots\cdots\cdots\cdots \\ a_{m1}x_1+a_{m2}x_2+\cdots+a_{mn}x_n=0 \end{cases} \tag{3-2}$$

称方程组(3 - 2) 为**齐次线性方程组**. 线性方程组(3 - 1) 为**非齐次线性方程组**.

在初等代数中,二元、三元线性方程组可以用如下方法求解.

例 1　解下列线性方程组

$$\begin{cases} x_2+x_3=2 \\ 2x_1+3x_2+2x_3=5 \\ 3x_1+x_2-x_3=-1 \end{cases}$$

解　将原方程组中第一、二两个方程对调,得

$$\begin{cases} 2x_1 + 3x_2 + 2x_3 = 5 \\ x_2 + x_3 = 2 \\ 3x_1 + x_2 - x_3 = -1 \end{cases}$$

上面第一个方程乘以 $-\frac{3}{2}$ 加到第三个方程，得

$$\begin{cases} 2x_1 + 3x_2 + 2x_3 = 5 \\ x_2 + x_3 = 2 \\ -\frac{7}{2}x_2 - 4x_3 = -\frac{17}{2} \end{cases}$$

上面第二个方程乘以$\frac{7}{2}$，加到第三个方程，得

$$\begin{cases} 2x_1 + 3x_2 + 2x_3 = 5 \\ x_2 + x_3 = 2 \\ -\frac{1}{2}x_3 = -\frac{3}{2} \end{cases}$$

上面第三个方程乘以 -2，得

$$\begin{cases} 2x_1 + 3x_2 + 2x_3 = 5 \\ x_2 + x_3 = 2 \\ x_3 = 3 \end{cases}$$

（这种形式的线性方程组称为**阶梯形方程组**）上面第三个方程分别乘以 -1 和 -2 加到第二个方程和第一个方程，得

$$\begin{cases} 2x_1 + 3x_2 = -1 \\ x_2 = -1 \\ x_3 = 3 \end{cases}$$

上面第二个方程乘以 -3 加到第一个方程，并将得到的方程两边乘以$\frac{1}{2}$，得

$$\begin{cases} x_1 = 1 \\ x_2 = -1 \\ x_3 = 3 \end{cases}$$

上面的方程组显然与原方程组同解．故 $x_1 = 1, x_2 = -1, x_3 = 3$ 为原方程组的解．

上述求解过程完全可以用原方程组的增广矩阵施行初等行变换实现．

$$(A|B)=\left(\begin{array}{ccc:c}0&1&1&2\\2&3&2&5\\3&1&-1&-1\end{array}\right)\rightarrow\left(\begin{array}{ccc:c}2&3&2&5\\0&1&1&2\\3&1&-1&-1\end{array}\right)^{\times(-\frac{3}{2})}$$

$$\rightarrow\left(\begin{array}{ccc:c}2&3&2&5\\0&1&1&2\\0&-\frac{7}{2}&-4&-\frac{17}{2}\end{array}\right)\times\frac{7}{2}\rightarrow\left(\begin{array}{ccc:c}2&3&2&5\\0&1&1&2\\0&0&-\frac{1}{2}&-\frac{3}{2}\end{array}\right)\times(-2)$$

$$\rightarrow\left(\begin{array}{ccc:c}2&3&2&5\\0&1&1&2\\0&0&1&3\end{array}\right)\times(-1)\times(-2)\rightarrow\left(\begin{array}{ccc:c}2&3&0&-1\\0&1&0&-1\\0&0&1&3\end{array}\right)\times(-3)$$

$$\rightarrow\left(\begin{array}{ccc:c}2&0&0&2\\0&1&0&-1\\0&0&1&3\end{array}\right)^{\times\frac{1}{2}}\rightarrow\left(\begin{array}{ccc:c}1&0&0&1\\0&1&0&-1\\0&0&1&3\end{array}\right)$$

由最后一个矩阵得到方程组的解 $x_1=1,x_2=-1,x_3=3$.

用以上方法求解线性方程组,称为**高斯消元法**. 它实际上是通过对线性方程组的增广矩阵反复施行初等行变换,先将其化成阶梯形矩阵,然后再将方程组的系数矩阵化为单位矩阵,求得原方程组的解.

注意:高斯消元法中对线性方程组的增广矩阵$(A|B)$施行初等行变换所得到的新方程组与原方程组是同解方程组.

因为对增广矩阵的行施行第一、二两种初等变换分别相当于交换两个方程的顺序以及用非零常数乘某一方程的两端,这显然不会改变改变方程组的解. 可以证明对增广矩阵的行施行第三种初等变换,也不会改变改变方程组的解.

一般地,用高斯消元法求解方程组(3-1),即对方程组(3-1)的增广矩阵$(A|B)$施行初等行变换,具体做法为:

从元素$a_{11}\neq 0$出发(若$a_{11}=0$,则先用初等行变换,将某一个$a_{i1}\neq 0$互换至第1行,使得第1行第1列的元素不为零),用初等行变换,将$(A|B)$中与a_{11}同在第1列的其他元素全部化为零,即$(A|B)$化为

$$\left(\begin{array}{cccc:c}a_{11}&a_{12}&\cdots&a_{1n}&b_1\\0&a'_{22}&\cdots&a'_{2n}&b'_2\\\cdots&\cdots&\cdots&\cdots&\cdots\\0&a'_{m2}&\cdots&a'_{mn}&b'_m\end{array}\right)$$

然后从元素$a'_{22}\neq 0$出发,对上述矩阵重复进行上述过程,最终可将$(A|B)$化为如下的阶梯形矩阵

$$\left(\begin{array}{ccccccc:c}
\tilde{a}_{11} & \tilde{a}_{12} & \cdots & \tilde{a}_{1r} & \tilde{a}_{1r+1} & \cdots & \tilde{a}_{1n} & d_1 \\
0 & \tilde{a}_{22} & \cdots & \tilde{a}_{2r} & \tilde{a}_{2r+1} & \cdots & \tilde{a}_{2n} & d_2 \\
\cdots & \cdots & \cdots & \cdots & \cdots & \cdots & \cdots & \cdots \\
0 & 0 & \cdots & \tilde{a}_{rr} & \tilde{a}_{rr+1} & \cdots & \tilde{a}_{rn} & d_r \\
0 & 0 & \cdots & 0 & 0 & \cdots & 0 & d_{r+1} \\
0 & 0 & \cdots & 0 & 0 & \cdots & 0 & 0 \\
\cdots & \cdots & \cdots & \cdots & \cdots & \cdots & \cdots & \cdots \\
0 & 0 & \cdots & 0 & 0 & \cdots & 0 & 0
\end{array}\right)$$

其中 $\tilde{a}_{ii} \neq 0(i = 1,2,\cdots,r)$. 其对应的方程组,即阶梯形方程组为

$$\begin{cases}
\tilde{a}_{11}x_1 + \tilde{a}_{12}x_2 + \cdots + \tilde{a}_{1r}x_r + \tilde{a}_{1r+1}x_{r+1} + \cdots + \tilde{a}_{1n}x_n = d_1 \\
\qquad \tilde{a}_{22}x_2 + \cdots + \tilde{a}_{2r}x_r + \tilde{a}_{2r+1}x_{r+1} + \cdots + \tilde{a}_{2n}x_n = d_2 \\
\qquad \cdots\cdots\cdots\cdots\cdots\cdots\cdots\cdots\cdots\cdots \\
\qquad \tilde{a}_{rr}x_r + \tilde{a}_{rr+1}x_{r+1} + \cdots + \tilde{a}_{rn}x_n = d_r \\
\qquad 0 = d_{r+1} \\
\qquad 0 = 0 \\
\qquad \cdots\cdots \\
\qquad 0 = 0
\end{cases} \tag{3 - 3}$$

显然,方程组(3 - 3) 和原方程组(3 - 1) 是同解方程组,对原方程组(3 - 1) 解的讨论等价于对方程组(3 - 3) 解的讨论.

1. 若 $d_{r+1} \neq 0$,则方程组(3 - 3) 中第 $r + 1$ 个方程“$0 = d_{r+1}$”是一个矛盾方程. 因此,方程组(3 - 3) 无解,从而原方程组(3 - 1) 也无解.

2. 若 $d_{r+1} = 0$,此时可能出现两种情况:

(1) 如果 $r = n$,方程组(3 - 3) 为

$$\begin{cases}
\tilde{a}_{11}x_1 + \tilde{a}_{12}x_2 + \cdots + \tilde{a}_{1n}x_n = d_1 \\
\qquad \tilde{a}_{21}x_2 + \cdots + \tilde{a}_{2n}x_n = d_2 \\
\qquad \cdots\cdots\cdots\cdots\cdots\cdots \\
\qquad \tilde{a}_{nn}x_n = d_n
\end{cases}$$

从最后一个方程出发,自下而上进行变量回代,可以逐一求出 $x_n, x_{n-1}, \cdots, x_1$ 的值. 因此,方程组(3 -3) 有唯一解,从而原方程组(3 -1) 也有唯一解. 回代过程可以由相应的阶梯形矩阵自下而上逐次施行初等行变换,如从 $\tilde{a}_{nn}$ 出发,分别乘以 $-\dfrac{\tilde{a}_{n-1n}}{\tilde{a}_{nn}}, \cdots, -\dfrac{\tilde{a}_{2n}}{\tilde{a}_{nn}}, -\dfrac{\tilde{a}_{1n}}{\tilde{a}_{nn}}$ 加到第 $n - 1, \cdots, 2, 1$ 行,…,最终可将上述阶梯形矩阵化为

$$\left(\begin{array}{cccc:c} 1 & 0 & \cdots & 0 & c_1 \\ 0 & 1 & \cdots & 0 & c_2 \\ \cdots & \cdots & \cdots & \cdots & \cdots \\ 0 & 0 & \cdots & 1 & c_n \\ 0 & 0 & \cdots & 0 & 0 \\ \cdots & \cdots & \cdots & \cdots & \cdots \\ 0 & 0 & \cdots & 0 & 0 \end{array}\right)$$

从而直接得到原方程组的解 $x_1 = c_1, x_2 = c_2, \cdots, x_n = c_n$.

(2) 如果 $r < n$,方程组(3 - 3) 为

$$\begin{cases} \tilde{a}_{11}x_1 + \tilde{a}_{12}x_2 + \cdots + \tilde{a}_{1r}x_r + \tilde{a}_{1r+1}x_{r+1} + \cdots + \tilde{a}_{1n}x_n = d_1 \\ \qquad \tilde{a}_{22}x_2 + \cdots + \tilde{a}_{2r}x_r + \tilde{a}_{2r+1}x_{r+1} + \cdots + \tilde{a}_{2n}x_n = d_2 \\ \qquad \cdots\cdots\cdots\cdots\cdots\cdots \\ \qquad \tilde{a}_{rr}x_r + \tilde{a}_{rr+1}x_{r+1} + \cdots + \tilde{a}_{rn}x_n = d_r \end{cases}$$

进一步可化为

$$\begin{cases} \tilde{a}_{11}x_1 + \tilde{a}_{12}x_2 + \cdots + \tilde{a}_{1r}x_r = d_1 - \tilde{a}_{1r+1}x_{r+1} - \cdots - \tilde{a}_{1n}x_n \\ \qquad \tilde{a}_{22}x_2 + \cdots + \tilde{a}_{2r}x_r = d_2 - \tilde{a}_{2r+1}x_{r+1} - \cdots - \tilde{a}_{2n}x_n \\ \qquad \cdots\cdots\cdots\cdots\cdots\cdots \\ \qquad \tilde{a}_{rr}x_r = d_r - \tilde{a}_{rr+1}x_{r+1} - \cdots - \tilde{a}_{rn}x_n \end{cases}$$

其中 $x_{r+1}, \cdots, x_n$ 称为**自由未知量**. 任意取定自由未知量 $x_{r+1}, \cdots, x_n$ 的值,从最后一个方程出发,自下而上进行变量回代,可以逐一求出 $x_r, x_{r-1}, \cdots, x_1$ 的值. 因此方程组(3 - 3) 有无穷多解. 从而原方程组(3 - 1) 也有无穷多解:$x_1, x_2, \cdots, x_r, x_{r+1}, \cdots, x_n$,称之为方程组(3 - 1) 的**一般解**.

以上回代过程也可以由相应的阶梯形矩阵自下而上逐次施行初等行变换,化为

$$\left(\begin{array}{ccccccc:c} 1 & 0 & \cdots & 0 & \bar{a}_{1r+1} & \cdots & \bar{a}_{1n} & \bar{d}_1 \\ 0 & 1 & \cdots & 0 & \bar{a}_{2r+1} & \cdots & \bar{a}_{2n} & \bar{d}_2 \\ \cdots & \cdots & \cdots & \cdots & \cdots & \cdots & \cdots & \cdots \\ 0 & 0 & \cdots & 1 & \bar{a}_{rr+1} & \cdots & \bar{a}_{rn} & \bar{d}_r \\ 0 & 0 & \cdots & 0 & 0 & \cdots & 0 & 0 \\ \cdots & \cdots & \cdots & \cdots & \cdots & \cdots & \cdots & \cdots \\ 0 & 0 & \cdots & 0 & 0 & \cdots & 0 & 0 \end{array}\right)$$

令自由未知量 $x_{r+1} = c_1, \cdots, x_n = c_{n-r}$,则原方程组(3 - 1) 的一般解为

$$\begin{cases} x_1 = \bar{d}_1 - \bar{a}_{1r+1}c_1 - \cdots - \bar{a}_{1n}c_{n-r} \\ x_2 = \bar{d}_2 - \bar{a}_{2r+1}c_1 - \cdots - \bar{a}_{2n}c_{n-r} \\ \cdots\cdots \\ x_r = \bar{d}_r - \bar{a}_{rr+1}c_1 - \cdots - \bar{a}_{rn}c_{n-r} \\ x_{r+1} = c_1 \\ \cdots\cdots \\ x_n = c_{n-r} \end{cases}$$

根据以上讨论,对线性方程组(3-1)的解有如下结论:

1. 当 $d_{r+1} \neq 0$ 时,原方程组(3-1)无解.
2. 当 $d_{r+1} = 0$,且 $r = n$ 时,原方程组(3-1)有唯一解.
3. 当 $d_{r+1} = 0$,且 $r < n$ 时,原方程组(3-1)有无穷多解.

结合矩阵秩的概念,还有如下结论:

定理 3.1 线性方程组(3-1)有解的充要条件是 $R(A) = R(A|B)$. 且当 $R(A) = R(A|B) = n$ 时有唯一解;当 $R(A) = R(A|B) < n$ 时有无穷多解.

例 2 解线性方程组

$$\begin{cases} x_1 + x_2 + x_3 + x_4 + x_5 = 1 \\ 3x_1 + 2x_2 + x_3 + x_4 - 3x_5 = 0 \\ x_2 + 2x_3 + 2x_4 + 6x_5 = 3 \\ 5x_1 + 4x_2 + 3x_3 + 3x_4 - x_5 = 2 \end{cases}$$

解 对方程组的增广矩阵 $(A|B)$ 施行初等行变换,化为阶梯形矩阵

$$(A|B) = \left(\begin{array}{ccccc:c} 1 & 1 & 1 & 1 & 1 & 1 \\ 3 & 2 & 1 & 1 & -3 & 0 \\ 0 & 1 & 2 & 2 & 6 & 3 \\ 5 & 4 & 3 & 3 & -1 & 2 \end{array}\right) \begin{array}{l} \times(-3)\ \times(-5) \end{array} \rightarrow \left(\begin{array}{ccccc:c} 1 & 1 & 1 & 1 & 1 & 1 \\ 0 & -1 & -2 & -2 & -6 & -3 \\ 0 & 1 & 2 & 2 & 6 & 3 \\ 0 & -1 & -2 & -2 & -6 & -3 \end{array}\right)$$

$$\rightarrow \left(\begin{array}{ccccc:c} 1 & 1 & 1 & 1 & 1 & 1 \\ 0 & 1 & 2 & 2 & 6 & 3 \\ 0 & 0 & 0 & 0 & 0 & 0 \\ 0 & 0 & 0 & 0 & 0 & 0 \end{array}\right)$$

因为阶梯形矩阵中 $R(A) = R(A|B) = 2 < 5$,故该方程组有无穷多解. 接上式继续初等行变换

$$\rightarrow \left(\begin{array}{ccccc:c} 1 & 0 & -1 & -1 & -5 & -2 \\ 0 & 1 & 2 & 2 & 6 & 3 \\ 0 & 0 & 0 & 0 & 0 & 0 \\ 0 & 0 & 0 & 0 & 0 & 0 \end{array}\right)$$

故原方程组的一般解为

$$\begin{cases} x_1 = -2 + x_3 + x_4 + 5x_5 \\ x_2 = 3 - 2x_3 - 2x_4 - 6x_5 \end{cases}$$

其中 x_3, x_4, x_5 为自由未知量. 令 $x_3 = c_1, x_4 = c_2, x_5 = c_3$,则方程组的一般解还可表为

$$\begin{cases} x_1 = -2 + c_1 + c_2 + 5c_3 \\ x_2 = 3 - 2c_1 - 2c_2 - 6c_3 \\ x_3 = c_1 \\ x_4 = c_2 \\ x_5 = c_3 \end{cases}$$

其中 c_1, c_2, c_3 为任意常数.

例 3　解线性方程组

$$\begin{cases} x_1 - x_2 - 3x_3 + x_4 = 1 \\ x_1 - x_2 + 2x_3 - x_4 = 3 \\ 4x_1 - 4x_2 + 3x_3 - 2x_4 = 6 \\ 2x_1 - 2x_2 - 11x_3 + 4x_4 = 0 \end{cases}$$

解　对方程组的增广矩阵 $(A|B)$ 施行初等行变换,化为阶梯形矩阵

$$(A|B) = \left(\begin{array}{cccc:c} 1 & -1 & -3 & 1 & 1 \\ 1 & -1 & 2 & -1 & 3 \\ 4 & -4 & 3 & -2 & 6 \\ 2 & -2 & -11 & 4 & 0 \end{array}\right) \to \left(\begin{array}{cccc:c} 1 & -1 & -3 & 1 & 1 \\ 0 & 0 & 5 & -2 & 2 \\ 0 & 0 & 15 & -6 & 2 \\ 0 & 0 & -5 & 2 & -2 \end{array}\right)$$

$$\to \left(\begin{array}{cccc:c} 1 & -1 & -3 & 1 & 1 \\ 0 & 0 & 5 & -2 & 2 \\ 0 & 0 & 0 & 0 & -4 \\ 0 & 0 & 0 & 0 & 0 \end{array}\right)$$

因为阶梯形矩阵中 $R(A) = 2, R(A|B) = 3, R(A) \neq R(A|B)$,所以方程组无解.

例 4　t 为何值时,下述线性方程组有解,并在有解时求它的一般解.

$$\begin{cases} 3x_1 + x_2 - x_3 - 2x_4 = 2 \\ x_1 - 5x_2 + 2x_3 + x_4 = -1 \\ 2x_1 + 6x_2 - 3x_3 - 3x_4 = t + 1 \\ -x_1 - 11x_2 + 5x_3 + 4x_4 = -4 \end{cases}$$

解　将增广矩阵 $(A|B)$ 经初等行变换化为阶梯形矩阵

$$(A|B)=\left(\begin{array}{cccc|c}3&1&-1&-2&2\\1&-5&2&1&-1\\2&6&-3&-3&t+1\\-1&-11&5&4&-4\end{array}\right)\to\left(\begin{array}{cccc|c}1&-5&2&1&-1\\3&1&-1&-2&2\\2&6&-3&-3&t+1\\-1&-11&5&4&-4\end{array}\right)$$

$$\to\left(\begin{array}{cccc|c}1&-5&2&1&-1\\0&16&-7&-5&5\\0&16&-7&-5&t+3\\0&-16&7&5&-5\end{array}\right)\to\left(\begin{array}{cccc|c}1&-5&2&1&-1\\0&16&-7&-5&5\\0&0&0&0&t-2\\0&0&0&0&0\end{array}\right)$$

显然当$t-2=0$,即$t=2$时,由于阶梯形矩阵中$R(A)=R(A|B)=2<4$,故该方程此时组有无穷多解. 接上式继续初等行变换,得

$$\to\left(\begin{array}{cccc|c}1&0&-\frac{3}{16}&-\frac{9}{16}&\frac{9}{16}\\0&1&-\frac{7}{16}&-\frac{5}{16}&\frac{5}{16}\\0&0&0&0&0\\0&0&0&0&0\end{array}\right)$$

故原方程组的一般解为

$$\begin{cases}x_1=\frac{9}{16}+\frac{3}{16}x_3+\frac{9}{16}x_4\\x_2=\frac{5}{16}+\frac{7}{16}x_3+\frac{5}{16}x_4\end{cases}$$

其中x_3,x_4为自由未知量. 令$x_3=c_1,x_4=c_2$,则方程组的一般解还可表为

$$\begin{cases}x_1=\frac{9}{16}+\frac{3}{16}c_1+\frac{9}{16}c_2\\x_2=\frac{5}{16}+\frac{7}{16}c_1+\frac{5}{16}c_2\\x_3=c_1\\x_4=c_2\end{cases}$$

其中c_1,c_2为任意常数.

把上面结论应用到齐次线性方程组(3-2),有如下结论:

1. 方程组(3-2)一定有解,因为它至少有零解.

2. 当$R(A)=n$时,方程组(3-2)仅有零解.

3. 当$R(A)<n$时,方程组(3-2)有无穷多解,即方程组(3-2)除零解外,还有非零解.

在方程组(3-2)中,还有如下容易证明的结论:

定理3.2　齐次线性方程组(3-2)中,若方程个数小于未知量个数,即$m<n$,则方

程组(3－2)有非零解．

例5　判断下述齐次线性方程组有无非零解,如有非零解,求其一般解．

$$\begin{cases} x_1+3x_2-4x_3+2x_4=0 \\ 3x_1-x_2+2x_3-x_4=0 \\ -2x_1+4x_2-x_3+3x_4=0 \\ 3x_1+9x_2-7x_3+6x_4=0 \end{cases}$$

解　由于齐次线性方程组的常数项全为零,一般只对其系数矩阵施行初等行变换

$$A=\begin{pmatrix} 1 & 3 & -4 & 2 \\ 3 & -1 & 2 & -1 \\ -2 & 4 & -1 & 3 \\ 3 & 9 & -7 & 6 \end{pmatrix} \to \begin{pmatrix} 1 & 3 & -4 & 2 \\ 0 & -10 & 14 & -7 \\ 0 & 10 & -9 & 7 \\ 0 & 0 & 5 & 0 \end{pmatrix} \to \begin{pmatrix} 1 & 3 & -4 & 2 \\ 0 & -10 & 14 & -7 \\ 0 & 0 & 5 & 0 \\ 0 & 0 & 0 & 0 \end{pmatrix}$$

由于阶梯形矩阵中 $R(A)=3<4$. 故该方程组有无穷多解,接上式继续初等行变换

$$\to \begin{pmatrix} 1 & 0 & 0 & -\frac{1}{10} \\ 0 & 1 & 0 & \frac{7}{10} \\ 0 & 0 & 1 & 0 \\ 0 & 0 & 0 & 0 \end{pmatrix}$$

故原方程组的一般解为

$$\begin{cases} x_1=\frac{1}{10}x_4 \\ x_2=-\frac{7}{10}x_4 \\ x_3=0 \end{cases}$$

其中 x_4 为自由未知量．令 $x_4=c$,则方程组的一般解还可表为

$$\begin{cases} x_1=\frac{1}{10}c \\ x_2=-\frac{7}{10}c \\ x_3=0 \\ x_4=c \end{cases}$$

其中 c 为任意常数．

§3.2　n 维向量的定义

高斯消元法是线性方程组求解的一个基本方法．但是当方程组有无穷多解时,解与

解之间的关系,即方程组一般解的结构却不甚清楚. 为了解决这个问题,本节引入向量的概念,为深入研究向量间的线性关系和性质,探讨线性方程组解的结构进行理论上的准备.

定义 3.1 n 个实数 $a_1,a_2,\cdots,a_n$ 组成的 n 元有序数组

$$(a_1,a_2,\cdots,a_n)$$

称为 n **维向量**,简称**向量**. 数 a_i 称为向量的第 i 个**分量**. n 维向量常用希腊字母 $\boldsymbol{\alpha},\boldsymbol{\beta},\boldsymbol{\gamma}$ 等表示,也可用大写的英文字母 X,Y 表示. 例如可以记

$$\boldsymbol{\alpha} = (a_1,a_2,\cdots,a_n)$$

等等.

在初等代数中,平面上的点可用一个二元有序数组(a,b),即坐标表示,(a,b) 称为二维向量;把某企业各种产品的产量按一定顺序排列起来,就得到反映该企业各种产品产量的有序数组,即向量.

关于 n 维向量的概念需要注意以下问题:

1. 定义中 n 维向量是行的形式,即 $\boldsymbol{\alpha} = (a_1,a_2,\cdots,a_n)$,称为**行向量**,根据实际问题的需要,有时也把向量记成列的形式,即

$$\boldsymbol{\beta} = \begin{pmatrix} b_1 \\ b_2 \\ \vdots \\ b_n \end{pmatrix}$$

称为**列向量**. 行向量与列向量统称为**向量**. 要把行(列)向量用列(行)向量表示,可采用转置记号. 如

$$\boldsymbol{\alpha} = (a_1,a_2,\cdots,a_n) = \begin{pmatrix} a_1 \\ a_2 \\ \vdots \\ a_n \end{pmatrix}^T$$

或

$$\boldsymbol{\beta} = \begin{pmatrix} b_1 \\ b_2 \\ \vdots \\ b_n \end{pmatrix} = (b_1,b_2,\cdots,b_n)^T$$

2. 所有分量均为零的向量称为**零向量**,记作 $\boldsymbol{o}$,即 $\boldsymbol{o} = (0,0,\cdots,0)$.

n 维向量 $\boldsymbol{\alpha} = (a_1,a_2,\cdots,a_n)$ 所有分量的相反数组成的向量,称为向量 $\boldsymbol{\alpha}$ 的**负向量**,记作 $-\boldsymbol{\alpha}$,即 $-\boldsymbol{\alpha} = (-a_1,-a_2,\cdots,-a_n)$.

3. n 维向量是一个 n 元有序数组,向量中各分量的次序不能随意调换. 调换向量的分

量一般得到新的向量.

4. n 维向量还可以用矩阵定义,一个 n 维行向量就是一个 $1\times n$ 矩阵;一个 n 维列向量就是一个 $n\times 1$ 矩阵. 反之亦然.

向量的概念在实际中有着广泛的应用. 例如,在线性方程组(3 - 1)中,系数矩阵 A 中的每一行 $\boldsymbol{\alpha}_i=(a_{i1},a_{i2},\cdots,a_{in})(i=1,2,\cdots,m)$ 都是 n 维行向量,这 m 个 n 维行向量称为系数矩阵 A 的**行向量组**;每一列 $\boldsymbol{\alpha}_j=(a_{1j},a_{2j},\cdots,a_{mj})^T(j=1,2,\cdots,n)$ 都是 m 维列向量,这 n 个 m 维列向量称为系数矩阵 A 的**列向量组**.

既然向量可以看成特殊的矩阵,那么向量运算和矩阵运算就非常类似.

定义 3.2　如果 n 维向量 $\boldsymbol{\alpha}=(a_1,a_2,\cdots,a_n)$ 和 $\boldsymbol{\beta}=(b_1,b_2,\cdots,b_n)$ 的对应分量都相等,即 $a_i=b_i(i=1,2,\cdots,n)$,则称向量 $\boldsymbol{\alpha}$ 与 $\boldsymbol{\beta}$ **相等**,记作 $\boldsymbol{\alpha}=\boldsymbol{\beta}$.

定义 3.3　设 n 维向量 $\boldsymbol{\alpha}=(a_1,a_2,\cdots,a_n)$,$\boldsymbol{\beta}=(b_1,b_2,\cdots,b_n)$,则由 $\boldsymbol{\alpha}$ 与 $\boldsymbol{\beta}$ 的各对应分量相加所得的向量,称为向量 $\boldsymbol{\alpha}$ 与 $\boldsymbol{\beta}$ 的**和**,记作 $\boldsymbol{\alpha}+\boldsymbol{\beta}$. 即

$$\boldsymbol{\alpha}+\boldsymbol{\beta}=(a_1+b_1,a_2+b_2,\cdots,a_n+b_n).$$

由向量的加法运算和负向量的定义,可以定义向量的减法运算:

$$\boldsymbol{\alpha}-\boldsymbol{\beta}=\boldsymbol{\alpha}+(-\boldsymbol{\beta})=(a_1-b_1,a_2-b_2,\cdots,a_n-b_n)$$

定义 3.4　设 n 维向量 $\boldsymbol{\alpha}=(a_1,a_2,\cdots,a_n)$,$k$ 为实数,则用数 k 乘以向量 $\boldsymbol{\alpha}$ 中的各个分量所得的向量,称为数 k 与向量 α 的**乘积**,简称**数乘**,记作 $k\boldsymbol{\alpha}$. 即

$$k\boldsymbol{\alpha}=(ka_1,ka_2,\cdots,ka_n)$$

向量的加法和数乘运算统称为向量的**线性运算**. 根据上述定义容易验证,向量的线性运算满足下面的八条运算律:

(1) $\boldsymbol{\alpha}+\boldsymbol{\beta}=\boldsymbol{\beta}+\boldsymbol{\alpha}$　　(加法的交换律)

(2) $\boldsymbol{\alpha}+(\boldsymbol{\beta}+\boldsymbol{\gamma})=(\boldsymbol{\alpha}+\boldsymbol{\beta})+\boldsymbol{\gamma}$　　(加法的结合律)

(3) $\boldsymbol{\alpha}+\boldsymbol{o}=\boldsymbol{\alpha}$

(4) $\boldsymbol{\alpha}+(-\boldsymbol{\alpha})=\boldsymbol{o}$

(5) $k(\boldsymbol{\alpha}+\boldsymbol{\beta})=k\boldsymbol{\alpha}+k\boldsymbol{\beta}$　　(数乘分配律)

(6) $(k+l)\boldsymbol{\alpha}=k\boldsymbol{\alpha}+l\boldsymbol{\alpha}$　　(数乘分配律)

(7) $(kl)\boldsymbol{\alpha}=k(l\boldsymbol{\alpha})$　　(数乘结合律)

(8) $1\cdot\boldsymbol{\alpha}=\boldsymbol{\alpha}$.

其中 $\boldsymbol{\alpha},\boldsymbol{\beta},\boldsymbol{\gamma}$ 为向量,k,l 为实数.

例 1　设 $\boldsymbol{\alpha}=(-2,0,1,3)$,$\boldsymbol{\beta}=(5,-7,4,6)$,$\boldsymbol{\gamma}=(3,-1,7,2)$,计算 $3\boldsymbol{\alpha}+\boldsymbol{\beta}+2\boldsymbol{\gamma}$.

解　$3\boldsymbol{\alpha}+\boldsymbol{\beta}+2\boldsymbol{\gamma}$

$=3(-2,0,1,3)+(5,-7,4,6)+2(3,-1,7,2)=(5,-9,21,19).$

例 2　设 $\boldsymbol{\alpha}_1=(1,0,1)$,$\boldsymbol{\alpha}_2=(1,1,-1)$,且满足关系 $3\boldsymbol{\beta}+\boldsymbol{\alpha}_1=\boldsymbol{\alpha}_2$,求 $\boldsymbol{\beta}$.

解　由已知条件,得

$$3\boldsymbol{\beta}=\boldsymbol{\alpha}_2-\boldsymbol{\alpha}_1=(1,1,-1)-(1,0,1)=(0,1,-2)$$

故

$$\boldsymbol{\beta} = \frac{1}{3}(0,1,-2) = \left(0,\frac{1}{3},-\frac{2}{3}\right).$$

定义 3.5　所有n维向量组成的集合,在其上定义了向量的线性运算,且满足上述的八条运算律,称为 **n 维向量空间**,记作$\boldsymbol{R}^n$.

注意:

1. 由于n维向量是以实数为分量的实向量,所以n维向量空间实际上是n维实向量空间.本书不作特别声明,都是在此基础上讨论的.

2. n维向量空间$\boldsymbol{R}^n$实际上是全体n维行向量组成的集合或全体n维列向量组成的集合.由于n维行向量组成的向量空间与n维列向量组成的向量空间在结构上完全相同,都记为$\boldsymbol{R}^n$.今后用$\boldsymbol{R}^n$泛指向量空间,即既可是行向量空间,也可是列向量空间.

§3.3　向量间的线性关系

前面引入了向量的概念和向量间的线性运算,其实向量间除了运算关系外,还存在很多重要关系,其中最重要的就是向量间的线性关系.

一、线性表示

由定义3.1及向量的线性运算,线性方程组(3-1)可以用向量表示为

$$x_1\boldsymbol{\alpha}_1 + x_2\boldsymbol{\alpha}_2 + \cdots + x_n\boldsymbol{\alpha}_n = \boldsymbol{\beta} \tag{3-4}$$

其中$\boldsymbol{\alpha}_j = (a_{1j},a_{2j},\cdots,a_{mj})^T(j=1,2,\cdots,n)$为方程组(3-1)系数矩阵的列向量组,$\boldsymbol{\beta} = (b_1,b_2,\cdots,b_m)^T$为方程组(3-1)的常数列向量.因此称(3-4)式为线性方程组(3-1)的**向量形式**.

(3-4)式说明,若方程组(3-1)有解,则至少存在一组数:$x_1=k_1,x_2=k_2,\cdots,x_n=k_n$,使得(3-4)式成立,这时常数列向量$\boldsymbol{\beta}$可以看成是由列向量组$\boldsymbol{\alpha}_1,\boldsymbol{\alpha}_2,\cdots,\boldsymbol{\alpha}_n$线性表示的.由此引入线性表示的定义.

定义 3.6　对于n维向量$\boldsymbol{\alpha}_1,\boldsymbol{\alpha}_2,\cdots,\boldsymbol{\alpha}_s,\boldsymbol{\beta}$,如果存在一组数$k_1,k_2,\cdots,k_s$,使得

$$\boldsymbol{\beta} = k_1\boldsymbol{\alpha}_1 + k_2\boldsymbol{\alpha}_2 + \cdots + k_s\boldsymbol{\alpha}_s$$

则称向量$\boldsymbol{\beta}$是向量组$\boldsymbol{\alpha}_1,\boldsymbol{\alpha}_2,\cdots,\boldsymbol{\alpha}_s$的**线性组合**,或称向量$\boldsymbol{\beta}$可由向量组$\boldsymbol{\alpha}_1,\boldsymbol{\alpha}_2,\cdots,\boldsymbol{\alpha}_s$**线性表示**.

由定义有如下关于线性表示的结论:

1. 任何一个n维向量$\boldsymbol{\alpha} = (a_1,a_2,\cdots,a_n)$都可由$n$维单位向量组

$$\boldsymbol{\varepsilon}_1 = (1,0,\cdots,0),\boldsymbol{\varepsilon}_2 = (0,1,\cdots,0),\cdots,\boldsymbol{\varepsilon}_n = (0,0,\cdots,1)$$

线性表示.事实上,$\boldsymbol{\alpha} = a_1\boldsymbol{\varepsilon}_1 + a_2\boldsymbol{\varepsilon}_2 + \cdots + a_n\boldsymbol{\varepsilon}_n$.其中系数恰好是$\boldsymbol{\alpha}$的分量$a_1,a_2,\cdots,a_n$.

2. n维零向量$\boldsymbol{o} = (0,0,\cdots,0)$可由任意一个$n$维向量组$\boldsymbol{\alpha}_1,\boldsymbol{\alpha}_2,\cdots,\boldsymbol{\alpha}_s$线性表示.实际上,取$k_1=k_2=\cdots=k_s=0$,有

$$\boldsymbol{o}=0\cdot\boldsymbol{\alpha}_1+0\cdot\boldsymbol{\alpha}_2+\cdots+0\cdot\boldsymbol{\alpha}_s$$

3. 向量组 $\boldsymbol{\alpha}_1,\boldsymbol{\alpha}_2,\cdots,\boldsymbol{\alpha}_s$ 中的任一向量 $\boldsymbol{\alpha}_i(1\leqslant i\leqslant s)$ 都可由这个向量组线性表示．因为

$$\boldsymbol{\alpha}_i=0\cdot\boldsymbol{\alpha}_1+\cdots+0\cdot\boldsymbol{\alpha}_{i-1}+1\cdot\boldsymbol{\alpha}_i+0\cdot\boldsymbol{\alpha}_{i+1}+\cdots+0\cdot\boldsymbol{\alpha}_s$$

例 1 设 $\boldsymbol{\beta}=(-1,0,0,-3),\boldsymbol{\alpha}_1=(1,0,2,-1),\boldsymbol{\alpha}_2=(3,0,4,1),\boldsymbol{\alpha}_3=(2,0,2,2)$．不难验证

$$\boldsymbol{\beta}=2\boldsymbol{\alpha}_1-\boldsymbol{\alpha}_2 \text{或} \boldsymbol{\beta}=\boldsymbol{\alpha}_1-\boldsymbol{\alpha}_3$$

即 $\boldsymbol{\beta}$ 可由 $\boldsymbol{\alpha}_1,\boldsymbol{\alpha}_2$ 线性表示，$\boldsymbol{\beta}$ 也可由 $\boldsymbol{\alpha}_1,\boldsymbol{\alpha}_3$ 线性表示．

此例说明：一个向量由某个向量组线性表示的方法可以是不唯一的．由定义 3.6 知，判定向量 $\boldsymbol{\beta}$ 能否由向量组 $\boldsymbol{\alpha}_1,\boldsymbol{\alpha}_2,\cdots,\boldsymbol{\alpha}_s$ 线性表示的条件是向量方程

$$\boldsymbol{\beta}=k_1\boldsymbol{\alpha}_1+k_2\boldsymbol{\alpha}_2+\cdots+k_s\boldsymbol{\alpha}_s$$

是否有解．若有解，即存在一组数 $k_1,k_2,\cdots,k_s$，使得 $\boldsymbol{\beta}$ 可由 $\boldsymbol{\alpha}_1,\boldsymbol{\alpha}_2,\cdots,\boldsymbol{\alpha}_s$ 线性表示，若无解，则 $\boldsymbol{\beta}$ 不能由 $\boldsymbol{\alpha}_1,\boldsymbol{\alpha}_2,\cdots,\boldsymbol{\alpha}_s$ 线性表示．

例 2 设 $\boldsymbol{\beta}=(-2,1,0),\boldsymbol{\alpha}_1=(1,2,-1),\boldsymbol{\alpha}_2=(-2,1,1),\boldsymbol{\alpha}_3=(1,-3,-1)$，判定向量 $\boldsymbol{\beta}$ 是否可由向量组 $\boldsymbol{\alpha}_1,\boldsymbol{\alpha}_2,\boldsymbol{\alpha}_3$ 线性表示，如果可以，写出它的表示式．

解 假定 $\boldsymbol{\beta}=k_1\boldsymbol{\alpha}_1+k_2\boldsymbol{\alpha}_2+k_3\boldsymbol{\alpha}_3$，即

$$\begin{aligned}(-2,1,0)&=k_1(1,2,-1)+k_2(-2,1,1)+k_3(1,-3,-1)\\&=(k_1-2k_2+k_3,2k_1+k_2-3k_3,-k_1+k_2-k_3).\end{aligned}$$

由两个向量相等的定义，得

$$\begin{cases}k_1-2k_2+k_3=-2\\2k_1+k_2-3k_3=1\\-k_1+k_2-k_3=0\end{cases}$$

解方程组，得唯一解 $k_1=1,k_2=2,k_3=1$. 于是 $\boldsymbol{\beta}$ 可由向量组 $\boldsymbol{\alpha}_1,\boldsymbol{\alpha}_2,\boldsymbol{\alpha}_3$ 唯一线性表示，其表示式为

$$\boldsymbol{\beta}=\boldsymbol{\alpha}_1+2\boldsymbol{\alpha}_2+\boldsymbol{\alpha}_3$$

例 3 设 $\boldsymbol{\beta}=\begin{pmatrix}1\\2\\-1\end{pmatrix},\boldsymbol{\alpha}_1=\begin{pmatrix}1\\0\\1\end{pmatrix},\boldsymbol{\alpha}_2=\begin{pmatrix}3\\-2\\0\end{pmatrix}$，判定向量 $\boldsymbol{\beta}$ 是否可由向量组 $\boldsymbol{\alpha}_1,\boldsymbol{\alpha}_2$ 线性表示．

解 假定 $\boldsymbol{\beta}=k_1\boldsymbol{\alpha}_1+k_2\boldsymbol{\alpha}_2$，即

$$\boldsymbol{\beta}=\begin{pmatrix}1\\2\\-1\end{pmatrix}=k_1\begin{pmatrix}1\\0\\1\end{pmatrix}+k_2\begin{pmatrix}3\\-2\\0\end{pmatrix}=\begin{pmatrix}k_1+3k_2\\-2k_2\\k_1\end{pmatrix}$$

由两个向量相等的定义，得

$$\begin{cases} k_1 + 3k_2 = 1 \\ \quad -2k_2 = 2 \\ k_1 \qquad = -1 \end{cases}$$

显然方程组无解，这说明满足$\boldsymbol{\beta} = k_1\boldsymbol{\alpha}_1 + k_2\boldsymbol{\alpha}_2$的$k_1,k_2$不存在．所以$\boldsymbol{\beta}$不能由$\boldsymbol{\alpha}_1,\boldsymbol{\alpha}_2$线性表示．

二、线性相关与线性无关

由前面的结论，n维零向量可由任何一个n维向量组$\boldsymbol{\alpha}_1,\boldsymbol{\alpha}_2,\cdots,\boldsymbol{\alpha}_s$线性表示，即

$$\boldsymbol{o} = 0\cdot\boldsymbol{\alpha}_1 + 0\cdot\boldsymbol{\alpha}_2 + \cdots + 0\cdot\boldsymbol{\alpha}_s.$$

这说明任何一个n维向量组，它的系数全为零的线性组合一定是零向量．然而，有些向量组还可以找到不全为零的系数，使得它们的线性组合也是零向量．如向量组

$$\boldsymbol{\alpha}_1 = (1,2,-1,3),\boldsymbol{\alpha}_2 = (1,5,4,7),\boldsymbol{\alpha}_3 = (4,8,-4,12)$$

可以验证有$4\boldsymbol{\alpha}_1 + 0\cdot\boldsymbol{\alpha}_2 - \boldsymbol{\alpha}_3 = \boldsymbol{o}$.

而对于另一些向量，如三维单位向量组$\boldsymbol{\varepsilon}_1,\boldsymbol{\varepsilon}_2,\boldsymbol{\varepsilon}_3$，只有系数全为零时，$\boldsymbol{\varepsilon}_1,\boldsymbol{\varepsilon}_2,\boldsymbol{\varepsilon}_3$的线性组合才能为零向量．由此可以引出向量组线性相关和线性无关的概念．

定义 3.7　设n维向量组$\boldsymbol{\alpha}_1,\boldsymbol{\alpha}_2,\cdots,\boldsymbol{\alpha}_s$，若存在不全为零的数$k_1,k_2,\cdots,k_s$，使得

$$k_1\boldsymbol{\alpha}_1 + k_2\boldsymbol{\alpha}_2 + \cdots + k_s\boldsymbol{\alpha}_s = \boldsymbol{o} \tag{3-5}$$

成立，则称向量组$\boldsymbol{\alpha}_1,\boldsymbol{\alpha}_2,\cdots,\boldsymbol{\alpha}_s$**线性相关**，否则称向量组**线性无关**，即当且仅当$k_1 = k_2 = \cdots = k_s = 0$时，(3-5)式成立，此时向量组$\boldsymbol{\alpha}_1,\boldsymbol{\alpha}_2,\cdots,\boldsymbol{\alpha}_s$线性无关．

关于线性相关和线性无关的定义，需要注意以下问题：

1. 一个向量组不线性相关，必线性无关，反之亦然．

2. 一个线性相关的向量组，除了系数全为零的线性组合是零向量外，必有系数不全为零的线性组合也是零向量；而一个线性无关的向量组，当且仅当系数全为零的线性组合才是零向量，或者说一个线性无关的向量组的任意一组不全为零的系数的线性组合都不是零向量．

由定义 3.7 有如下关于线性相关和线性无关的结论：

1. 含有零向量的任一向量组线性相关．

实际上，设向量组为$\boldsymbol{o},\boldsymbol{\alpha}_1,\boldsymbol{\alpha}_2,\cdots,\boldsymbol{\alpha}_s$，则对任意的数$k \neq 0$，有

$$k\cdot\boldsymbol{o} + 0\cdot\boldsymbol{\alpha}_1 + \cdots + 0\cdot\boldsymbol{\alpha}_s = \boldsymbol{o}$$

因此，该向量组线性相关．

2. 一个向量$\boldsymbol{\alpha}$线性相关的充要条件是$\boldsymbol{\alpha} = \boldsymbol{o}$.

因为若$\boldsymbol{\alpha}$线性相关，即存在一个不为零的数k，使$k\boldsymbol{\alpha} = \boldsymbol{o}$，由$k \neq 0$，必有$\boldsymbol{\alpha} = \boldsymbol{o}$；反过来，设$\boldsymbol{\alpha} = \boldsymbol{o}$，只需取$k = 1$，有$k\boldsymbol{\alpha} = 1\cdot\boldsymbol{\alpha} = 1\cdot\boldsymbol{o} = \boldsymbol{o}$，所以由定义 3.7，有$\boldsymbol{\alpha}$线性相关．

注意：这里有一个重要结论：一个非零向量$\boldsymbol{\alpha}$必线性无关．

3. n维单位向量组$\boldsymbol{\varepsilon}_1,\boldsymbol{\varepsilon}_2,\cdots,\boldsymbol{\varepsilon}_n$线性无关．

实际上，设有数$k_1,k_2,\cdots,k_n$，使

$$k_1\boldsymbol{\varepsilon}_1 + k_2\boldsymbol{\varepsilon}_2 + \cdots + k_n\boldsymbol{\varepsilon}_n = \boldsymbol{o}$$

即

$$k_1\begin{pmatrix}1\\0\\\vdots\\0\end{pmatrix}+k_2\begin{pmatrix}0\\1\\\vdots\\0\end{pmatrix}+\cdots+k_n\begin{pmatrix}0\\0\\\vdots\\1\end{pmatrix}=\begin{pmatrix}0\\0\\\vdots\\0\end{pmatrix}$$

因此,只有当 $k_1 = k_2 = \cdots = k_n = 0$ 时,才有 $k_1\boldsymbol{\varepsilon}_1 + k_2\boldsymbol{\varepsilon}_2 + \cdots + k_n\boldsymbol{\varepsilon}_n = \boldsymbol{o}$. 所以单位向量组 $\boldsymbol{\varepsilon}_1,\boldsymbol{\varepsilon}_2,\cdots,\boldsymbol{\varepsilon}_n$ 线性无关.

由以上讨论可以看出,判定一个向量组是否线性相关,归结为关于 $k_1,k_2,\cdots,k_s$ 的齐次线性方程组是否有非零解. 一般地,有如下利用齐次线性方程组的解,讨论向量组线性相关和线性无关的方法.

定理 3.3　s 个 n 维向量 $\boldsymbol{\alpha}_i = (a_{1i},a_{2i},\cdots,a_{ni})(i = 1,2,\cdots,s)$ 线性相关的充要条件是齐次线性方程组

$$\begin{cases}a_{11}x_1 + a_{12}x_2 + \cdots + a_{1s}x_s = 0\\ a_{21}x_1 + a_{22}x_2 + \cdots + a_{2s}x_s = 0\\ \cdots\cdots\cdots\cdots\cdots\cdots\cdots\cdots\\ a_{n1}x_1 + a_{n2}x_2 + \cdots + a_{ns}x_s = 0\end{cases}$$

有非零解.

推论 1　s 个 n 维向量 $\boldsymbol{\alpha}_i = (a_{1i},a_{2i},\cdots,a_{ni})(i = 1,2,\cdots,s)$ 线性相关的充要条件是 $R(A) < s$,其中 A 是以 $\boldsymbol{\alpha}_1,\boldsymbol{\alpha}_2,\cdots,\boldsymbol{\alpha}_s$ 为列向量的矩阵,即

$$A = \begin{pmatrix}a_{11} & a_{12} & \cdots & a_{1s}\\ a_{21} & a_{22} & \cdots & a_{2s}\\ \cdots & \cdots & \cdots & \cdots\\ a_{n1} & a_{n2} & \cdots & a_{ns}\end{pmatrix}$$

推论 2　n 个 n 维向量 $\boldsymbol{\alpha}_i = (a_{1i},a_{2i},\cdots,a_{ni})(i = 1,2,\cdots,n)$ 线性相关的充要条件是行列式

$$\begin{vmatrix}a_{11} & a_{12} & \cdots & a_{1n}\\ a_{21} & a_{22} & \cdots & a_{2n}\\ \cdots & \cdots & \cdots & \cdots\\ a_{n1} & a_{n2} & \cdots & a_{nn}\end{vmatrix} = 0.$$

例 4　设有向量组 $\boldsymbol{\alpha}_1 = (2,-1,1,3)$,$\boldsymbol{\alpha}_2 = (1,0,4,2)$,$\boldsymbol{\alpha}_3 = (-4,2,-2,k)$,问 k 取何值时 $\boldsymbol{\alpha}_1,\boldsymbol{\alpha}_2,\boldsymbol{\alpha}_3$ 线性相关?k 取何值时 $\boldsymbol{\alpha}_1,\boldsymbol{\alpha}_2,\boldsymbol{\alpha}_3$ 线性无关?

解　以 $\boldsymbol{\alpha}_1^T,\boldsymbol{\alpha}_2^T,\boldsymbol{\alpha}_3^T$ 为列构造矩阵 $A = (\boldsymbol{\alpha}_1^T,\boldsymbol{\alpha}_2^T,\boldsymbol{\alpha}_3^T)$,对矩阵 A 施行初等行变换,有

$$A=\begin{pmatrix}2&1&-4\\-1&0&2\\1&4&-2\\3&2&k\end{pmatrix}\to\begin{pmatrix}1&4&-2\\-1&0&2\\2&1&-4\\3&2&k\end{pmatrix}\to\begin{pmatrix}1&4&-2\\0&4&0\\0&-7&0\\0&-10&k+6\end{pmatrix}\to\begin{pmatrix}1&4&-2\\0&1&0\\0&0&0\\0&0&k+6\end{pmatrix}\to\begin{pmatrix}1&4&-2\\0&1&0\\0&0&k+6\\0&0&0\end{pmatrix}$$

根据推论 1,由最后的阶梯形矩阵可知:当 $k+6=0$,即 $k=-6$ 时,$R(A)=2<3$,$\boldsymbol{\alpha}_1,\boldsymbol{\alpha}_2,\boldsymbol{\alpha}_3$ 线性相关;当 $k\neq-6$ 时,$R(A)=3$,$\boldsymbol{\alpha}_1,\boldsymbol{\alpha}_2,\boldsymbol{\alpha}_3$ 线性无关.

例 5 判断向量组 $\boldsymbol{\alpha}_1=\begin{pmatrix}1\\-1\\2\end{pmatrix}$,$\boldsymbol{\alpha}_2=\begin{pmatrix}0\\1\\-1\end{pmatrix}$,$\boldsymbol{\alpha}_3=\begin{pmatrix}1\\1\\0\end{pmatrix}$是否线性相关. 若线性相关,则将 $\boldsymbol{\alpha}_3$ 用 $\boldsymbol{\alpha}_1,\boldsymbol{\alpha}_2$ 线性表示.

解 根据推论 2,由于行列式

$$|\boldsymbol{\alpha}_1,\boldsymbol{\alpha}_2,\boldsymbol{\alpha}_3|=\begin{vmatrix}1&0&1\\-1&1&1\\2&-1&0\end{vmatrix}=0$$

故向量组 $\boldsymbol{\alpha}_1,\boldsymbol{\alpha}_2,\boldsymbol{\alpha}_3$ 线性相关.

又设有数 k_1,k_2,使得

$$k_1\boldsymbol{\alpha}_1+k_2\boldsymbol{\alpha}_2=\boldsymbol{\alpha}_3$$

由此得到以 k_1,k_2 为未知量的非次线性方程组

$$\begin{cases}k_1=1\\-k_1+k_2=1\\2k_1-k_2=0\end{cases}$$

对方程组的增广矩阵$(A\mid B)$施行初等行变换

$$(A\mid B)=\left(\begin{array}{cc:c}1&0&1\\-1&1&1\\2&-1&0\end{array}\right)\to\left(\begin{array}{cc:c}1&0&1\\0&1&2\\0&-1&-2\end{array}\right)\to\left(\begin{array}{cc:c}1&0&1\\0&1&2\\0&0&0\end{array}\right)$$

于是齐次线性方程组有非零解 $k_1=1,k_2=2$.

故

$$\boldsymbol{\alpha}_3=\boldsymbol{\alpha}_1+2\boldsymbol{\alpha}_2.$$

例 6 如果向量组 $\boldsymbol{\alpha}_1,\boldsymbol{\alpha}_2,\boldsymbol{\alpha}_3$ 线性无关,证明向量组 $\boldsymbol{\alpha}_1+\boldsymbol{\alpha}_2,\boldsymbol{\alpha}_2+\boldsymbol{\alpha}_3,\boldsymbol{\alpha}_3+\boldsymbol{\alpha}_1$ 也线性无关.

证 设有一组数 k_1,k_2,k_3,使得

$$k_1(\boldsymbol{\alpha}_1+\boldsymbol{\alpha}_2)+k_2(\boldsymbol{\alpha}_2+\boldsymbol{\alpha}_3)+k_3(\boldsymbol{\alpha}_3+\boldsymbol{\alpha}_1)=\boldsymbol{o}$$

整理得

$$(k_1+k_3)\boldsymbol{\alpha}_1+(k_1+k_2)\boldsymbol{\alpha}_2+(k_2+k_3)\boldsymbol{\alpha}_3=\boldsymbol{o}$$

因为 $\boldsymbol{\alpha}_1,\boldsymbol{\alpha}_2,\boldsymbol{\alpha}_3$ 线性无关,有

$$\begin{cases} k_1 \quad\quad + k_3 = 0 \\ k_1 + k_2 \quad\quad = 0 \\ \quad\quad k_2 + k_3 = 0 \end{cases}$$

由于方程组的系数行列式 $\begin{vmatrix} 1 & 0 & 1 \\ 1 & 1 & 0 \\ 0 & 1 & 1 \end{vmatrix} = 2 \neq 0$,因此齐次线性方程组仅有零解

$$k_1 = k_2 = k_3 = 0.$$

故向量组 $\boldsymbol{\alpha}_1 + \boldsymbol{\alpha}_2, \boldsymbol{\alpha}_2 + \boldsymbol{\alpha}_3, \boldsymbol{\alpha}_3 + \boldsymbol{\alpha}_1$ 也线性无关.

三、线性相关和线性无关的性质

定理3.4 向量组 $\boldsymbol{\alpha}_1, \boldsymbol{\alpha}_2, \cdots, \boldsymbol{\alpha}_s (s \geqslant 2)$ 线性相关的充要条件是其中至少有一个向量可以由其余 $s-1$ 个向量线性表示.

证 必要性. 设向量组 $\boldsymbol{\alpha}_1, \boldsymbol{\alpha}_2, \cdots, \boldsymbol{\alpha}_s$ 线性相关,则存在一组不全为零的数 $k_1, k_2, \cdots, k_i, \cdots, k_s$,使得

$$k_1\boldsymbol{\alpha}_1 + k_2\boldsymbol{\alpha}_2 + \cdots + k_i\boldsymbol{\alpha}_i + \cdots + k_s\boldsymbol{\alpha}_s = \boldsymbol{o}.$$

不失一般性,设 $k_i \neq 0$,于是

$$\boldsymbol{\alpha}_i = -\frac{k_1}{k_i}\boldsymbol{\alpha}_1 - \cdots - \frac{k_{i-1}}{k_i}\boldsymbol{\alpha}_{i-1} - \frac{k_{i+1}}{k_i}\boldsymbol{\alpha}_{i+1} - \cdots - \frac{k_s}{k_i}\boldsymbol{\alpha}_s$$

即 $\boldsymbol{\alpha}_i$ 可以由其余 $s-1$ 个向量 $\boldsymbol{\alpha}_1, \cdots, \boldsymbol{\alpha}_{i-1}, \boldsymbol{\alpha}_{i+1}, \cdots, \boldsymbol{\alpha}_s$ 线性表示.

充分性. 设向量组 $\boldsymbol{\alpha}_1, \boldsymbol{\alpha}_2, \cdots, \boldsymbol{\alpha}_s$ 中的某一个向量 $\boldsymbol{\alpha}_j$ 可以由 $\boldsymbol{\alpha}_1, \cdots, \boldsymbol{\alpha}_{j-1}, \boldsymbol{\alpha}_{j+1}, \cdots, \boldsymbol{\alpha}_s$ 线性表示,即

$$\boldsymbol{\alpha}_j = l_1\boldsymbol{\alpha}_1 + \cdots + l_{j-1}\boldsymbol{\alpha}_{j-1} + l_{j+1}\boldsymbol{\alpha}_{j+1} + \cdots + l_s\boldsymbol{\alpha}_s$$

于是

$$l_1\boldsymbol{\alpha}_1 + \cdots + l_{j-1}\boldsymbol{\alpha}_{j-1} - \boldsymbol{\alpha}_j + l_{j+1}\boldsymbol{\alpha}_{j+1} + \cdots + l_s\boldsymbol{\alpha}_s = \boldsymbol{o}$$

显然,$l_1, \cdots, l_{j-1}, -1, l_{j+1}, \cdots, l_s$ 不全为零,故 $\boldsymbol{\alpha}_1, \boldsymbol{\alpha}_2, \cdots, \boldsymbol{\alpha}_s$ 线性相关.

推论1 向量组 $\boldsymbol{\alpha}_1, \boldsymbol{\alpha}_2, \cdots, \boldsymbol{\alpha}_s (s \geqslant 2)$ 线性无关的充要条件是向量组中的每个向量都不能由其余向量线性表示.

推论2 两个 n 维向量线性相关的充要条件是它们各对应分量成比例.

定理3.5 若一个向量组中的部分向量组线性相关,则整个向量组线性相关(即部分相关,则整体相关).

证 不失一般性,设向量组 $\boldsymbol{\alpha}_1, \boldsymbol{\alpha}_2, \cdots, \boldsymbol{\alpha}_s$ 中的部分组 $\boldsymbol{\alpha}_1, \boldsymbol{\alpha}_2, \cdots, \boldsymbol{\alpha}_t (t < s)$ 线性相关. 于是存在不全为零的数 $k_1, k_2, \cdots, k_t$,使得

$$k_1\boldsymbol{\alpha}_1 + k_2\boldsymbol{\alpha}_2 + \cdots + k_t\boldsymbol{\alpha}_t = \boldsymbol{o}$$

于是有不全为零的数 $k_1, k_2, \cdots, k_t, 0, \cdots, 0$,使得

$$k_1\boldsymbol{\alpha}_1 + k_2\boldsymbol{\alpha}_2 + \cdots + k_t\boldsymbol{\alpha}_t + 0 \cdot \boldsymbol{\alpha}_{t+1} + \cdots + 0 \cdot \boldsymbol{\alpha}_s = \boldsymbol{o}$$

故 $\boldsymbol{\alpha}_1, \boldsymbol{\alpha}_2, \cdots, \boldsymbol{\alpha}_s$ 也线性相关.

推论 若一个向量组线性无关,则其任意一个部分向量组也线性无关(即整体无关,

则部分无关).

例如,由于向量 $\boldsymbol{\alpha}_1=(1,2,3)$ 和向量 $\boldsymbol{\alpha}_2=(2,4,6)$ 各对应分量成比例,所以 $\boldsymbol{\alpha}_1$ 和向量 $\boldsymbol{\alpha}_2$ 线性相关. 根据定理3.5,向量组 $\boldsymbol{\alpha}_1=(1,2,3),\boldsymbol{\alpha}_2=(2,4,6),\boldsymbol{\alpha}_3=(4,5,6)$ 也线性相关;又因为向量组 $\boldsymbol{\alpha}_1=(1,1,1),\boldsymbol{\alpha}_2=(0,1,1),\boldsymbol{\alpha}_3=(0,0,1)$ 满足

$$|\boldsymbol{\alpha}_1^T,\boldsymbol{\alpha}_2^T,\boldsymbol{\alpha}_3^T|=\begin{vmatrix}1&0&0\\1&1&0\\1&1&1\end{vmatrix}=1\neq 0$$

所以 $\boldsymbol{\alpha}_1,\boldsymbol{\alpha}_2,\boldsymbol{\alpha}_3$ 线性无关,根据定理3.5推论,向量组 $\boldsymbol{\alpha}_1=(1,1,1),\boldsymbol{\alpha}_2=(0,1,1)$ 或 $\boldsymbol{\alpha}_2=(0,1,1),\boldsymbol{\alpha}_3=(0,0,1)$ 也线性无关.

定理3.6 若向量组 $\boldsymbol{\alpha}_1,\boldsymbol{\alpha}_2,\cdots,\boldsymbol{\alpha}_s$ 线性无关,而向量组 $\boldsymbol{\alpha}_1,\boldsymbol{\alpha}_2,\cdots,\boldsymbol{\alpha}_s,\boldsymbol{\beta}$ 线性相关,则向量 $\boldsymbol{\beta}$ 一定可由 $\boldsymbol{\alpha}_1,\boldsymbol{\alpha}_2,\cdots,\boldsymbol{\alpha}_s$ 线性表示,且表示方法是唯一.

证 因为 $\boldsymbol{\alpha}_1,\boldsymbol{\alpha}_2,\cdots,\boldsymbol{\alpha}_s,\boldsymbol{\beta}$ 线性相关,所以存在一组不全为零的数 $k_1,k_2,\cdots,k_s,k$,使得

$$k_1\boldsymbol{\alpha}_1+k_2\boldsymbol{\alpha}_2+\cdots+k_s\boldsymbol{\alpha}_s+k\boldsymbol{\beta}=\boldsymbol{o}$$

由此可得 $k\neq 0$. 因为若 $k=0$,则 $k_1,k_2,\cdots,k_s$ 不全为0,且有

$$k_1\boldsymbol{\alpha}_1+k_2\boldsymbol{\alpha}_2+\cdots+k_s\boldsymbol{\alpha}_s=\boldsymbol{o}$$

所以 $\boldsymbol{\alpha}_1,\boldsymbol{\alpha}_2,\cdots,\boldsymbol{\alpha}_s$ 线性相关,这与 $\boldsymbol{\alpha}_1,\boldsymbol{\alpha}_2,\cdots,\boldsymbol{\alpha}_s$ 线性无关矛盾,从而 $k\neq 0$.
于是

$$\boldsymbol{\beta}=-\frac{k_1}{k}\boldsymbol{\alpha}_1+\frac{k_2}{k}\boldsymbol{\alpha}_2-\cdots-\frac{k_s}{k}\boldsymbol{\alpha}_s \tag{3-6}$$

即 $\boldsymbol{\beta}$ 可由 $\boldsymbol{\alpha}_1,\boldsymbol{\alpha}_2,\cdots,\boldsymbol{\alpha}_s$ 线性表示. 下面证明唯一性.

设 $\boldsymbol{\beta}$ 还可由 $\boldsymbol{\alpha}_1,\boldsymbol{\alpha}_2,\cdots,\boldsymbol{\alpha}_s$ 线性表示为

$$\boldsymbol{\beta}=l_1\boldsymbol{\alpha}_1+l_2\boldsymbol{\alpha}_2+\cdots+l_s\boldsymbol{\alpha}_s \tag{3-7}$$

用(3-7)式减(3-6)式,得

$$\left(l_1+\frac{k_1}{k}\right)\boldsymbol{\alpha}_1+\left(l_2+\frac{k_2}{k}\right)\boldsymbol{\alpha}_2+\cdots+\left(l_s+\frac{k_s}{k}\right)\boldsymbol{\alpha}_s=o$$

由于 $\boldsymbol{\alpha}_1,\boldsymbol{\alpha}_2,\cdots,\boldsymbol{\alpha}_s$ 线性无关,所以 $\left(l_i+\frac{k_i}{k}\right)=0,i=1,2,\cdots,s$.

即

$$l_1=-\frac{k_1}{k},l_2=-\frac{k_2}{k},\cdots,l_s=-\frac{k_s}{k}$$

故 $\boldsymbol{\beta}$ 由 $\boldsymbol{\alpha}_1,\boldsymbol{\alpha}_2,\cdots,\boldsymbol{\alpha}_s$ 线性表示的方法是唯一.

定理3.7 如果 n 维向量组 $\boldsymbol{\alpha}_i=(a_{i1},a_{i2},\cdots,a_{in})(i=1,2,\cdots,s)$ 线性无关,则在每个向量上再添 m 个分量所得到的 $n+m$ 维向量组

$$\tilde{\boldsymbol{\alpha}}_i=(a_{i1},a_{i2},\cdots,a_{in},a_{in+1},\cdots,a_{in+m}),\quad i=1,2,\cdots,s$$

也线性无关.

证 设有数 $k_1,k_2,\cdots,k_s$,使得 $k_1\tilde{\boldsymbol{\alpha}}_i+k_2\tilde{\boldsymbol{\alpha}}_2+\cdots+k_s\tilde{\boldsymbol{\alpha}}_s=\boldsymbol{o}$

由此可得以 $k_1,k_2,\cdots,k_s$ 为未知量的齐次线性方程组

$$\begin{cases} a_{11}k_1+a_{21}k_2+\cdots+a_{s1}k_s=0 \\ a_{12}k_1+a_{22}k_2+\cdots+a_{s2}k_s=0 \\ \cdots\cdots\cdots\cdots\cdots\cdots\cdots\cdots \\ a_{1n}k_1+a_{2n}k_2+\cdots+a_{sn}k_s=0 \\ a_{1n+1}k_1+a_{2n+1}k_2+\cdots+a_{sn+1}k_s=0 \\ \cdots\cdots\cdots\cdots\cdots\cdots\cdots\cdots \\ a_{1n+m}k_1+a_{2n+m}k_2+\cdots+a_{sn+m}k_s=0 \end{cases} \tag{3-8}$$

由于 $\boldsymbol{\alpha}_1,\boldsymbol{\alpha}_2,\cdots,\boldsymbol{\alpha}_s$ 线性无关,在方程组(3 - 8) 中前 n 个方程构成的方程组仅有零解. 故向量组 $\tilde{\boldsymbol{\alpha}}_1,\tilde{\boldsymbol{\alpha}}_2,\cdots,\tilde{\boldsymbol{\alpha}}_s$ 也线性无关.

其中 $\tilde{\boldsymbol{\alpha}}_i$ 也称为**接长向量**.

推论　如果 $n+m$ 维向量组

$$\tilde{\boldsymbol{\alpha}}_i=(a_{i1},a_{i2},\cdots,a_{in},a_{in+1},\cdots,a_{in+m}),\quad i=1,2,\cdots,s$$

线性相关,则每个向量截掉后 m 个分量所得到的 n 维向量组

$$\boldsymbol{\alpha}_i=(a_{i1},a_{i2},\cdots,a_{in}),i=1,2,\cdots,s$$

也线性相关.

例如,单位向量组(1,0) 和(0,1) 显然线性无关,根据定理 3.7,则向量组(1,0,2,3) 和(0,1,4,5) 也线性无关.

可以验证向量(1,0, -1,3),(4, -1,2,7) 及(2, -1,4,1) 线性相关. 根据定理 3.7 的推论,若这三个向量分别截掉第 4 个分量所得到的向量(1,0, -1),(4, -1,2) 及(2, -1,4) 也线性相关.

§3.4　向量组的秩

一个线性相关的向量组,它的部分向量组可以是线性相关的,也可以是线性无关的. 那么,一个 n 维向量组中线性无关的部分向量组最多可以包含多少个向量呢?本节将研究解决这个问题,这在理论与应用上都是十分重要的.

一、向量组的等价

定义 3.8　设有两个向量组

$$(\text{I})\ \boldsymbol{\alpha}_1,\boldsymbol{\alpha}_2,\cdots,\boldsymbol{\alpha}_s \text{ 及 } (\text{II})\ \boldsymbol{\beta}_1,\boldsymbol{\beta}_2,\cdots,\boldsymbol{\beta}_t$$

若向量组(Ⅰ)中的每个向量均可由向量组(Ⅱ)线性表示,则称向量组(Ⅰ)可由向量组(Ⅱ)**线性表示**;若向量组(Ⅰ)与向量组(Ⅱ)可以相互线性表示,则称这两个向量组**等价**,记作

$$\{\boldsymbol{\alpha}_1,\boldsymbol{\alpha}_2,\cdots,\boldsymbol{\alpha}_s\}\cong\{\boldsymbol{\beta}_1,\boldsymbol{\beta}_2,\cdots,\boldsymbol{\beta}_t\}$$

可以证明向量组的等价满足以下性质：

(1) 反身性：$\{\boldsymbol{\alpha}_1,\boldsymbol{\alpha}_2,\cdots,\boldsymbol{\alpha}_s\}\cong\{\boldsymbol{\alpha}_1,\boldsymbol{\alpha}_2,\cdots,\boldsymbol{\alpha}_t\}$.

(2) 对称性：若$\{\boldsymbol{\alpha}_1,\boldsymbol{\alpha}_2,\cdots,\boldsymbol{\alpha}_s\}\cong\{\boldsymbol{\beta}_1,\boldsymbol{\beta}_2,\cdots,\boldsymbol{\beta}_t\}$，则

$$\{\boldsymbol{\beta}_1,\boldsymbol{\beta}_2,\cdots,\boldsymbol{\beta}_t\}\cong\{\boldsymbol{\alpha}_1,\boldsymbol{\alpha}_2,\cdots,\boldsymbol{\alpha}_s\}$$

(3) 传递性：若$\{\boldsymbol{\alpha}_1,\boldsymbol{\alpha}_2,\cdots,\boldsymbol{\alpha}_s\}\cong\{\boldsymbol{\beta}_1,\boldsymbol{\beta}_2,\cdots,\boldsymbol{\beta}_t\}$，且$\{\boldsymbol{\beta}_1,\boldsymbol{\beta}_2,\cdots,\boldsymbol{\beta}_t\}\cong\{\boldsymbol{\gamma}_1,\boldsymbol{\gamma}_2,\cdots,\boldsymbol{\gamma}_l\}$，则

$$\{\boldsymbol{\alpha}_1,\boldsymbol{\alpha}_2,\cdots,\boldsymbol{\alpha}_s\}\cong\{\boldsymbol{\gamma}_1,\boldsymbol{\gamma}_2,\cdots,\boldsymbol{\gamma}_l\}$$

定理3.8　设向量组$\boldsymbol{\alpha}_1,\boldsymbol{\alpha}_2,\cdots,\boldsymbol{\alpha}_s$可由向量组$\boldsymbol{\beta}_1,\boldsymbol{\beta}_2,\cdots,\boldsymbol{\beta}_t$线性表示，且$s>t$，则向量组$\boldsymbol{\alpha}_1,\boldsymbol{\alpha}_2,\cdots,\boldsymbol{\alpha}_s$必线性相关.

证　如果有一组数$k_1,k_2,\cdots,k_s$，使得

$$k_1\boldsymbol{\alpha}_1+k_2\boldsymbol{\alpha}_2+\cdots+k_s\boldsymbol{\alpha}_s=\boldsymbol{o}$$

需证$k_1,k_2,\cdots,k_s$可以不全为零.

由于$\boldsymbol{\alpha}_1,\boldsymbol{\alpha}_2,\cdots,\boldsymbol{\alpha}_s$可由向量组$\boldsymbol{\beta}_1,\boldsymbol{\beta}_2,\cdots,\boldsymbol{\beta}_t$线性表示，则有

$$\boldsymbol{\alpha}_i=a_{i1}\boldsymbol{\beta}_1+a_{i2}\boldsymbol{\beta}_2+\cdots+a_{it}\boldsymbol{\beta}_t,i=1,2,\cdots,s$$

将这s个关系代入$k_1\boldsymbol{\alpha}_1+k_2\boldsymbol{\alpha}_2+\cdots+k_s\boldsymbol{\alpha}_s=\boldsymbol{o}$，有

$$k_1(a_{11}\boldsymbol{\beta}_1+a_{12}\boldsymbol{\beta}_2+\cdots+a_{1t}\boldsymbol{\beta}_t)+k_2(a_{21}\boldsymbol{\beta}_1+a_{22}\boldsymbol{\beta}_2+\cdots+a_{2t}\boldsymbol{\beta}_t)+\cdots+k_s(a_{s1}\boldsymbol{\beta}_1+a_{s2}\boldsymbol{\beta}_2+\cdots+a_{st}\boldsymbol{\beta}_t)=\boldsymbol{o}$$

整理得

$$(a_{11}k_1+a_{21}k_2+\cdots+a_{s1}k_s)\boldsymbol{\beta}_1+(a_{12}k_1+a_{22}k_2+\cdots+a_{s2}k_s)\boldsymbol{\beta}_2+\cdots+(a_{1t}k_1+a_{2t}k_2+\cdots+a_{st}k_s)\boldsymbol{\beta}_t=\boldsymbol{o}.$$

显然当$\boldsymbol{\beta}_1,\boldsymbol{\beta}_2,\cdots,\boldsymbol{\beta}_t$的系数全为零时等式成立，所以令

$$\begin{cases}a_{11}k_1+a_{21}k_2+\cdots+a_{s1}k_s=0\\a_{12}k_1+a_{22}k_2+\cdots+a_{s2}k_s=0\\\cdots\cdots\cdots\cdots\cdots\cdots\\a_{1t}k_1+a_{2t}k_2+\cdots+a_{st}k_s=0\end{cases}$$

由于该齐次线性方程组的方程个数t小于未知量个数s，根据高斯消元法的理论，上述方程组必有非零解，也就是必然存在不全为零的数$k_1,k_2,\cdots,k_s$. 根据假设，数$k_1,k_2,\cdots,k_s$也使得$k_1\boldsymbol{\alpha}_1+k_2\boldsymbol{\alpha}_2+\cdots+k_s\boldsymbol{\alpha}_s=\boldsymbol{o}$成立，故$\boldsymbol{\alpha}_1,\boldsymbol{\alpha}_2,\cdots,\boldsymbol{\alpha}_s$必线性相关.

推论1　若向量组$\boldsymbol{\alpha}_1,\boldsymbol{\alpha}_2,\cdots,\boldsymbol{\alpha}_s$可由向量组$\boldsymbol{\beta}_1,\boldsymbol{\beta}_2,\cdots,\boldsymbol{\beta}_t$线性表示，且$\boldsymbol{\alpha}_1,\boldsymbol{\alpha}_2,\cdots,\boldsymbol{\alpha}_s$线性无关，则$s\leqslant t$.

推论2　两个等价的线性无关向量组，必含有相同个数的向量.

证　设向量组(Ⅰ)$\boldsymbol{\alpha}_1,\boldsymbol{\alpha}_2,\cdots,\boldsymbol{\alpha}_s$和向量组(Ⅱ)$\boldsymbol{\beta}_1,\boldsymbol{\beta}_2,\cdots,\boldsymbol{\beta}_t$，且向量组(Ⅰ)和向量组(Ⅱ)都是线性无关的. 由于向量组(Ⅰ)和向量组(Ⅱ)等价，则向量组(Ⅰ)可由向量组(Ⅱ)线性表示，而向量组(Ⅰ)线性无关，根据推论1，$s\leqslant t$；另一方面，向量组(Ⅱ)也可由向量组(Ⅰ)线性表示，且向量组(Ⅱ)也线性无关，再根据推论1，$s\geqslant t$. 故$s=t$，即两个等价的线性无关向量组，必含有相同个数的向量.

推论3　任意 $n+1$ 个 n 维向量必线性相关.

证　设 $\boldsymbol{\alpha}_1,\boldsymbol{\alpha}_2,\cdots,\boldsymbol{\alpha}_n,\boldsymbol{\alpha}_{n+1}$ 为任意 $n+1$ 个 n 维向量. 由 §3.2 线性表示的结论(1)可知,该向量组一定可由 n 维单位向量组 $\boldsymbol{\varepsilon}_1,\boldsymbol{\varepsilon}_2,\cdots,\boldsymbol{\varepsilon}_n$ 线性表示,而 $n+1>n$,由定理3.8可得 $\boldsymbol{\alpha}_1,\boldsymbol{\alpha}_2,\cdots,\boldsymbol{\alpha}_n,\boldsymbol{\alpha}_{n+1}$ 必线性相关.

二、极大无关组

定义3.9　若向量组 $\boldsymbol{\alpha}_1,\boldsymbol{\alpha}_2,\cdots,\boldsymbol{\alpha}_s$ 的一个部分组 $\boldsymbol{\alpha}_{i_1},\boldsymbol{\alpha}_{i_2},\cdots,\boldsymbol{\alpha}_{i_r}$ 满足以下两个条件:

(1) $\boldsymbol{\alpha}_{i_1},\boldsymbol{\alpha}_{i_2},\cdots,\boldsymbol{\alpha}_{i_r}$ 线性无关;

(2) 任取向量组 $\boldsymbol{\alpha}_1,\boldsymbol{\alpha}_2,\cdots,\boldsymbol{\alpha}_s$ 中的一个向量 $\boldsymbol{\alpha}_k$,添加到部分向量组 $\boldsymbol{\alpha}_{i_1},\boldsymbol{\alpha}_{i_2},\cdots,\boldsymbol{\alpha}_{i_r}$ 中,所得的新部分向量组 $\boldsymbol{\alpha}_k,\boldsymbol{\alpha}_{i_1},\boldsymbol{\alpha}_{i_2},\cdots,\boldsymbol{\alpha}_{i_r}$ 都线性相关. 则部分向量组 $\boldsymbol{\alpha}_{i_1},\boldsymbol{\alpha}_{i_2},\cdots,\boldsymbol{\alpha}_{i_r}$ 称为此向量组 $\boldsymbol{\alpha}_1,\boldsymbol{\alpha}_2,\cdots,\boldsymbol{\alpha}_s$ 的一个**极大线性无关部分向量组**,简称**极大无关组**.

关于极大无关组的定义,需要注意以下问题:

1. 极大无关组实质上是指该向量组的线性无关部分向量组所含向量个数最多的那一个. 因为根据定义,如果把原向量组的任何一个向量添加进去,这个新部分向量组就必然线性相关.

2. 极大无关组定义中的条件(2)的含义是:向量组 $\boldsymbol{\alpha}_1,\boldsymbol{\alpha}_2,\cdots,\boldsymbol{\alpha}_s$ 中的任意一个向量均可由部分向量组 $\boldsymbol{\alpha}_{i_1},\boldsymbol{\alpha}_{i_2},\cdots,\boldsymbol{\alpha}_{i_r}$ 线性表示.

3. 全由零向量组成的向量组没有极大无关组. 而含有非零向量的向量组一定存在极大无关组. 如果一个向量组本身线性无关,其极大无关组就是它自身.

4. 一个向量组的极大无关组可以不是唯一的.

例如对于向量组 $\boldsymbol{\alpha}_1=(1,-1,2),\boldsymbol{\alpha}_2=(0,1,-1),\boldsymbol{\alpha}_3=(1,1,0)$,其部分组 $\boldsymbol{\alpha}_1,\boldsymbol{\alpha}_2$ 显然线性无关,而 $\boldsymbol{\alpha}_1,\boldsymbol{\alpha}_2,\boldsymbol{\alpha}_3$ 中任一向量都可由 $\boldsymbol{\alpha}_1,\boldsymbol{\alpha}_2$ 线性表示:

$$\boldsymbol{\alpha}_1=\boldsymbol{\alpha}_1+0\cdot\boldsymbol{\alpha}_2,\boldsymbol{\alpha}_2=0\cdot\boldsymbol{\alpha}_1+\boldsymbol{\alpha}_2,\boldsymbol{\alpha}_3=\boldsymbol{\alpha}_1+2\cdot\boldsymbol{\alpha}_2$$

所以部分向量组 $\boldsymbol{\alpha}_1,\boldsymbol{\alpha}_2$ 是向量组 $\boldsymbol{\alpha}_1,\boldsymbol{\alpha}_2,\boldsymbol{\alpha}_3$ 的一个极大无关组. 不难验证,$\boldsymbol{\alpha}_2,\boldsymbol{\alpha}_3$ 以及 $\boldsymbol{\alpha}_1,\boldsymbol{\alpha}_3$ 都是 $\boldsymbol{\alpha}_1,\boldsymbol{\alpha}_2,\boldsymbol{\alpha}_3$ 的极大无关组. 这就说明一个向量组的极大无关组可以不是唯一的,但是极大无关组所包含的向量的个数却是相同的. 这个结论是否具有一般性呢?我们下面给以探讨.

可以证明极大无关组有如下重要性质:

定理3.9　任何一个向量组和它的极大无关组等价.

证　设向量组 $\boldsymbol{\alpha}_1,\boldsymbol{\alpha}_2,\cdots,\boldsymbol{\alpha}_s$ 中的一个极大无关组为 $\boldsymbol{\alpha}_{i_1},\boldsymbol{\alpha}_{i_2},\cdots,\boldsymbol{\alpha}_{i_r}$,则由定义3.9知,向量组 $\boldsymbol{\alpha}_1,\boldsymbol{\alpha}_2,\cdots,\boldsymbol{\alpha}_s$ 中任意一个向量都可以由极大无关组为 $\boldsymbol{\alpha}_{i_1},\boldsymbol{\alpha}_{i_2},\cdots,\boldsymbol{\alpha}_{i_r}$ 线性表示. 又因为极大无关组 $\boldsymbol{\alpha}_{i_1},\boldsymbol{\alpha}_{i_2},\cdots,\boldsymbol{\alpha}_{i_r}$ 是向量组 $\boldsymbol{\alpha}_1,\boldsymbol{\alpha}_2,\cdots,\boldsymbol{\alpha}_s$ 中的一个部分向量组,一定能被向量组 $\boldsymbol{\alpha}_1,\boldsymbol{\alpha}_2,\cdots,\boldsymbol{\alpha}_s$ 线性表示. 所以向量组和它的极大无关组等价.

此定理表明:在研究向量组之间的关系时,一个向量组可以用它的极大无关组来代替,这样就使得向量组中多余的向量可以去掉不考虑,从而使得所研究的问题简化.

推论1　向量组中任意两个极大无关组等价.

推论2　向量组中任意两个极大无关组所含向量的个数相同.

推论 2 说明一个向量组的不同极大无关组所含向量的个数总是相同的，即每一个极大无关组所含向量的个数是被这个向量组唯一确定，它是一个向量组共有的属性．由此我们引出向量组秩的概念．

三、向量组的秩

定义 3.10　向量组 $\boldsymbol{\alpha}_1,\boldsymbol{\alpha}_2,\cdots,\boldsymbol{\alpha}_s$ 的极大无关组所含向量的个数称为**向量组的秩**，记作 $R(\boldsymbol{\alpha}_1,\boldsymbol{\alpha}_2,\cdots,\boldsymbol{\alpha}_s)$.

注意：由零向量组成的向量组没有极大无关组，我们规定其秩为零．对任意向量组 $\boldsymbol{\alpha}_1,\boldsymbol{\alpha}_2,\cdots,\boldsymbol{\alpha}_s$，其秩满足

$$0 \leqslant R(\boldsymbol{\alpha}_1,\boldsymbol{\alpha}_2,\cdots,\boldsymbol{\alpha}_s) \leqslant s$$

其中当且仅当向量组 $\boldsymbol{\alpha}_1,\boldsymbol{\alpha}_2,\cdots,\boldsymbol{\alpha}_s$ 线性无关时，$R(\boldsymbol{\alpha}_1,\boldsymbol{\alpha}_2,\cdots,\boldsymbol{\alpha}_s) = s$. 因为我们有

定理 3.10　向量组 $\boldsymbol{\alpha}_1,\boldsymbol{\alpha}_2,\cdots,\boldsymbol{\alpha}_s$ 线性无关的充要条件是

$$R(\boldsymbol{\alpha}_1,\boldsymbol{\alpha}_2,\cdots,\boldsymbol{\alpha}_s) = s$$

证　若 $\boldsymbol{\alpha}_1,\boldsymbol{\alpha}_2,\cdots,\boldsymbol{\alpha}_s$ 线性无关，则它本身就是自己的极大无关组，从而 $R(\boldsymbol{\alpha}_1,\boldsymbol{\alpha}_2,\cdots,\boldsymbol{\alpha}_s) = s$；反之，若 $R(\boldsymbol{\alpha}_1,\boldsymbol{\alpha}_2,\cdots,\boldsymbol{\alpha}_s) = s$，则显然 $\boldsymbol{\alpha}_1,\boldsymbol{\alpha}_2,\cdots,\boldsymbol{\alpha}_s$ 是一个极大无关组，则 $\boldsymbol{\alpha}_1,\boldsymbol{\alpha}_2,\cdots,\boldsymbol{\alpha}_s$ 线性无关．

根据定义 3.10 和等价的传递性，有如下结论：

定理 3.11　等价的向量组一定具有相同的秩．

注意：若两个向量组有相同的秩，但它们并不一定等价．

例 1　若向量组 $\boldsymbol{\alpha}_1,\boldsymbol{\alpha}_2,\cdots,\boldsymbol{\alpha}_s$ 可由 $\boldsymbol{\beta}_1,\boldsymbol{\beta}_2,\cdots,\boldsymbol{\beta}_t$ 线性表示，证明

$$R\{\boldsymbol{\alpha}_1,\boldsymbol{\alpha}_2,\cdots,\boldsymbol{\alpha}_s\} \leqslant R\{\boldsymbol{\beta}_1,\boldsymbol{\beta}_2,\cdots,\boldsymbol{\beta}_t\}$$

证　不失一般性，设向量组 $\boldsymbol{\alpha}_1,\boldsymbol{\alpha}_2,\cdots,\boldsymbol{\alpha}_s$ 的一个极大无关组为

$$\boldsymbol{\alpha}_1,\boldsymbol{\alpha}_2,\cdots,\boldsymbol{\alpha}_{r_1},(r_1 \leqslant s)$$

向量组 $\boldsymbol{\beta}_1,\boldsymbol{\beta}_2,\cdots,\boldsymbol{\beta}_t$ 的一个极大无关组为

$$\boldsymbol{\beta}_1,\boldsymbol{\beta}_2,\cdots,\boldsymbol{\beta}_{r_2},(r_2 \leqslant t)$$

由条件可知 $\boldsymbol{\alpha}_1,\boldsymbol{\alpha}_2,\cdots,\boldsymbol{\alpha}_{r_1}$ 也可由 $\boldsymbol{\beta}_1,\boldsymbol{\beta}_2,\cdots,\boldsymbol{\beta}_s$ 线性表示，又因为 $\boldsymbol{\beta}_1,\boldsymbol{\beta}_2,\cdots,\boldsymbol{\beta}_s$ 可由 $\boldsymbol{\beta}_1,\boldsymbol{\beta}_2,\cdots,\boldsymbol{\beta}_{r_2}$ 线性表示，则根据线性表示关系的传递性，立即推得 $\boldsymbol{\alpha}_1,\boldsymbol{\alpha}_2,\cdots,\boldsymbol{\alpha}_{r_1}$ 可由 $\boldsymbol{\beta}_1,\boldsymbol{\beta}_2,\cdots,\boldsymbol{\beta}_{r_2}$ 线性表示，但 $\boldsymbol{\alpha}_1,\boldsymbol{\alpha}_2,\cdots,\boldsymbol{\alpha}_{r_1}$ 线性无关，故由定理3.8 的推论1得 $r_1 \leqslant r_2$，即

$$R\{\boldsymbol{\alpha}_1,\boldsymbol{\alpha}_2,\cdots,\boldsymbol{\alpha}_s\} \leqslant R\{\boldsymbol{\beta}_1,\boldsymbol{\beta}_2,\cdots,\boldsymbol{\beta}_t\}.$$

四、向量组的秩和矩阵的秩的关系

根据向量组秩的定义，求一个向量组的秩应先求这个向量组的一个极大无关组，再由此极大无关组所含向量的个数确定向量组的秩．这种方法显然很繁琐，下面介绍用矩阵的秩求向量组秩的方法．

定义 3.11　$m \times n$ 矩阵

$$A=\begin{pmatrix} a_{11} & a_{12} & \cdots & a_{1n} \\ a_{21} & a_{22} & \cdots & a_{2n} \\ \cdots & \cdots & \cdots & \cdots \\ a_{m1} & a_{m2} & \cdots & a_{mn} \end{pmatrix}$$

的行向量组 $\boldsymbol{\alpha}_i=(a_{i1},a_{i2},\cdots a_{in})(i=1,2,\cdots,m)$ 的秩称为矩阵 A 的**行秩**；矩阵 A 的列向量组 $\boldsymbol{\beta}_j=\begin{pmatrix} a_{1j} \\ a_{2j} \\ \cdots \\ a_{mj} \end{pmatrix}(j=1,2,\cdots,n)$ 的秩称为秩矩阵 A 的**列秩**.

例 2 矩阵 $A=\begin{pmatrix} 1 & -1 & 2 & 1 \\ 0 & 2 & 1 & 2 \\ 0 & 0 & -1 & 1 \end{pmatrix}$，求矩阵 A 的行秩与列秩.

解 因为 A 的行向量是 $\boldsymbol{\alpha}_1=(1,-1,2,1)$，$\boldsymbol{\alpha}_2=(0,2,1,2)$，$\boldsymbol{\alpha}_3=(0,0,-1,1)$，则不难验证，当且仅当 $k_1=k_2=k_3=0$ 时，$k_1\boldsymbol{\alpha}_1+k_2\boldsymbol{\alpha}_2+k_3\boldsymbol{\alpha}_3=\boldsymbol{o}$ 才成立，因此 $\boldsymbol{\alpha}_1,\boldsymbol{\alpha}_2,\boldsymbol{\alpha}_3$ 线性无关，故 $R(\boldsymbol{\alpha}_1,\boldsymbol{\alpha}_2,\boldsymbol{\alpha}_3)=3$，即矩阵 A 的行秩是 3.

又因为 A 的列向量是

$$\boldsymbol{\beta}_1=\begin{pmatrix} 1 \\ 0 \\ 0 \end{pmatrix},\boldsymbol{\beta}_2=\begin{pmatrix} -1 \\ 2 \\ 0 \end{pmatrix},\boldsymbol{\beta}_3=\begin{pmatrix} 2 \\ 1 \\ -1 \end{pmatrix},\boldsymbol{\beta}_4=\begin{pmatrix} 1 \\ 2 \\ 1 \end{pmatrix}$$

且

$$|\boldsymbol{\beta}_1,\boldsymbol{\beta}_2,\boldsymbol{\beta}_3|=\begin{vmatrix} 1 & -1 & 2 \\ 0 & 2 & 1 \\ 0 & 0 & -1 \end{vmatrix}=-2\neq 0$$

于是 $\boldsymbol{\beta}_1,\boldsymbol{\beta}_2,\boldsymbol{\beta}_3$ 线性无关，而由定理 3.8 的推论 3 知，$\boldsymbol{\beta}_1,\boldsymbol{\beta}_2,\boldsymbol{\beta}_3,\boldsymbol{\beta}_4$ 线性相关，故 $R(\boldsymbol{\beta}_1,\boldsymbol{\beta}_2,\boldsymbol{\beta}_3,\boldsymbol{\beta}_4)=3$，即矩阵 A 的列秩也是 3.

一个矩阵的行秩与列秩相等，这种情况不是偶然的，它是一个普遍的规律. 我们可以证明：

定理 3.12 矩阵 A 的秩 $R(A)$ 等于矩阵 A 的列(行)秩.

证 设 $A=(a_{ij})_{m\times n}$，如果 $R(A)=r$，则存在 A 的 r 阶子式不为零，不妨设

$$\begin{vmatrix} a_{11} & a_{12} & \cdots & a_{1r} \\ a_{21} & a_{22} & \cdots & a_{2r} \\ \cdots & \cdots & \cdots & \cdots \\ a_{r1} & a_{r2} & \cdots & a_{rr} \end{vmatrix}\neq 0.$$

由关于接长向量的定理 3.7，则 A 中有 r 个列向量线性无关.

再证明 A 的任何 $r+1$ 个列向量线性相关.

用反证法．假设 A 中有 $r+1$ 个列向量线性无关，不妨设

$$B=\begin{pmatrix} a_{11} & a_{12} & \cdots & a_{1r} & a_{1r+1} \\ a_{21} & a_{22} & \cdots & a_{2r} & a_{2r+1} \\ \cdots & \cdots & \cdots & \cdots & \cdots \\ a_{m1} & a_{m2} & \cdots & a_{mr} & a_{mr+1} \end{pmatrix}$$

为 A 的 $r+1$ 个线性无关的列向量组成的矩阵，则 $R(B)=r+1$．由矩阵秩的定义 2.18 知，B 有 $r+1$ 阶子式不为零，即 A 有 $r+1$ 阶子式不为零，这与 $R(A)=r$ 矛盾．因此 A 的任何 $r+1$ 个列向量均线性相关．于是矩阵 A 的列秩为 r.

同理可证，矩阵 A 的行秩为 r.

这个定理说明：矩阵 A 的行秩和列秩分别等于矩阵 A 的秩，因此矩阵 A 的行秩和列秩一定相等．

关于矩阵的行秩和列秩，我们还有下面的重要结论：

定理 3.13　初等变换不改变矩阵的行秩和列秩．

证　先证明初等行(列)变换不改变矩阵 A 的行(列)秩．

(1) 如果交换 A 的第 i 行和第 j 行，$(i\neq j, 1\leqslant i,j\leqslant s)$，这相当于在 A 的行向量组 $\boldsymbol{\alpha}_1, \boldsymbol{\alpha}_2,\cdots,\boldsymbol{\alpha}_i,\cdots,\boldsymbol{\alpha}_j,\cdots,\boldsymbol{\alpha}_s$ 中互换 $\boldsymbol{\alpha}_i$ 和 $\boldsymbol{\alpha}_j$ 的位置，所得的新向量组 $\boldsymbol{\alpha}_1,\boldsymbol{\alpha}_2,\cdots,\boldsymbol{\alpha}_j,\cdots,\boldsymbol{\alpha}_i,\cdots, \boldsymbol{\alpha}_s$ 与原来 A 的行向量组 $\boldsymbol{\alpha}_1,\boldsymbol{\alpha}_2,\cdots,\boldsymbol{\alpha}_i,\cdots,\boldsymbol{\alpha}_j,\cdots,\boldsymbol{\alpha}_s$ 显然是等价的．

(2) 如果 A 的第 i 行 $(1\leqslant i\leqslant s)$ 乘以数 $k(k\neq 0)$，所得新矩阵的行向量组就是

$$\boldsymbol{\alpha}_1,\cdots,k\boldsymbol{\alpha}_i,\cdots,\boldsymbol{\alpha}_s$$

这个新向量组与原来 A 的行向量组 $\boldsymbol{\alpha}_1,\cdots,\boldsymbol{\alpha}_i,\cdots,\boldsymbol{\alpha}_s$ 显然也等价．

(3) 如果 A 的第 i 行的 l 倍加到它的第 j 行上，$(i\neq j,1\leqslant i,j\leqslant s)$，所得新矩阵的行向量组就是

$$\boldsymbol{\alpha}_1,\cdots,\boldsymbol{\alpha}_{j-1},\boldsymbol{\alpha}_j+l\boldsymbol{\alpha}_i,\boldsymbol{\alpha}_{j+1},\cdots,\boldsymbol{\alpha}_s$$

不难看出，这个新向量组也与原来 A 的行向量组 $\boldsymbol{\alpha}_1,\boldsymbol{\alpha}_2,\cdots,\boldsymbol{\alpha}_s$ 等价．

由定理3.11，等价的两个向量组的秩相同．因此，对 A 施以初等行变换，其行秩不变．类似可证，对 A 施以初等列变换，其列秩也不变．

再证明初等行(列)变换不改变矩阵 A 的列(行)秩．

由定理2.4知，对 A 进行一次初等行变换相当于用一个初等矩阵左乘 A. 因此要证明 A 的列秩在初等行变换下不变，只要证明对任意的初等矩阵 P，A 与 PA 有相同的列秩即可．现在对 A 进行列分块，得

$$A=(\boldsymbol{\beta}_1,\boldsymbol{\beta}_2,\cdots,\boldsymbol{\beta}_n)$$

其中 $\boldsymbol{\beta}_j$ 是 A 的列向量，$\boldsymbol{\beta}_j=\begin{pmatrix} a_{1j} \\ a_{2j} \\ \vdots \\ a_{mj} \end{pmatrix}(j=1,2,\cdots,n)$.

由分块矩阵乘法得

$$PA = P(\boldsymbol{\beta}_1,\boldsymbol{\beta}_2,\cdots,\boldsymbol{\beta}_n) = (P\boldsymbol{\beta}_1,P\boldsymbol{\beta}_2,\cdots,P\boldsymbol{\beta}_n)$$

记

$$B = (P\boldsymbol{\beta}_1,P\boldsymbol{\beta}_2,\cdots,P\boldsymbol{\beta}_n)$$

现要证明 A 与 B 具有相同的列秩,也就是要证明 A 的列向量的极大无关组与 B 的列向量的极大无关组都含有相同个数的向量.

设 A 的列向量有一极大无关组 $\boldsymbol{\beta}_{j_1},\boldsymbol{\beta}_{j_2},\cdots,\boldsymbol{\beta}_{j_s}$,证明 $P\boldsymbol{\beta}_{j_1},P\boldsymbol{\beta}_{j_2},\cdots,P\boldsymbol{\beta}_{j_s}$ 是 B 的列向量的极大无关组.

先证 $P\boldsymbol{\beta}_{j_1},P\boldsymbol{\beta}_{j_2},\cdots,P\boldsymbol{\beta}_{j_s}$ 线性无关. 设有数 $k_1,k_2,\cdots,k_s$ 使

$$k_1P\boldsymbol{\beta}_{j_1} + k_2P\boldsymbol{\beta}_{j_2} + \cdots + k_sP\boldsymbol{\beta}_{j_s} = \boldsymbol{o}$$

则利用矩阵乘法的分配律,得

$$P(k_1\boldsymbol{\beta}_{j_1} + k_2\boldsymbol{\beta}_{j_2} + \cdots + k_s\boldsymbol{\beta}_{j_s}) = \boldsymbol{o}$$

由于 P 是初等矩阵,因而可逆. 于是在上式两端左乘 P^{-1},得

$$P^{-1}P(k_1\boldsymbol{\beta}_{j_1} + k_2\boldsymbol{\beta}_{j_2} + \cdots + k_s\boldsymbol{\beta}_{j_s}) = P^{-1}\cdot\boldsymbol{o} = \boldsymbol{o}$$

即

$$k_1\boldsymbol{\beta}_{j_1} + k_2\boldsymbol{\beta}_{j_2} + \cdots + k_s\boldsymbol{\beta}_{j_s} = \boldsymbol{o}$$

但是 $\boldsymbol{\beta}_{j_1},\boldsymbol{\beta}_{j_2},\cdots,\boldsymbol{\beta}_{j_s}$ 线性无关,因此 $k_1 = k_2 = \cdots = k_s = 0$. 故向量组 $P\boldsymbol{\beta}_{j_1},P\boldsymbol{\beta}_{j_2},\cdots,P\boldsymbol{\beta}_{j_s}$ 线性无关.

再证 B 中的任意一个向量 $P\boldsymbol{\beta}_j$ 可用 $P\boldsymbol{\beta}_{j_1},P\boldsymbol{\beta}_{j_2},\cdots,P\boldsymbol{\beta}_{j_s}$ 中的向量线性表示. 由于 $\boldsymbol{\beta}_{j_1},\boldsymbol{\beta}_{j_2},\cdots,\boldsymbol{\beta}_{j_s}$ 是 A 的极大无关组,因此 $\boldsymbol{\beta}_j$ 可由 $\boldsymbol{\beta}_{j_1},\boldsymbol{\beta}_{j_2},\cdots,\boldsymbol{\beta}_{j_s}$ 线性表示,则存在一组常数 $l_{j_1},l_{j_2},\cdots,l_{j_s}$ 使得

$$\boldsymbol{\beta}_j = l_{j_1}\boldsymbol{\beta}_{j_1} + l_{j_2}\boldsymbol{\beta}_{j_2} + \cdots + l_{j_s}\boldsymbol{\beta}_{j_s}$$

在上式两边左乘以 P,则

$$P\boldsymbol{\beta}_j = l_{j_1}P\boldsymbol{\beta}_{j_1} + l_{j_2}P\boldsymbol{\beta}_{j_2} + \cdots + l_{j_s}P\boldsymbol{\beta}_{j_s}$$

即 $P\boldsymbol{\beta}_j$ 可由 $P\boldsymbol{\beta}_{j_1},P\boldsymbol{\beta}_{j_2},\cdots,P\boldsymbol{\beta}_{j_s}$ 线性表示. 故 $P\boldsymbol{\beta}_{j_1},P\boldsymbol{\beta}_{j_2},\cdots,P\boldsymbol{\beta}_{j_s}$ 是 B 的列向量的极大无关组.

由于 A 与 B 的极大无关组都含有 s 个向量,因此 A 与 B 列秩相等. 这就证明了初等行变换不改变 A 的列秩. 同理可证初等列变换也不改变 A 的行秩.

定理第二部分的证明实际上还是一个**重要结论**:矩阵的初等行(列)变换不改变其列(行)向量间的线性关系. 具体说就是如果对矩阵 $A_{m\times n}$ 仅施以初等行变换,化为 $m\times n$ 阶矩阵 B,则 B 的列向量与 A 的列向量间有相同的线性关系. 即

(1) 如果 A 的列向量组 $\boldsymbol{\beta}_1,\boldsymbol{\beta}_2,\cdots,\boldsymbol{\beta}_n$ 中,部分向量组 $\boldsymbol{\beta}_{j_1},\boldsymbol{\beta}_{j_2},\cdots,\boldsymbol{\beta}_{j_s}$ 线性无关,则 B 的列向量组 $\bar{\boldsymbol{\beta}}_1,\bar{\boldsymbol{\beta}}_2,\cdots,\bar{\boldsymbol{\beta}}_n$ 中,对应的部分向量组 $\bar{\boldsymbol{\beta}}_{j_1},\bar{\boldsymbol{\beta}}_{j_2},\cdots,\bar{\boldsymbol{\beta}}_{j_s}$ 也线性无关. 反之亦然.

(2) 如果 A 的列向量组 $\boldsymbol{\beta}_1,\boldsymbol{\beta}_2,\cdots,\boldsymbol{\beta}_n$ 中,某个向量 $\boldsymbol{\beta}_j$ 可由其中的部分向量组 $\boldsymbol{\beta}_{j_1},\boldsymbol{\beta}_{j_2},\cdots,\boldsymbol{\beta}_{j_s}$ 线性表示:

$$\boldsymbol{\beta}_j = k_1\boldsymbol{\beta}_{j_1} + k_2\boldsymbol{\beta}_{j_2} + \cdots + k_s\boldsymbol{\beta}_{j_s}$$

则 B 的列向量组 $\bar{\boldsymbol{\beta}}_1,\bar{\boldsymbol{\beta}}_2,\cdots,\bar{\boldsymbol{\beta}}_n$ 中,对应的向量 $\bar{\boldsymbol{\beta}}_j$ 可以由其中的部分向量组 $\bar{\boldsymbol{\beta}}_{j_1}$,

$\bar{\boldsymbol{\beta}}_{j_2},\cdots,\bar{\boldsymbol{\beta}}_{j_s}$ 线性表示：

$$\bar{\boldsymbol{\beta}}_j = k_1\bar{\boldsymbol{\beta}}_{j_1} + k_2\bar{\boldsymbol{\beta}}_{j_2} + \cdots + k_s\bar{\boldsymbol{\beta}}_{j_s}$$

反之亦然.

类似地,如果对矩阵 $A_{m\times n}$ 仅施以初等列变换,化为矩阵 C,则 C 的行向量与 A 的行向量间有相同的线性关系.

利用定理 3.13 的证明结论,即初等行变换不改变列向量组的线性关系,可以得到一种求向量组的极大无关组的方法.

例 3 已知向量组

$$\boldsymbol{\alpha}_1 = \begin{pmatrix} 1 \\ -1 \\ 2 \\ 1 \\ 0 \end{pmatrix}, \boldsymbol{\alpha}_2 = \begin{pmatrix} 2 \\ -2 \\ 4 \\ -2 \\ 0 \end{pmatrix}, \boldsymbol{\alpha}_3 = \begin{pmatrix} 3 \\ 0 \\ 6 \\ -1 \\ 1 \end{pmatrix}, \boldsymbol{\alpha}_4 = \begin{pmatrix} 0 \\ 3 \\ 0 \\ 0 \\ 1 \end{pmatrix}$$

试求此向量组的秩与它的一个极大无关组,并将其余向量用极大无关组线性表示.

解 将 $\boldsymbol{\alpha}_1,\boldsymbol{\alpha}_2,\boldsymbol{\alpha}_3,\boldsymbol{\alpha}_4$ 作为矩阵 A 的列向量. 对 A 仅施行初等行变换,化为阶梯型矩阵,即

$$A = \begin{pmatrix} 1 & 2 & 3 & 0 \\ -1 & -2 & 0 & 3 \\ 2 & 4 & 6 & 0 \\ 1 & -2 & -1 & 0 \\ 0 & 0 & 1 & 1 \end{pmatrix} \to \begin{pmatrix} 1 & 2 & 3 & 0 \\ 0 & 0 & 3 & 3 \\ 0 & 0 & 0 & 0 \\ 0 & -4 & -4 & 0 \\ 0 & 0 & 1 & 1 \end{pmatrix} \to \begin{pmatrix} 1 & 2 & 3 & 0 \\ 0 & 1 & 1 & 0 \\ 0 & 0 & 1 & 1 \\ 0 & 0 & 0 & 0 \\ 0 & 0 & 0 & 0 \end{pmatrix} \to \begin{pmatrix} 1 & 0 & 0 & -1 \\ 0 & 1 & 0 & -1 \\ 0 & 0 & 1 & 1 \\ 0 & 0 & 0 & 0 \\ 0 & 0 & 0 & 0 \end{pmatrix}$$

显然,$R(\boldsymbol{\alpha}_1,\boldsymbol{\alpha}_2,\boldsymbol{\alpha}_3,\boldsymbol{\alpha}_4) = 3$.

因为对 A 仅施以初等行变换,不改变 A 的列向量间的线性关系,所以由上面的最后一个矩阵可知:$\boldsymbol{\alpha}_1,\boldsymbol{\alpha}_2,\boldsymbol{\alpha}_3$ 是原向量组的一个极大无关组,且

$$\boldsymbol{\alpha}_4 = -\boldsymbol{\alpha}_1 - \boldsymbol{\alpha}_2 + \boldsymbol{\alpha}_3.$$

例 4 设 A 为 $m \times n$ 矩阵,B 为 $n \times s$ 矩阵,证明

$$R(AB) \leqslant \min\{R(A),R(B)\}$$

证 设 $A = (a_{ij})_{m\times n}$,$B = (b_{ij})_{n\times s}$,则

$$AB = C = (c_{ij})_{m\times s}$$

若对 A、AB 作列分块,得

$$A = (\boldsymbol{\alpha}_1,\boldsymbol{\alpha}_2,\cdots,\boldsymbol{\alpha}_n),AB = (\boldsymbol{\gamma}_1,\boldsymbol{\gamma}_2,\cdots,\boldsymbol{\gamma}_s)$$

由分块矩阵得乘法,得

$$(\boldsymbol{\gamma}_1,\boldsymbol{\gamma}_2,\cdots,\boldsymbol{\gamma}_s) = (\boldsymbol{\alpha}_1,\boldsymbol{\alpha}_2,\cdots,\boldsymbol{\alpha}_n)\begin{pmatrix} b_{11} & \cdots & b_{1j} & \cdots & b_{1s} \\ b_{21} & \cdots & b_{2j} & \cdots & b_{2s} \\ \cdots & \cdots & \cdots & \cdots & \cdots \\ b_{n1} & \cdots & b_{nj} & \cdots & b_{ns} \end{pmatrix}$$

因此有$\boldsymbol{\gamma}_j = b_{1j}\boldsymbol{\alpha}_1 + b_{2j}\boldsymbol{\alpha}_2 + \cdots + b_{nj}\boldsymbol{\alpha}_n (j = 1,2,\cdots,s)$，即$AB$的列向量组$\boldsymbol{\gamma}_1,\boldsymbol{\gamma}_2,\cdots,\boldsymbol{\gamma}_s$可由$A$的列向量组$\boldsymbol{\alpha}_1,\boldsymbol{\alpha}_2,\cdots,\boldsymbol{\alpha}_n$线性表示，故

$$R(AB) \leqslant R(A)$$

类似地可以证明，若将B、AB作行分块，则AB的行向量组A可由B的行向量组线性表示，故

$$R(AB) \leqslant R(B).$$

因此，

$$R(AB) \leqslant \min\{R(A),R(B)\}.$$

§3.5 线性方程组解的结构理论

在前面两章已经多次研究与讨论了线性方程组的求解问题．比如，第一章研究了求解n元线性方程组的克莱姆法则，第二章讨论了n元线性方程组的初等变换解法，本章§3.1又讨论了求解$m \times n$线性方程组的高斯消元法等等．但是这些方法都是不完善的或有一定局限性，它们并没有揭示线性方程组解的结构性理论．本节将以向量和矩阵为工具，讨论和解决上述问题．

一、齐次线性方程组解的结构

由§3.1的讨论，我们解决了线性方程组解的判定问题，即在什么条件下方程组有解、无解以及有解时有多少解，现在需要了解的是方程组有无穷多组解时，解与解之间的关系如何，能否用有限个解来表示无穷解，为此我们先讨论齐次线性方程组的解的性质．

对于齐次线性方程组

$$\begin{cases} a_{11}x_1 + a_{21}x_2 + \cdots + a_{1n}x_n = 0 \\ a_{21}x_1 + a_{22}x_2 + \cdots + a_{2n}x_n = 0 \\ \cdots\cdots\cdots\cdots\cdots\cdots\cdots\cdots \\ a_{m1}x_1 + a_{m2}x_2 + \cdots + a_{mn}x_n = 0 \end{cases} \tag{3-2}$$

其矩阵形式为

$$AX = O$$

则其解有以下重要性质：

性质1 若$\boldsymbol{\eta}_1,\boldsymbol{\eta}_2$是齐次线性方程组(3-2)的任意两个解，则$\boldsymbol{\eta}_1+\boldsymbol{\eta}_2$也是该方程组的解．

证 因为$\boldsymbol{\eta}_1,\boldsymbol{\eta}_2$是齐次线性方程组(3-2)的任意两个解，有

$$A\boldsymbol{\eta}_1 = O, A\boldsymbol{\eta}_2 = O$$

于是

$$A(\boldsymbol{\eta}_1 + \boldsymbol{\eta}_2) = A\boldsymbol{\eta}_1 + A\boldsymbol{\eta}_2 = O$$

故 $\boldsymbol{\eta}_1+\boldsymbol{\eta}_2$ 也是齐次线性方程组的解.

性质2 若 $\boldsymbol{\eta}$ 是齐次线性方程组(3-2)的任意一个解,则对任意常数 k,$k\boldsymbol{\eta}$ 也是该方程组的解.

证 因为 $\boldsymbol{\eta}$ 是齐次线性方程组(3-2)的任意一个解,有

$$A\boldsymbol{\eta}=O$$

于是

$$A(k\boldsymbol{\eta})=k(A\boldsymbol{\eta})=O$$

故 $k\boldsymbol{\eta}$ 也是齐次线性方程组的解.

性质3 若 $\boldsymbol{\eta}_1,\boldsymbol{\eta}_2,\cdots,\boldsymbol{\eta}_s$ 是齐次线性方程组(3-2)的解,则对任意 s 个数 $k_1,k_2,\cdots,k_s$,向量 $k_1\boldsymbol{\eta}_1+k_2\boldsymbol{\eta}_2+\cdots+k_s\boldsymbol{\eta}_s$ 也是齐次线性方程组(3-2)的解. 即齐次线性方程组(3-2)解的线性组合仍然是该方程组的解.

由性质1,2不难证明性质3,请读者自证.

从以上性质可以看出,若一个齐次线性方程组有非零解,则它必有无穷多解. 这时一般解可看作一个 n 维向量组,其极大无关组至多只含有 n 个解向量,即一般解的极大无关组是有限的. 由极大无关组的性质,齐次线性方程组的任意一个解都可由这个极大无关组线性表示. 为此,引入基础解系的概念:

定义3.12 若 $\boldsymbol{\eta}_1,\boldsymbol{\eta}_2,\cdots,\boldsymbol{\eta}_s$ 是齐次线性方程组(3-2)的解向量组的一个极大无关组,则称 $\boldsymbol{\eta}_1,\boldsymbol{\eta}_2,\cdots,\boldsymbol{\eta}_s$ 是齐次线性方程组(3-2)的**基础解系**.

关于基础解系的定义,需要注意以下问题:

1. 基础解系 $\boldsymbol{\eta}_1,\boldsymbol{\eta}_2,\cdots,\boldsymbol{\eta}_s$ 必定线性无关,且齐次线性方程组(3-2)的任意一个解都可由 $\boldsymbol{\eta}_1,\boldsymbol{\eta}_2,\cdots,\boldsymbol{\eta}_s$ 线性表示.

2. 若齐次线性方程组(3-2)有基础解系,一般说来,它的基础解系不唯一. 因为一个向量组的极大无关组一般不唯一.

3. 当齐次线性方程组(3-2)仅有零解时,$R(A)=n$,此时方程组没有基础解系.

那么,当一个齐次线性方程组有非零解时,它是否一定有基础解系?如果有,怎样求其基础解系?我们有如下定理解决这些问题.

定理3.14 设齐次线性方程组(3-2)的系数矩阵 A 的秩 $R(A)=r<n$,则齐次线性方程组(3-2)一定有基础解系,并且其任意一个基础解系所含向量的个数均等于 $n-r$.

证 先证明齐次线性方程组(3-2)存在 $n-r$ 个线性无关的解. 由高斯消元法,对齐次线性方程组(3-2)的系数矩阵 A 作初等行变换,可得

$$A\rightarrow\cdots\rightarrow\begin{pmatrix}1 & 0 & \cdots & 0 & \bar{a}_{1r+1} & \cdots & \bar{a}_{1n}\\0 & 1 & \cdots & 0 & \bar{a}_{2r+1} & \cdots & \bar{a}_{2n}\\\cdots & \cdots & \cdots & \cdots & \cdots & \cdots & \cdots\\0 & 0 & \cdots & 1 & \bar{a}_{rr+1} & \cdots & \bar{a}_{rn}\\0 & 0 & \cdots & 0 & 0 & \cdots & 0\\\cdots & \cdots & \cdots & \cdots & \cdots & \cdots & \cdots\\0 & 0 & \cdots & 0 & 0 & \cdots & 0\end{pmatrix}$$

对应的齐次线性方程组

$$\begin{cases} x_1 + \bar{a}_{1r+1}x_{r+1} + \cdots + \bar{a}_{1n}x_n = 0 \\ x_2 + \bar{a}_{2r+1}x_{r+1} + \cdots + \bar{a}_{2n}x_n = 0 \\ \cdots\cdots\cdots\cdots\cdots\cdots\cdots\cdots\cdots\cdots \\ x_r + \bar{a}_{rr+1}x_{r+1} + \cdots + \bar{a}_{rn}x_n = 0 \end{cases} \tag{3-9}$$

与原齐次线性方程组(3 - 2) 同解. 其中 $x_{r+1},\cdots,x_n$ 为自由未知量,分别取 $n-r$ 组数

$$\begin{pmatrix} x_{r+1} \\ x_{r+2} \\ \vdots \\ x_n \end{pmatrix} = \begin{pmatrix} 1 \\ 0 \\ \vdots \\ 0 \end{pmatrix}, \begin{pmatrix} 0 \\ 1 \\ \vdots \\ 0 \end{pmatrix}, \cdots, \begin{pmatrix} 0 \\ 0 \\ \vdots \\ 1 \end{pmatrix}$$

就得到方程组(3 - 9) 亦即齐次线性方程组(3 - 2) 的 $n-r$ 个解

$$\boldsymbol{\eta}_1 = \begin{pmatrix} -\bar{a}_{1r+1} \\ -\bar{a}_{2r+1} \\ \vdots \\ -\bar{a}_{rr+1} \\ 1 \\ 0 \\ \vdots \\ 0 \end{pmatrix}, \boldsymbol{\eta}_2 = \begin{pmatrix} -\bar{a}_{1r+2} \\ -\bar{a}_{2r+2} \\ \vdots \\ -\bar{a}_{rr+2} \\ 0 \\ 1 \\ \vdots \\ 0 \end{pmatrix}, \cdots, \boldsymbol{\eta}_{n-r} = \begin{pmatrix} -\bar{a}_{1n} \\ -\bar{a}_{2n} \\ \vdots \\ -\bar{a}_{rn} \\ 0 \\ 0 \\ \vdots \\ 1 \end{pmatrix}$$

再证明 $\boldsymbol{\eta}_1,\boldsymbol{\eta}_2,\cdots,\boldsymbol{\eta}_{n-r}$ 就是齐次线性方程组(3 - 2) 的一个基础解系.

注意到这 $n-r$ 个解的后 $n-r$ 个分量组成的向量组是 $n-r$ 维单位向量组,显然线性无关. 根据定理 3.7,向量组 $\boldsymbol{\eta}_1,\boldsymbol{\eta}_2,\cdots,\boldsymbol{\eta}_{n-r}$ 线性无关.

设 $\boldsymbol{\eta} = (k_1,k_2,\cdots,k_n)^T$ 为齐次线性方程组(3 - 2) 的任意一个解,把 $x_1 = k_1, x_2 = k_2,\cdots,x_n = k_n$ 代入与齐次线性方程组(3 - 2) 同解的方程组(3 - 9),有

$$\begin{cases} k_1 = -\bar{a}_{1r+1}k_{r+1} - \bar{a}_{1r+2}k_{r+2} - \cdots - \bar{a}_{1n}k_n \\ k_2 = -\bar{a}_{2r+1}k_{r+1} - \bar{a}_{2r+2}k_{r+2} - \cdots - \bar{a}_{2n}k_n \\ \cdots\cdots\cdots\cdots\cdots\cdots\cdots\cdots\cdots\cdots \\ k_r = -\bar{a}_{rr+1}k_{r+1} - \bar{a}_{rr+2}k_{r+2} - \cdots - \bar{a}_{rn}k_n \\ k_{r+1} = k_{r+1} \\ k_{r+2} = k_{r+2} \\ \cdots\cdots\cdots\cdots\cdots\cdots\cdots\cdots\cdots\cdots \\ k_n = k_n \end{cases}$$

用列向量表示上述结果,有

$$\boldsymbol{\eta}=\begin{pmatrix}k_1\\k_2\\\vdots\\k_r\\k_{r+1}\\k_{r+2}\\\vdots\\k_n\end{pmatrix}=k_{r+1}\begin{pmatrix}-\bar a_{1r+1}\\-\bar a_{2r+1}\\\vdots\\-\bar a_{rr+1}\\1\\0\\\vdots\\0\end{pmatrix}+k_{r+2}\begin{pmatrix}-\bar a_{1r+2}\\-\bar a_{2r+2}\\\vdots\\-\bar a_{rr+2}\\0\\1\\\vdots\\0\end{pmatrix}+\cdots+k_n\begin{pmatrix}-\bar a_{1n}\\-\bar a_{2n}\\\vdots\\-\bar a_{rn}\\0\\0\\\vdots\\1\end{pmatrix}$$

$$=k_{r+1}\boldsymbol{\eta}_1+k_{r+2}\boldsymbol{\eta}_2++k_n\boldsymbol{\eta}_{n-r}$$

也就是说,齐次线性方程组(3 - 2) 的任意一个解都可由 $\boldsymbol{\eta}_1,\boldsymbol{\eta}_2,\cdots,\boldsymbol{\eta}_{n-r}$ 线性表示.

综上所述,即证明了 $\boldsymbol{\eta}_1,\boldsymbol{\eta}_2,\cdots,\boldsymbol{\eta}_{n-r}$ 是齐次线性方程组(3 - 2) 的一个基础解系,且所含向量的个数为 $n-r$.

该定理的证明过程,也给出了求齐次线性方程组的一个基础解系的方法. 在求出方程组的一个基础解系 $\boldsymbol{\eta}_1,\boldsymbol{\eta}_2,\cdots,\boldsymbol{\eta}_{n-r}$ 后,方程组(3 - 2) 的一般解就可以表示为

$$\boldsymbol{\eta}=c_1\boldsymbol{\eta}_1+c_2\boldsymbol{\eta}_2+\cdots+c_{n-r}\boldsymbol{\eta}_{n-r}\tag{3-10}$$

其中 $c_1,c_2,\cdots,c_{n-r}$ 为任意常数.

例 1 求齐次线性方程组

$$\begin{cases}2x_1+x_2-2x_3+3x_4=0\\3x_1+2x_2-x_3+2x_4=0\\x_1+x_2+x_3-x_4=0\end{cases}$$

的一个基础解系,并用基础解系表示一般解.

解 解法(1) 首先将系数矩阵 A 化为阶梯形矩阵

$$A=\begin{pmatrix}2&1&-2&3\\3&2&-1&2\\1&1&1&-1\end{pmatrix}\to\begin{pmatrix}1&1&1&-1\\0&-1&-4&5\\0&-1&-4&5\end{pmatrix}\to\begin{pmatrix}1&0&-3&4\\0&1&4&-5\\0&0&0&0\end{pmatrix}$$

由于 $R(A)=2<4$,方程组有无穷多解,且方程组的一般解为

$$\begin{cases}x_1=3x_3-4x_4\\x_2=-4x_3+5x_4\end{cases}.$$

其中 x_3,x_4 为自由未知量.

令 $\begin{pmatrix}x_3\\x_4\end{pmatrix}$ 分别取 $\begin{pmatrix}1\\0\end{pmatrix},\begin{pmatrix}0\\1\end{pmatrix}$,得方程组的一个基础解系

$$\boldsymbol{\eta}_1=\begin{pmatrix}3\\-4\\1\\0\end{pmatrix},\boldsymbol{\eta}_2=\begin{pmatrix}-4\\5\\0\\1\end{pmatrix}$$

故用基础解系表示的原方程组的一般解为

$$\boldsymbol{\eta} = c_1\boldsymbol{\eta}_1 + c_2\boldsymbol{\eta}_2 = c_1\begin{pmatrix}3\\-4\\1\\0\end{pmatrix} + c_2\begin{pmatrix}-4\\5\\0\\1\end{pmatrix}$$

其中 c_1,c_2 为任意常数.

注意:由于自由未知量的选取是任意的,所以基础解系可以是不唯一的. 本例给出了利用定理3.14求齐次线性方程组基础解系的方法,实际上基础解系还可从齐次线性方程组的向量形式求得.

解法(2) 对系数矩阵 A 施行初等行变换

$$A = (\boldsymbol{\alpha}_1,\boldsymbol{\alpha}_2,\boldsymbol{\alpha}_3,\boldsymbol{\alpha}_4) = \begin{pmatrix}2&1&-2&3\\3&2&-1&2\\1&1&1&-1\end{pmatrix}\to\cdots\to\begin{pmatrix}1&0&-3&4\\0&1&4&-5\\0&0&0&0\end{pmatrix}$$

$$= (\boldsymbol{\beta}_1,\boldsymbol{\beta}_2,\boldsymbol{\beta}_3,\boldsymbol{\beta}_4) = B$$

显然 $\boldsymbol{\beta}_1,\boldsymbol{\beta}_2$ 是 B 的列向量组 $\boldsymbol{\beta}_1,\boldsymbol{\beta}_2,\boldsymbol{\beta}_3,\boldsymbol{\beta}_4$ 的极大无关组,且

$$\boldsymbol{\beta}_3 = -3\boldsymbol{\beta}_1 + 4\boldsymbol{\beta}_2,\quad \boldsymbol{\beta}_4 = 4\boldsymbol{\beta}_1 - 5\boldsymbol{\beta}_2$$

根据定理3.13证明的结论:矩阵的初等行变换不改变其列向量间的线性关系,故

$$\boldsymbol{\alpha}_3 = -3\boldsymbol{\alpha}_1 + 4\boldsymbol{\alpha}_2,\boldsymbol{\alpha}_4 = 4\boldsymbol{\alpha}_1 - 5\boldsymbol{\alpha}_2$$

移项得到

$$3\boldsymbol{\alpha}_1 - 4\boldsymbol{\alpha}_2 + \boldsymbol{\alpha}_3 + 0\cdot\boldsymbol{\alpha}_4 = \boldsymbol{o}$$
$$-4\boldsymbol{\alpha}_1 + 5\boldsymbol{\alpha}_2 + 0\cdot\boldsymbol{\alpha}_3 + \boldsymbol{\alpha}_4 = \boldsymbol{o}$$

比较原方程组的向量形式

$$x_1\boldsymbol{\alpha}_1 + x_2\boldsymbol{\alpha}_2 + \cdots + x_n\boldsymbol{\alpha}_n = \boldsymbol{o}$$

得方程组的一个基础解系

$$\boldsymbol{\eta}_1 = \begin{pmatrix}3\\-4\\1\\0\end{pmatrix},\boldsymbol{\eta}_2 = \begin{pmatrix}-4\\5\\0\\1\end{pmatrix}$$

例2 设齐次线性方程组 $AX = O$,其中 A 为 $m\times n$ 矩阵,且 $R(A) = n-3$,$\boldsymbol{\eta}_1,\boldsymbol{\eta}_2,\boldsymbol{\eta}_3$ 是方程组的三个线性无关的解向量,问解向量组

(1) $\boldsymbol{\eta}_1 - \boldsymbol{\eta}_2,\boldsymbol{\eta}_2 - \boldsymbol{\eta}_3,\boldsymbol{\eta}_3 - \boldsymbol{\eta}_1$;

(2) $\boldsymbol{\eta}_1,\boldsymbol{\eta}_1 + \boldsymbol{\eta}_2$;

(3) $\boldsymbol{\eta}_1,\boldsymbol{\eta}_1 + \boldsymbol{\eta}_2,\boldsymbol{\eta}_1 + \boldsymbol{\eta}_2 + \boldsymbol{\eta}_3$;

(4) $\boldsymbol{\eta}_3 - \boldsymbol{\eta}_2 - \boldsymbol{\eta}_1,\boldsymbol{\eta}_3 + \boldsymbol{\eta}_2 + \boldsymbol{\eta}_1,\boldsymbol{\eta}_3$.

分别是否为方程组 $AX = O$ 的基础解系?

解 因为 $R(A) = n-3$,方程组 $AX = O$ 的基础解系应含有 $n - R(A) = n - (n-3) = 3$ 个线性无关的解向量,故解向量组(2)肯定不是基础解系. 由于

$$(\boldsymbol{\eta}_1-\boldsymbol{\eta}_2)+(\boldsymbol{\eta}_2-\boldsymbol{\eta}_3)+(\boldsymbol{\eta}_3-\boldsymbol{\eta}_1)=\boldsymbol{o}$$
$$(\boldsymbol{\eta}_3-\boldsymbol{\eta}_2-\boldsymbol{\eta}_1)+(\boldsymbol{\eta}_3+\boldsymbol{\eta}_2+\boldsymbol{\eta}_1)-2\boldsymbol{\eta}_3=\boldsymbol{o}$$

于是解向量组(1),(4)线性相关,也不是基础解系.而解向量组(3)中的向量可以证明是线性无关,故解向量组(3)是方程组 $AX=O$ 的基础解系.

例 3 设 n 阶矩阵 A 的各行元素之和均等于零,并且 A 的秩 $R(A)=n-1$,求齐次线性方程组 $AX=O$ 的基础解系和一般解.

解 因为 $R(A)=n-1$,故由定理 3.14 可知方程组 $AX=O$ 的基础解系含有 $n-R(A)=n-(n-1)=1$ 个解向量.这里 n 为方程组 $AX=O$ 所含未知量个数,由 A 的各行元素之和均等于零知

$$\boldsymbol{\eta}_1=\begin{pmatrix}1\\1\\\vdots\\1\end{pmatrix}$$

显然是方程组 $AX=O$ 的一个非零解向量,它同时也必然是该方程组的一个基础解系.

于是方程组的一般解为

$$\boldsymbol{\eta}=k\boldsymbol{\eta}_1=k\begin{pmatrix}1\\1\\\vdots\\1\end{pmatrix}$$

其中 k 为任意常数.

二、非齐次线性方程组解的结构

设非齐次线性方程组

$$\begin{cases}a_{11}x_1+a_{12}x_2+\cdots+a_{1n}x_n=b_1\\a_{21}x_1+a_{22}x_2+\cdots+a_{2n}x_n=b_2\\\cdots\cdots\cdots\cdots\cdots\cdots\cdots\cdots\\a_{m1}x_1+a_{m2}x_2+\cdots+a_{mn}x_n=b_m\end{cases}\qquad(3-1)$$

其矩阵形式为 $AX=B$. 令常数 $b_1=b_2=\cdots=b_m=0$,即得齐次线性方程组

$$\begin{cases}a_{11}x_1+a_{12}x_2+\cdots+a_{1n}x_n=0\\a_{21}x_1+a_{22}x_2+\cdots+a_{2n}x_n=0\\\cdots\cdots\cdots\cdots\cdots\cdots\cdots\cdots\\a_{m1}x_1+a_{m2}x_2+\cdots+a_{mn}x_n=0\end{cases}\qquad(3-2)$$

称方程组(3-2)为非齐次线性方程组(3-1)对应的**导出组**,其矩阵形式为 $AX=O$. 非齐次线性方程组(3-1)的解与其导出组(3-2)的解之间有下面的重要性质.

性质 1 若 $\boldsymbol{\gamma}_1,\boldsymbol{\gamma}_2$ 是非齐次线性方程组(3-1)的任意两个解,则 $\boldsymbol{\gamma}_1-\boldsymbol{\gamma}_2$ 是其导出

组(3 - 2) 的解.

证 因为 $\boldsymbol{\gamma}_1,\boldsymbol{\gamma}_2$ 是非齐次线性方程组(3 - 1) 的任意两个解,则

$$A\boldsymbol{\gamma}_1 = B, A\boldsymbol{\gamma}_2 = B$$

于是

$$A(\boldsymbol{\gamma}_1 - \boldsymbol{\gamma}_2) = A\boldsymbol{\gamma}_1 - A\boldsymbol{\gamma}_2 = O$$

故 $\boldsymbol{\gamma}_1 - \boldsymbol{\gamma}_2$ 是导出组(3 - 2) 的解.

性质2 若 $\boldsymbol{\gamma}$ 是非齐次线性方程组(3 - 1) 的一个解,$\boldsymbol{\eta}$ 是其导出组(3 - 2) 的一个解,则 $\boldsymbol{\gamma} + \boldsymbol{\eta}$ 是非齐次线性方程组(3 - 1) 的一个解.

证 因为 $\boldsymbol{\gamma}$ 是非齐次线性方程组(3 - 1) 的一个解,有

$$A\boldsymbol{\gamma} = B$$

而 $\boldsymbol{\eta}$ 是齐次线性方程组(3 - 2) 的一个解,则

$$A\boldsymbol{\eta} = O$$

于是

$$A(\boldsymbol{\gamma} + \boldsymbol{\eta}) = A\boldsymbol{\gamma} + A\boldsymbol{\eta} = B + O = B$$

故 $\boldsymbol{\gamma} + \boldsymbol{\eta}$ 是非齐次线性方程组(3 - 1) 的一个解.

由此,我们可以得到下面的关于非齐次线性方程组(3 - 1) 一般解的重要定理.

定理3.15 若 $\boldsymbol{\gamma}_0$ 是非齐次线性方程组(3 - 1) 的一个解,$\boldsymbol{\eta}$ 是其导出组(3 - 2) 的一般解,即

$$\boldsymbol{\eta} = c_1\boldsymbol{\eta}_1 + c_2\boldsymbol{\eta}_2 + \cdots + c_{n-r}\boldsymbol{\eta}_{n-r}$$

其中 $\boldsymbol{\eta}_1,\boldsymbol{\eta}_2,\cdots,\boldsymbol{\eta}_{n-r}$ 是导出组(3 - 2) 的一个基础解系,$c_1,c_2,\cdots,c_{n-r}$ 为任意常数. 则非齐次线性方程组(3 - 1) 的一般解可表示为

$$X = \boldsymbol{\gamma}_0 + \boldsymbol{\eta} = \boldsymbol{\gamma}_0 + c_1\boldsymbol{\eta}_1 + c_2\boldsymbol{\eta}_2 + \cdots + c_{n-r}\boldsymbol{\eta}_{n-r} \tag{3 - 11}$$

$\boldsymbol{\gamma}_0$ 称为非齐次线性方程组(3 - 1) 的一个特解.

证 由性质2,$X = \boldsymbol{\gamma}_0 + \boldsymbol{\eta}$ 显然是非齐次线性方程组(3 - 1) 的解. 设 $\boldsymbol{\gamma}_1$ 是非齐次线性方程组(3 - 1) 的任意一个解,由性质1,$\boldsymbol{\gamma}_1 - \boldsymbol{\gamma}_0$ 一定是导出组(3 - 2) 的解,因此必定可由导出组(3 - 2) 的基础解系 $\boldsymbol{\eta}_1,\boldsymbol{\eta}_2,\cdots,\boldsymbol{\eta}_{n-r}$ 线性表示,即存在 $n - r$ 个常数 c_1,$c_2,\cdots,c_{n-r}$,使得

$$\boldsymbol{\gamma}_1 - \boldsymbol{\gamma}_0 = c_1\boldsymbol{\eta}_1 + c_2\boldsymbol{\eta}_2 + \cdots + c_{n-r}\boldsymbol{\eta}_{n-r}$$

即

$$\boldsymbol{\gamma}_1 = \boldsymbol{\gamma}_0 + c_1\boldsymbol{\eta}_1 + c_2\boldsymbol{\eta}_2 + \cdots + c_{n-r}\boldsymbol{\eta}_{n-r}$$

由于 $\boldsymbol{\gamma}_1$ 是非齐次线性方程组(3 - 1) 的任意一个解,因此非齐次线性方程组(3 - 1) 的一般解都可表示为相同的形式,故非齐次线性方程组(3 - 1) 的一般解为

$$X = \boldsymbol{\gamma}_0 + \boldsymbol{\eta} = \boldsymbol{\gamma}_0 + c_1\boldsymbol{\eta}_1 + c_2\boldsymbol{\eta}_2 + \cdots + c_{n-r}\boldsymbol{\eta}_{n-r}$$

其中 $c_1,c_2,\cdots,c_{n-r}$ 为任意常数.

定理3.15 说明,如果非齐次线性方程组(3 - 1) 有解,则只需求出它的一个特解 $\boldsymbol{\gamma}_0$,并求出其导出组(3 - 2) 的基础解系 $\boldsymbol{\eta}_1,\boldsymbol{\eta}_2,\cdots,\boldsymbol{\eta}_{n-r}$,则非齐次线性方程组(3 - 1) 的一般

解可以表示为

$$X = \boldsymbol{\gamma}_0 + \boldsymbol{\eta} = \boldsymbol{\gamma}_0 + c_1\boldsymbol{\eta}_1 + c_2\boldsymbol{\eta}_2 + \cdots + c_{n-r}\boldsymbol{\eta}_{n-r}$$

另外由定理 3.15 可知，当非齐次线性方程组有解时，如果非齐次线性方程组的导出组(3－2) 仅有零解，则该非齐次线性方程组(3－1) 有唯一解；如果其导出组(3－2) 有无穷多解，则非齐次线性方程组(3－1) 也有无穷多解.

例 4　求非齐次线性方程组

$$\begin{cases} x_1 + 3x_2 - x_3 + 2x_4 - x_5 = -4 \\ -3x_1 + x_2 + 2x_3 - 5x_4 - 4x_5 = -1 \\ 2x_1 - 3x_2 - x_3 - x_4 + x_5 = 4 \\ -4x_1 + 16x_2 + x_3 + 3x_4 - 9x_5 = -21 \end{cases}$$

的解，并在其有无穷多组解时，用基础解系表示其一般解.

解　首先将增广矩阵$(A \mid B)$化为阶梯形矩阵

$$(A \mid B) = \left(\begin{array}{ccccc:c} 1 & 3 & -1 & 2 & -1 & -4 \\ -3 & 1 & 2 & -5 & -4 & -1 \\ 2 & -3 & -1 & -1 & 1 & 4 \\ -4 & 16 & 1 & 3 & -9 & -21 \end{array}\right) \to \left(\begin{array}{ccccc:c} 1 & 3 & -1 & 2 & -1 & -4 \\ 0 & 10 & -1 & 1 & -7 & -13 \\ 0 & -9 & 1 & -5 & 3 & 12 \\ 0 & 28 & -3 & 11 & -13 & -37 \end{array}\right)$$

$$\to \left(\begin{array}{ccccc:c} 1 & 3 & -1 & 2 & -1 & -4 \\ 0 & 1 & 0 & -4 & -4 & -1 \\ 0 & -9 & 1 & -5 & 3 & 12 \\ 0 & 28 & -3 & 11 & -13 & -37 \end{array}\right) \to \left(\begin{array}{ccccc:c} 1 & 3 & -1 & 2 & -1 & -4 \\ 0 & 1 & 0 & -4 & -4 & -1 \\ 0 & 0 & 1 & -41 & -33 & 3 \\ 0 & 0 & -3 & 123 & 99 & -9 \end{array}\right)$$

$$\to \left(\begin{array}{ccccc:c} 1 & 0 & 0 & -27 & -22 & 2 \\ 0 & 1 & 0 & -4 & -4 & -1 \\ 0 & 0 & 1 & -41 & -33 & 3 \\ 0 & 0 & 0 & 0 & 0 & 0 \end{array}\right)$$

则原方程组的一般解为

$$\begin{cases} x_1 = 2 + 27x_4 + 22x_5 \\ x_2 = -1 + 4x_4 + 4x_5 \\ x_3 = 3 + 41x_4 + 33x_5 \end{cases}$$

其中 x_4, x_5 为自由未知量.

令 $x_4 = x_5 = 0$，得原方程组的一个特解

$$\boldsymbol{\gamma}_0 = \begin{pmatrix} 2 \\ -1 \\ 3 \\ 0 \\ 0 \end{pmatrix}$$

而导出组的一般解为

$$\begin{cases} x_1 = 27x_4 + 22x_5 \\ x_2 = 4x_4 + 4x_5 \\ x_3 = 41x_4 + 33x_5 \end{cases}$$

其中 x_4, x_5 为自由未知量.

令 $\begin{pmatrix} x_4 \\ x_5 \end{pmatrix}$ 分别取 $\begin{pmatrix} 1 \\ 0 \end{pmatrix}$; $\begin{pmatrix} 0 \\ 1 \end{pmatrix}$,得方程组的一个基础解系

$$\boldsymbol{\eta}_1 = \begin{pmatrix} 27 \\ 4 \\ 41 \\ 1 \\ 0 \end{pmatrix}, \boldsymbol{\eta}_2 = \begin{pmatrix} 22 \\ 4 \\ 33 \\ 0 \\ 1 \end{pmatrix}$$

故同基础解系表示的原方程组的一般解为

$$\boldsymbol{\eta} = \boldsymbol{\gamma}_0 + c_1\boldsymbol{\eta}_1 + c_2\boldsymbol{\eta}_2 = \begin{pmatrix} 2 \\ -1 \\ 3 \\ 0 \\ 0 \end{pmatrix} + c_1\begin{pmatrix} 27 \\ 4 \\ 41 \\ 1 \\ 0 \end{pmatrix} + c_2\begin{pmatrix} 22 \\ 4 \\ 33 \\ 0 \\ 1 \end{pmatrix}$$

其中 c_1, c_2 为任意常数.

例 5 设 $\boldsymbol{\gamma}_1, \boldsymbol{\gamma}_2, \boldsymbol{\gamma}_3$ 为 4 元非齐次线性方程组 $AX = B$ 的 3 个解,$R(A) = 3$,其中

$$\boldsymbol{\gamma}_1 = \begin{pmatrix} 1 \\ 2 \\ 3 \\ 4 \end{pmatrix}, \boldsymbol{\gamma}_2 + \boldsymbol{\gamma}_3 = \begin{pmatrix} 0 \\ 1 \\ 2 \\ 3 \end{pmatrix}$$

求 $AX = B$ 的一般解.

解 由给定条件可知 $2\boldsymbol{\gamma}_1 - (\boldsymbol{\gamma}_2 + \boldsymbol{\gamma}_3)$ 为齐次线性方程组 $AX = O$ 的一个非零解.又由 $R(A) = 3$,可知 $AX = O$ 的基础解系只含一个解,于是

$$\boldsymbol{\eta}_1 = 2\boldsymbol{\gamma}_1 - (\boldsymbol{\gamma}_2 + \boldsymbol{\gamma}_3) = \begin{pmatrix} 2 \\ 3 \\ 4 \\ 5 \end{pmatrix}$$

是 $AX=O$ 的一个基础解系．故 $AX=B$ 的一般解为

$$\boldsymbol{\eta}=\boldsymbol{\gamma}_1+c\boldsymbol{\eta}_1=\begin{pmatrix}1\\2\\3\\4\end{pmatrix}+c\begin{pmatrix}2\\3\\4\\5\end{pmatrix}$$

其中 c 为任意常数．

本章小结

一、熟练掌握线性方程组的一般形式及其高斯消元法的一般步骤，熟练掌握线性方程组解的判定定理．

二、掌握 n 维向量的定义及其线性运算，理解 n 维向量空间的概念．

三、熟练掌握向量间的线性关系（线性组合、线性相关和线性无关）的定义、性质及线性相关性的判定方法．

四、理解向量组等价的定义及性质、熟练掌握向量组的极大无关组、向量组的秩和矩阵的秩的定义及性质．

五、掌握齐次线性方程组解的性质，熟练掌握齐次线性方程组基础解系的定义，齐次线性方程组解的结构定理及其求解方法．

六、掌握非齐次线性方程组解的性质，熟练掌握非齐次线性方程组解的结构定理及其求解方法．

习题三

(A)

1. 用高斯消元法求解下列线性方程组：

(1) $\begin{cases}x_1-x_2+2x_3=1\\x_1-2x_2-x_3=2\\3x_1-x_2+5x_3=3\\-x_1+2x_3=-2\end{cases}$

(2) $\begin{cases}x_1-2x_2+3x_3-x_4+2x_5=2\\3x_1-x_2+5x_3-3x_4+x_5=6\\2x_1+x_2+2x_3-2x_4-x_5=8\end{cases}$

(3) $\begin{cases}x_1+2x_2+3x_3=4\\3x_1+5x_2+7x_3=9\\2x_1+3x_2+4x_3=5\end{cases}$

(4) $\begin{cases}2x_1-2x_2+x_3-x_4+x_5=2\\x_1-4x_2+2x_3-2x_4+3x_5=3\\3x_1-6x_2+x_3-3x_4+4x_5=5\\x_1+2x_2-x_3+x_4-2x_5=-1\end{cases}$

(5) $\begin{cases} 2x_1-4x_2+5x_3+3x_4=0 \\ 3x_1-6x_2+4x_3+2x_4=0 \\ 4x_1-8x_2+17x_3+11x_4=0 \end{cases}$　(6) $\begin{cases} 3x_1+4x_2-5x_3+7x_4=0 \\ 2x_1-3x_2+3x_3-2x_4=0 \\ 4x_1+11x_2-13x_3+16x_4=0 \\ 7x_1-2x_2+x_3+3x_4=0 \end{cases}$

2. 判断 a 与 b 取什么值时，下列线性方程组有解？并在有解时求一般解.

$$\begin{cases} x_1+x_2+x_3+x_4+x_5=1 \\ 3x_1+2x_2+x_3+x_4-3x_5=a \\ x_2+2x_3+2x_4+6x_5=3 \\ 5x_1+4x_2+3x_3+3x_4-x_5=b \end{cases}$$

3. 求 λ，使下列方程组有解，并求一般解.

$$\begin{cases} 2x_1-x_2+x_3+x_4=1 \\ x_1+2x_2-x_3+4x_4=2 \\ x_1+7x_2-4x_3+11x_4=\lambda \end{cases}$$

4. 当 k 取何值时，下列齐次线性方程组有非零解，并求出此非零解.

$$\begin{cases} 2x_1-x_2+3x_3=0 \\ 3x_1-4x_2+7x_3=0 \\ -x_1+2x_2+kx_3=0 \end{cases}$$

5. 设 $\boldsymbol{\alpha}=(5,-1,3,2,4)$，$\boldsymbol{\beta}=(3,1,-2,2,1)$，求向量 $\boldsymbol{\gamma}$，使

$$3\boldsymbol{\alpha}+\boldsymbol{\gamma}=4\boldsymbol{\beta}.$$

6. 设 $3\boldsymbol{\alpha}+4\boldsymbol{\beta}=(2,1,1,2)$，$2\boldsymbol{\alpha}+3\boldsymbol{\beta}=(-1,2,3,1)$，求 $\boldsymbol{\alpha}$ 与 $\boldsymbol{\beta}$.

7. 把向量 $\boldsymbol{\beta}$ 由其余向量线性表示.

(1) $\boldsymbol{\beta}=(4,5,6)$；$\boldsymbol{\alpha}_1=(3,-3,2)$，$\boldsymbol{\alpha}_2=(-2,1,2)$，$\boldsymbol{\alpha}_3=(1,2,-1)$；

(2) $\boldsymbol{\beta}=(-1,1,3,1)$；$\boldsymbol{\alpha}_1=(1,2,1,1)$，$\boldsymbol{\alpha}_2=(1,1,1,2)$，$\boldsymbol{\alpha}_3=(-3,-2,1,-3)$.

8. 判断向量 $\boldsymbol{\beta}=(4,4,1,2)$ 能否由下列向量组线性表示：

(1) $\boldsymbol{\alpha}_1=(2,-1,0,5)$，$\boldsymbol{\alpha}_2=(-4,-2,3,0)$，$\boldsymbol{\alpha}_3=(-1,0,1,0)$，$\boldsymbol{\alpha}_4=(0,-1,2,5)$；

(2) $\boldsymbol{\alpha}_1=(1,0,0,-1)$，$\boldsymbol{\alpha}_2=(2,3,0,1)$，$\boldsymbol{\alpha}_3=(4,9,0,5)$，$\boldsymbol{\alpha}_4=(3,2,1,1)$.

9. 判断下列各向量组是否线性相关.

(1) $\boldsymbol{\alpha}_1=(2,1,1)$，$\boldsymbol{\alpha}_2=(1,2,-1)$，$\boldsymbol{\alpha}_3=(-2,3,0)$；

(2) $\boldsymbol{\alpha}_1=(2,-1,7,3)$，$\boldsymbol{\alpha}_2=(1,4,11,-2)$，$\boldsymbol{\alpha}_3=(3,-6,3,8)$.

10. 设 $\boldsymbol{\alpha}_1=(1+\lambda,1,1)^T$，$\boldsymbol{\alpha}_2=(1,1+\lambda,1)^T$，$\boldsymbol{\alpha}_3=(1,1,1+\lambda)^T$，$\boldsymbol{\beta}=(0,\lambda,\lambda^2)^T$. 问当 λ 取何值时：

(1) $\boldsymbol{\beta}$ 可由 $\boldsymbol{\alpha}_1,\boldsymbol{\alpha}_2,\boldsymbol{\alpha}_3$ 线性表出，且表出方式唯一？

(2) $\boldsymbol{\beta}$ 可由 $\boldsymbol{\alpha}_1,\boldsymbol{\alpha}_2,\boldsymbol{\alpha}_3$ 线性表出，且表出方式不唯一？

(3)$\boldsymbol{\beta}$ 不能由 $\boldsymbol{\alpha}_1,\boldsymbol{\alpha}_2,\boldsymbol{\alpha}_3$ 线性表出?

11. 若 $\boldsymbol{\alpha}_1,\boldsymbol{\alpha}_2$ 线性相关,$\boldsymbol{\beta}_1,\boldsymbol{\beta}_2$ 线性相关,问 $\boldsymbol{\alpha}_1+\boldsymbol{\beta}_1$ 与 $\boldsymbol{\alpha}_2+\boldsymbol{\beta}_2$ 是否一定线性相关?

12. 若 $\boldsymbol{\alpha}_1,\boldsymbol{\alpha}_2$ 线性无关,$\boldsymbol{\beta}$ 是另外一个向量,问 $\boldsymbol{\alpha}_1+\boldsymbol{\beta}$ 与 $\boldsymbol{\alpha}_2+\boldsymbol{\beta}$ 是否线性无关?

13. 若 $\boldsymbol{\alpha}$、$\boldsymbol{\beta}$、$\boldsymbol{\gamma}$ 是 3 个 n 维向量,若 $\boldsymbol{\alpha}$、$\boldsymbol{\beta}$ 线性无关,$\boldsymbol{\beta}$、$\boldsymbol{\gamma}$ 线性无关,$\boldsymbol{\alpha}$、$\boldsymbol{\gamma}$ 也线性无关,问 $\boldsymbol{\alpha}$、$\boldsymbol{\beta}$、$\boldsymbol{\gamma}$ 是否必线性无关?

14. 已知向量组 $\boldsymbol{\alpha}_1=(k,2,1),\boldsymbol{\alpha}_2=(2,k,0),\boldsymbol{\alpha}_3=(1,-1,1)$. 试求 k 为何值时,向量组 $\boldsymbol{\alpha}_1,\boldsymbol{\alpha}_2,\boldsymbol{\alpha}_3$ 线性相关? k 为何值时,线性无关?

15. 若向量组 $\boldsymbol{\alpha}_1,\boldsymbol{\alpha}_2,\cdots,\boldsymbol{\alpha}_s$ 线性无关,试证:向量组 $\boldsymbol{\alpha}_1,\boldsymbol{\alpha}_1+\boldsymbol{\alpha}_2,\cdots,\boldsymbol{\alpha}_1+\boldsymbol{\alpha}_2+\cdots+\boldsymbol{\alpha}_s$ 线性无关.

16. 若 $\boldsymbol{\alpha}_1,\boldsymbol{\alpha}_2,\boldsymbol{\alpha}_3,\boldsymbol{\alpha}_4$ 线性无关,试证:向量组 $\boldsymbol{\alpha}_1+\boldsymbol{\alpha}_2,\boldsymbol{\alpha}_2+\boldsymbol{\alpha}_3,\boldsymbol{\alpha}_3+\boldsymbol{\alpha}_4,\boldsymbol{\alpha}_4+\boldsymbol{\alpha}_1$ 线性相关.

17. 已知向量组 $\boldsymbol{\beta}_1,\boldsymbol{\beta}_2,\boldsymbol{\beta}_3$ 可由向量组 $\boldsymbol{\alpha}_1,\boldsymbol{\alpha}_2,\boldsymbol{\alpha}_3$ 线性表示:

$$\begin{cases}\boldsymbol{\beta}_1=\boldsymbol{\alpha}_1-\boldsymbol{\alpha}_2+\boldsymbol{\alpha}_3\\ \boldsymbol{\beta}_2=\boldsymbol{\alpha}_1+\boldsymbol{\alpha}_2-\boldsymbol{\alpha}_3\\ \boldsymbol{\beta}_3=-\boldsymbol{\alpha}_1+\boldsymbol{\alpha}_2+\boldsymbol{\alpha}_3\end{cases}$$

(1) 试把向量组 $\boldsymbol{\alpha}_1,\boldsymbol{\alpha}_2,\boldsymbol{\alpha}_3$ 由向量组 $\boldsymbol{\beta}_1,\boldsymbol{\beta}_2,\boldsymbol{\beta}_3$ 线性表示.

(2) 这两个向量组是否等价?

18. 求下面向量组的一个极大无关组,并把其余向量用此极大无关组线性表示.

(1)$\boldsymbol{\alpha}_1=(1,-2,5),\boldsymbol{\alpha}_2=(3,2,-1),\boldsymbol{\alpha}_3=(3,10,-17)$;

(2)$\boldsymbol{\alpha}_1=(1,-1,0,4),\boldsymbol{\alpha}_2=(2,1,5,6),\boldsymbol{\alpha}_3=(1,-1,-2,0),\boldsymbol{\alpha}_4=(3,0,7,14)$.

19. 求下列各齐次线性方程组的一个基础解系:

(1) $\begin{cases}2x_1-4x_2+5x_3+3x_4=0\\ 3x_1-6x_2+4x_3+2x_4=0\\ 4x_1-8x_2+17x_3+11x_4=0\end{cases}$;

(2) $\begin{cases}x_1+x_2+x_3+x_4+x_5=0\\ 3x_1+2x_2+x_3+x_4-3x_5=0\\ x_2+2x_3+2x_4+6x_5=0\\ 5x_1+4x_2+3x_3+3x_4-x_5=0\end{cases}$

(3) $\begin{cases}x_1-x_3+x_5=0\\ x_2-x_4+x_6=0\\ x_1-x_2+x_5-x_6=0\\ x_1-x_4+x_5=0\end{cases}$

20. 求下列线性方程组的一般解:

(1) $\begin{cases}x_1-2x_2+x_3+3x_4=2\\ 2x_1+3x_2+5x_3-5x_4=3\\ 4x_1-x_2+7x_3+x_4=7\end{cases}$

(2) $\begin{cases}x_1-5x_2+2x_3-3x_4=11\\ -3x_1+x_2-4x_3+2x_4=-5\\ -x_1-9x_2-4x_4=17\\ 5x_1+3x_2+6x_3-x_4=-1\end{cases}$

(3) $\begin{cases} 2x_1 - 3x_2 + x_3 - 5x_4 = 1 \\ -5x_1 - 10x_2 - 2x_3 + x_4 = -21 \\ x_1 + 4x_2 + 3x_3 + 2x_4 = 1 \\ 2x_1 - 4x_2 + 9x_3 - 3x_4 = -16 \end{cases}$

21. 设$\boldsymbol{\alpha}_1,\boldsymbol{\alpha}_2$是某个齐次线性方程组的基础解系,问$\boldsymbol{\alpha}_1+\boldsymbol{\alpha}_2,2\boldsymbol{\alpha}_1-\boldsymbol{\alpha}_2$是否也可以构成这个线性方程组的基础解系?为什么?

22. 设齐次线性方程组$AX=O$,其中A为$m\times n$矩阵,且$R(A)=n-3$,$\boldsymbol{\eta}_1,\boldsymbol{\eta}_2,\boldsymbol{\eta}_3$是方程组的三个线性无关的解,问向量组

(1)$\boldsymbol{\eta}_1,\boldsymbol{\eta}_2,\boldsymbol{\eta}_3-\boldsymbol{\eta}_1$;　　(2)$\boldsymbol{\eta}_1-\boldsymbol{\eta}_2,\boldsymbol{\eta}_2-\boldsymbol{\eta}_3,\boldsymbol{\eta}_3-\boldsymbol{\eta}_1$;

(3)$\boldsymbol{\eta}_1+\boldsymbol{\eta}_2+\boldsymbol{\eta}_3,\boldsymbol{\eta}_3-\boldsymbol{\eta}_2,-\boldsymbol{\eta}_1-2\boldsymbol{\eta}_3$;　(4)$\boldsymbol{\eta}_1+\boldsymbol{\eta}_2,2\boldsymbol{\eta}_1+2\boldsymbol{\eta}_2,\boldsymbol{\eta}_3$.

分别是否是方程组$AX=O$的基础解系?

23. 设$AX=O$是n个未知数n个方程组成的线性方程组的矩阵形式,假定方程组只有零解,求证:对任意的正整数k,方程组$A^kX=O$也只有零解,这里A^k表示矩阵A的k次幂.

24. 设$\boldsymbol{\gamma}_1,\boldsymbol{\gamma}_2,\boldsymbol{\gamma}_3$为四元非齐次线性方程组$AX=B$的3个解,$R(A)=3$,其中

$$\boldsymbol{\gamma}_1=(1,0,2,3)^T,\boldsymbol{\gamma}_2+\boldsymbol{\gamma}_3=(4,2,-6,0)^T$$

求方程组$AX=B$的一般解.

(B)

1. 如果有一组不全为零的数$k_1,k_2,\cdots,k_m$,使n维向量组$\boldsymbol{\alpha}_1,\boldsymbol{\alpha}_2,\cdots,\boldsymbol{\alpha}_m$满足$k_1\boldsymbol{\alpha}_1+k_2\boldsymbol{\alpha}_2+\cdots+k_m\boldsymbol{\alpha}_m\neq\boldsymbol{o}$,则$\boldsymbol{\alpha}_1,\boldsymbol{\alpha}_2,\cdots,\boldsymbol{\alpha}_m$(　　).

(A) 线性相关;　　(B) 线性无关;

(C) 不一定线性相关。　　(D) 以上都不正确.

2. 如果n维零向量$\boldsymbol{o}$用n维向量组$\boldsymbol{\alpha}_1,\boldsymbol{\alpha}_2,\cdots,\boldsymbol{\alpha}_m$线性表示的方法唯一,则$\boldsymbol{\alpha}_1,\boldsymbol{\alpha}_2,\cdots,\boldsymbol{\alpha}_m$(　　).

(A) 线性相关;　　(B) 线性无关;

(C) 不一定线性相关;　　(D) 以上都不正确.

3. 如果向量组$\boldsymbol{\alpha}_1,\boldsymbol{\alpha}_2,\cdots,\boldsymbol{\alpha}_m$线性无关,且$k$为非零实数,则(　　).

(A)$\boldsymbol{\alpha}_1,\boldsymbol{\alpha}_2,\cdots,k\boldsymbol{\alpha}_i,\cdots,\boldsymbol{\alpha}_m$线性无关$(1\leqslant i\leqslant m)$;

(B)$\boldsymbol{\alpha}_1,\boldsymbol{\alpha}_2,\cdots,\boldsymbol{\alpha}_i+k\boldsymbol{\alpha}_j,\cdots,\boldsymbol{\alpha}_j,\cdots,\boldsymbol{\alpha}_m$线性相关$(1\leqslant i\leqslant j\leqslant m)$;

(C) 如果$\beta=l_1\boldsymbol{\alpha}_1+\cdots+l_i\boldsymbol{\alpha}_i+\cdots+l_m\boldsymbol{\alpha}_m,l_i\neq0$,则$\boldsymbol{\alpha}_1,\boldsymbol{\alpha}_2,\cdots,\boldsymbol{\alpha}_{i-1},\boldsymbol{\beta},\boldsymbol{\alpha}_{i+1},\cdots,\boldsymbol{\alpha}_m$线性无关$(1\leqslant i\leqslant m)$;

(D) 以上都不正确.

4. 以下命题正确的有(　　).

(A) 任意一个向量组必含有极大无关组;　(B) 秩相等的向量组一定等价;

(C) 等价的向量组秩必相等； (D) 以上都不正确．

5. 如果向量组 $\boldsymbol{\alpha}_1,\boldsymbol{\alpha}_2,\cdots,\boldsymbol{\alpha}_m$ 线性无关，则(　　)．

(A) $\boldsymbol{\alpha}_1$ 不能由 $\boldsymbol{\alpha}_2,\boldsymbol{\alpha}_3,\cdots,\boldsymbol{\alpha}_m$ 线性表示； (B) $\boldsymbol{\alpha}_1+\boldsymbol{\alpha}_2+\cdots+\boldsymbol{\alpha}_m\neq\boldsymbol{o}$；

(C) $\boldsymbol{\alpha}_i\neq\boldsymbol{o}\quad(i=1,2,\cdots,m)$； (D) $R(\boldsymbol{\alpha}_1,\boldsymbol{\alpha}_2,\cdots,\boldsymbol{\alpha}_m)\leqslant m$.

6. 如果 $\boldsymbol{\alpha}_1,\boldsymbol{\alpha}_2,\cdots,\boldsymbol{\alpha}_m$ 线性相关，则(　　)．

(A) $\boldsymbol{\alpha}_m$ 必可由 $\boldsymbol{\alpha}_1,\boldsymbol{\alpha}_2,\cdots,\boldsymbol{\alpha}_{m-1}$ 线性表示； (B) $R(\boldsymbol{\alpha}_1,\boldsymbol{\alpha}_2,\cdots,\boldsymbol{\alpha}_m)\leqslant m$；

(C) 一定有某个 $\boldsymbol{\alpha}_i=\boldsymbol{o}(1\leqslant i\leqslant m)$； (D) $R(\boldsymbol{\alpha}_1,\boldsymbol{\alpha}_2,\cdots,\boldsymbol{\alpha}_m)<m$.

7. 在秩是 r 的矩阵中(　　)．

(A) 一定有等于零的 $r-1$ 阶子式； (B) 一定没有等于零的 r 阶子式；

(C) 一定没有不等于零的 $r+1$ 阶式子； (D) 不等于零的子式的最高阶是 r.

8. 如果两个同维的向量组可以相互线性表示，则这两个向量组(　　)．

(A) 相互等价； (B) 所含向量的个数相等；

(C) 极大无关组等价； (D) 秩相等．

9. 若向量组 $\boldsymbol{\alpha}_1,\boldsymbol{\alpha}_2,\cdots,\boldsymbol{\alpha}_k$ 可由向量组 $\boldsymbol{\beta}_1,\boldsymbol{\beta}_2,\cdots,\boldsymbol{\beta}_m$ 线性表示，且 $k<m$，则 $\boldsymbol{\alpha}_1$，$\boldsymbol{\alpha}_2,\cdots,\boldsymbol{\alpha}_k$(　　)．

(A) 线性相关； (B) 线性无关；

(C) 不一定线性相关；

(D) 当 $\boldsymbol{\beta}_1,\boldsymbol{\beta}_2,\cdots,\boldsymbol{\beta}_m$ 线性无关时，它们线性相关．

10. 如果线性方程组 $x_1\boldsymbol{\alpha}_1+x_2\boldsymbol{\alpha}_2+\cdots+x_n\boldsymbol{\alpha}_n=\boldsymbol{\beta}$ 有解，则(　　)．

(A) $\boldsymbol{\beta}$ 一定是 $\boldsymbol{\alpha}_1,\boldsymbol{\alpha}_2,\cdots,\boldsymbol{\alpha}_n$ 的线性组合；

(B) 向量组 $\boldsymbol{\alpha}_1,\boldsymbol{\alpha}_2,\cdots,\boldsymbol{\alpha}_n$ 与向量组 $\boldsymbol{\beta},\boldsymbol{\alpha}_1,\boldsymbol{\alpha}_2,\cdots,\boldsymbol{\alpha}_n$ 等价；

(C) $\boldsymbol{\beta}$ 可由 $\boldsymbol{\alpha}_1,\boldsymbol{\alpha}_2,\cdots,\boldsymbol{\alpha}_n$ 的极大无关组表示；

(D) 以上都不正确．

11. $R(A)=n$ 是 n 元线性方程组 $AX=B$ 有唯一解的(　　)．

(A) 充分必要条件； (B) 充分条件；

(C) 必要条件； (D) 无关条件．

12. 设 n 元齐次线性方程 $AX=O$，$R(A)=r<n$，则 $AX=O$ 的基础解系(　　)．

(A) 唯一存在； (B) 含 $n-r$ 个向量；

(C) 共有 $n-r$ 个； (D) 含有无穷多个向量．

13. 设 $\boldsymbol{\alpha}_1$、$\boldsymbol{\alpha}_2$ 是齐次线性方程组 $AX=O$ 的两个线性无关的解向量，则(　　)．

(A) $\boldsymbol{\alpha}_1,\boldsymbol{\alpha}_2$ 必是 $AX=O$ 的一个基础解系；

(B) $\boldsymbol{\alpha}_1,\boldsymbol{\alpha}_2$ 可能是 $AX=O$ 的一个基础解系；

(C) $k_1\boldsymbol{\alpha}_1+k_2\boldsymbol{\alpha}_2$ 不是 $AX=O$ 的解；

(D) $k_1\boldsymbol{\alpha}_1-k_2\boldsymbol{\alpha}_2$ 不是 $AX=O$ 的解．

14. 设 $\boldsymbol{\xi}_1,\boldsymbol{\xi}_2$ 为齐次线性方程组 $AX=O$ 的解；$\boldsymbol{\eta}_1,\boldsymbol{\eta}_2$ 为非齐次线性方程组 $AX=B$ 的解，则(　　)．

(A) $\boldsymbol{\eta}_1+\boldsymbol{\eta}_2$ 为 $AX=B$ 的解； (B) $\boldsymbol{\xi}_1+\boldsymbol{\eta}_1$ 为 $AX=O$ 的解；

(C)$\boldsymbol{\xi}_2+\boldsymbol{\eta}_2$ 为 $AX=B$ 的解；　　　　(D)$\boldsymbol{\xi}_1-\boldsymbol{\eta}_1$ 为 $AX=O$ 的解.

15. 设线性方程组(Ⅰ)$AX=B$,其导出组(Ⅱ)$AX=O$,则必有(　　).

(A) 若(Ⅰ)有无穷多解,则(Ⅱ)仅有零解；

(B) 若(Ⅰ)仅有唯一解,则(Ⅱ)仅有零解；

(C) 若(Ⅱ)有非零解,则(Ⅰ)有无穷多解；

(D) 若(Ⅱ)仅有零解,则(Ⅰ)有唯一解.

第四章　矩阵的特征值与特征向量

内容提要

一、特征值与特征向量的定义、性质及计算方法．

二、相似矩阵的定义、性质，矩阵与对角阵相似的条件．

三、向量内积、正交向量组，正交矩阵的定义与性质，斯密特正交化方法．

四、实对称矩阵对角化的定义、性质与方法．

在生产实际和经济管理中，常常需要研究 n 阶矩阵的对角化问题．为了解决这个问题，本章利用线性方程组的理论，引入矩阵的特征值与特征向量的概念，研究它们的性质，探讨矩阵对角化的方法．

§4.1　特征值与特征向量的定义

一、特征值与特征向量的概念

定义 4.1　设 A 是一个 n 阶方阵，如果存在一个数 $\boldsymbol{\lambda}$ 和非零的 n 维列向量 X，使得

$$AX = \boldsymbol{\lambda} X \tag{4-1}$$

则称 $\boldsymbol{\lambda}$ 是矩阵 A 的**特征值**，向量 X 称为矩阵 A 属于特征值 λ 的特征向量，或简称为矩阵 A 的**特征向量**．

注意：特征值问题是对方阵而言的，本章的矩阵如不加说明，都是方阵．

定义 4.1 中的(4－1) 式也可以写成

$$(\boldsymbol{\lambda} E - A)X = O \tag{4-2}$$

(4－2) 式实际上是一个 n 个未知量 n 个方程的齐次线性方程组，特征向量 X 可看成是方程组(4－2) 的一个非零解．由齐次线性方程组的理论知，方程组(4－2) 有非零解的充分必要条件是系数行列式

$$|\boldsymbol{\lambda} E - A| = 0$$

即 $$|\lambda E-A|=\begin{vmatrix}\lambda-a_{11} & -a_{12} & \cdots & -a_{1n}\\ -a_{21} & \lambda-a_{22} & \cdots & -a_{2n}\\ \cdots & \cdots & \cdots & \cdots\\ -a_{n1} & -a_{n2} & \cdots & \lambda-a_{nn}\end{vmatrix}=0 \qquad (4-3)$$

由行列式的性质容易得知，$|\lambda E-A|$ 是 λ 的 n 次多项式，其首项系数为 1，即

$$|\lambda E-A|=\begin{vmatrix}\lambda-a_{11} & \cdots & -a_{1n}\\ \cdots & \cdots & \cdots\\ -a_{n1} & \cdots & \lambda-a_{nn}\end{vmatrix}=\begin{vmatrix}\lambda-a_{11} & \cdots & 0-a_{1n}\\ \cdots & \cdots & \cdots\\ 0-a_{n1} & \cdots & \lambda-a_{nn}\end{vmatrix}$$

$$=\begin{vmatrix}\lambda & 0 & \cdots & 0\\ 0 & \lambda & \cdots & 0\\ \cdots & \cdots & \cdots & \cdots\\ 0 & 0 & \cdots & \lambda\end{vmatrix}+\begin{vmatrix}-a_{11} & 0 & \cdots & 0\\ -a_{21} & \lambda & \cdots & 0\\ \cdots & \cdots & \cdots & \cdots\\ -a_{n1} & 0 & \cdots & \lambda\end{vmatrix}+$$

$$\cdots+\begin{vmatrix}\lambda & 0 & \cdots & -a_{1n}\\ 0 & \lambda & \cdots & -a_{2n}\\ \cdots & \cdots & \cdots & \cdots\\ 0 & 0 & \cdots & -a_{nn}\end{vmatrix}+\cdots+\begin{vmatrix}-a_{11} & -a_{12} & \cdots & -a_{1n}\\ -a_{21} & -a_{22} & \cdots & -a_{2n}\\ \cdots & \cdots & \cdots & \cdots\\ -a_{n1} & -a_{2n} & \cdots & -a_{nn}\end{vmatrix}$$

$$=\lambda^{n}-(a_{11}+a_{22}+\cdots+a_{nn})\lambda^{n-1}+\cdots+(-1)^{n}|A|$$

上式是一个以 λ 为未知数的一元 n 次多项式，记作

$$f(\lambda)=|\lambda E-A|$$

由此可知，矩阵 A 的特征值 λ 是方程 $f(\lambda)=0$ 的根.

定义 4.2　称多项式 $|\lambda E-A|$ 为矩阵 A 的**特征多项式**，矩阵 $(\lambda E-A)$ 称为 A 的**特征矩阵**，称方程 $f(\lambda)=0$ 为 A 的**特征方程**.

n 阶矩阵 A 的特征方程 $f(\lambda)=0$ 是关于 λ 的 n 次代数方程，它在复数域内恒有 n 个根（重根按重数计算）. 特征方程 $f(\lambda)=0$ 的 k 重根称为矩阵 A 的 k **重特征值**. 根据 n 次代数方程根与系数的关系，矩阵 A 的系数 a_{ij} 与特征值 $\lambda_1,\lambda_2,\cdots,\lambda_n$ 之间有如下关系：

(1) $\lambda_1+\lambda_2+\cdots+\lambda_n=a_{11}+a_{22}+\cdots+a_{nn}$ 　　(4-4)

(2) $\lambda_1\lambda_2\cdots\lambda_n=|A|$ 　　(4-5)

由此可得如下重要结论：矩阵 A 非奇异的充要条件是矩阵 A 的全部特征值不为零.

一般称矩阵 A 的主对角线上 n 个元素的和为矩阵 A 的**迹**，记为 $tr(A)$，即

$$tr(A)=a_{11}+a_{22}+\cdots+a_{nn}$$

矩阵的迹具有下列性质：

(1) $tr(A+B)=tr(A)+tr(A)$；

(2) $tr(kA)=ktr(A)$；

(3) $tr(AB)=tr(BA)$

二、特征值与特征向量的计算

由定义 4.1 知,从矩阵 A 的特征方程中解出的 $\boldsymbol{\lambda}$ 值就是矩阵 A 的特征值,矩阵 A 的关于 $\boldsymbol{\lambda}$ 的全部特征向量就是齐次线性方程组

$$(\boldsymbol{\lambda}E-A)X=O$$

的全部非零解向量. 如果 X 是属于特征值 $\boldsymbol{\lambda}_0$ 的特征向量,那么 X 的任何非零倍数 kX 也是属于 $\boldsymbol{\lambda}_0$ 的特征向量. 因为从(4-1)式可以推出

$$A(kA)=\boldsymbol{\lambda}_0(kX)$$

这说明特征向量不是被特征值所唯一确定的. 相反,特征值却是被特征向量所唯一确定的,因为一个特征向量只能属于一个特征值. 因此根据定义 4.1,确定矩阵 A 的特征值与特征向量的计算步骤为:

(1) 求出特征方程 $|\boldsymbol{\lambda}E-A|=0$ 的全部根 $\boldsymbol{\lambda}_1,\boldsymbol{\lambda}_2,\cdots,\boldsymbol{\lambda}_n$,就得到 A 的全部特征值;

(2) 将 A 的每一个特征值 $\boldsymbol{\lambda}_i(i=1,2,\cdots,n)$ 分别代入齐次线性方程组 $(\boldsymbol{\lambda}_iE-A)X=O$ 中,求出它的一个基础解系 $\boldsymbol{\eta}_1,\boldsymbol{\eta}_2,\cdots,\boldsymbol{\eta}_{n-r_i}$,其中 r_i 是特征矩阵 $(\boldsymbol{\lambda}_iE-A)$ 的秩,$\boldsymbol{\eta}_1,\boldsymbol{\eta}_2,\cdots,\boldsymbol{\eta}_{n-r_i}$ 就是 A 的属于 $\boldsymbol{\lambda}_i$ 的一组线性无关的特征向量,则 A 的属于 $\boldsymbol{\lambda}_i$ 的全部特征向量为

$$X=k_1\boldsymbol{\eta}_1+k_2\boldsymbol{\eta}_2+\cdots+k_{n-r_i}\boldsymbol{\eta}_{n-r_i}$$

其中 $k_1,k_2,\cdots,k_{n-r_i}$ 是不全为零的任意常数.

例 1 求矩阵 $A=\begin{pmatrix}1&6\\5&2\end{pmatrix}$ 的特征值和特征向量.

解 矩阵 A 的特征方程为

$$|\boldsymbol{\lambda}E-A|=\begin{vmatrix}\boldsymbol{\lambda}-1&-6\\-5&\boldsymbol{\lambda}-2\end{vmatrix}=(\boldsymbol{\lambda}-1)(\boldsymbol{\lambda}-2)-30=(\boldsymbol{\lambda}-7)(\boldsymbol{\lambda}+4)=0$$

故 A 的特征值为 $\boldsymbol{\lambda}_1=7,\boldsymbol{\lambda}_2=-4$.

当 $\boldsymbol{\lambda}_1=7$ 时,齐次线性方程组

$$(7E-A)X=O$$

由

$$7E-A=\begin{pmatrix}6&-6\\-5&5\end{pmatrix}\to\begin{pmatrix}1&-1\\0&0\end{pmatrix}$$

解得基础解系为 $\boldsymbol{\eta}_1=\begin{pmatrix}1\\1\end{pmatrix}$,所以 A 的属于特征值 $\boldsymbol{\lambda}_1=7$ 的全部特征向量为 $k\boldsymbol{\eta}_1(k\neq 0)$;

当 $\boldsymbol{\lambda}_2=-4$ 时,解齐次线性方程组

$$(-4E-A)X=O$$

由

$$-4E-A=\begin{pmatrix}-5&-6\\-5&-6\end{pmatrix}\rightarrow\begin{pmatrix}-5&-6\\0&0\end{pmatrix}$$

解得基础解系为$\boldsymbol{\eta}_2=\begin{pmatrix}-6\\5\end{pmatrix}$,所以$A$的属于特征值$\boldsymbol{\lambda}_2=-4$的全部特征向量为$k\boldsymbol{\eta}_2(k\neq0)$.

例2　求矩阵$A=\begin{pmatrix}-1&1&0\\-4&3&0\\1&0&2\end{pmatrix}$的特征值和特征向量.

解　矩阵A的特征方程为

$$|\boldsymbol{\lambda}E-A|=\begin{vmatrix}\boldsymbol{\lambda}+1&-1&0\\4&\boldsymbol{\lambda}-3&0\\-1&0&\boldsymbol{\lambda}-2\end{vmatrix}=(\boldsymbol{\lambda}-2)(\boldsymbol{\lambda}-1)^2=0$$

故A的特征值为$\boldsymbol{\lambda}_1=2,\boldsymbol{\lambda}_2=\boldsymbol{\lambda}_3=1$.

当$\boldsymbol{\lambda}_1=2$时,齐次线性方程组

$$(2E-A)X=O$$

由

$$2E-A=\begin{pmatrix}3&-1&0\\4&-1&0\\-1&0&0\end{pmatrix}\rightarrow\begin{pmatrix}1&0&0\\0&1&0\\0&0&0\end{pmatrix}$$

解得基础解系为$\boldsymbol{\eta}_1=\begin{pmatrix}0\\0\\1\end{pmatrix}$,所以$A$的属于特征值$\boldsymbol{\lambda}_1=2$的全部特征向量为$k\boldsymbol{\eta}_1(k\neq0)$;

当$\boldsymbol{\lambda}_2=\boldsymbol{\lambda}_3=1$时,齐次线性方程组

$$(E-A)X=O$$

由

$$E-A=\begin{pmatrix}2&-1&0\\4&-2&0\\-1&0&-1\end{pmatrix}\rightarrow\begin{pmatrix}1&0&1\\0&1&2\\0&0&0\end{pmatrix}$$

解得基础解系为$\boldsymbol{\eta}_2=\begin{pmatrix}1\\2\\-1\end{pmatrix}$,所以$A$的属于特征值$\boldsymbol{\lambda}_2=\boldsymbol{\lambda}_3=1$的全部特征向量为$k\boldsymbol{\eta}_2(k\neq0)$.

例3　求对称矩阵$A=\begin{pmatrix}0&1&1\\1&0&1\\1&1&0\end{pmatrix}$的特征值和特征向量.

解 矩阵 A 的特征方程为

$$|\boldsymbol{\lambda} E-A|=\begin{vmatrix}\boldsymbol{\lambda} & -1 & -1\\ -1 & \boldsymbol{\lambda} & -1\\ -1 & -1 & \boldsymbol{\lambda}\end{vmatrix}=(\boldsymbol{\lambda}-2)(\boldsymbol{\lambda}+1)^2=0$$

故 A 的特征值为 $\boldsymbol{\lambda}_1=2,\boldsymbol{\lambda}_2=\boldsymbol{\lambda}_3=-1$.

当 $\boldsymbol{\lambda}_1=2$ 时,齐次线性方程组

$$(2E-A)X=O$$

由

$$2E-A=\begin{pmatrix}2 & -1 & -1\\ -1 & 2 & -1\\ -1 & -1 & 2\end{pmatrix}\to\begin{pmatrix}1 & 0 & -1\\ 0 & 1 & -1\\ 0 & 0 & 0\end{pmatrix}$$

解得基础解系为 $\boldsymbol{\eta}_1=\begin{pmatrix}1\\1\\1\end{pmatrix}$,所以 A 的属于特征值 $\boldsymbol{\lambda}_1=2$ 的全部特征向量为 $k\boldsymbol{\eta}_1(k\neq0)$;

当 $\boldsymbol{\lambda}_2=\boldsymbol{\lambda}_3=-1$ 时,齐次线性方程组

$$(-E-A)X=O$$

由

$$-E-A=\begin{pmatrix}-1 & -1 & -1\\ -1 & -1 & -1\\ -1 & -1 & -1\end{pmatrix}\to\begin{pmatrix}1 & 1 & 1\\ 0 & 0 & 0\\ 0 & 0 & 0\end{pmatrix}$$

解得基础解系为 $\boldsymbol{\eta}_2=\begin{pmatrix}-1\\1\\0\end{pmatrix},\boldsymbol{\eta}_3=\begin{pmatrix}-1\\0\\1\end{pmatrix}$.

$\boldsymbol{\eta}_2,\boldsymbol{\eta}_3$ 就是 A 的属于特征值 $\boldsymbol{\lambda}_2=\boldsymbol{\lambda}_3=-1$ 的线性无关特征向量,所以 A 的属于特征值 $\boldsymbol{\lambda}_2=\boldsymbol{\lambda}_3=-1$ 的全部特征向量为 $k_2\boldsymbol{\eta}_2+k_3\boldsymbol{\eta}_3$($k_2,k_3$ 不同时为 0).

例 4 求数量矩阵 $A=\begin{pmatrix}a & 0 & 0\\ 0 & a & 0\\ 0 & 0 & a\end{pmatrix}$ 的特征值和特征向量.

解 矩阵 A 的特征方程为

$$|\boldsymbol{\lambda} E-A|=\begin{vmatrix}\boldsymbol{\lambda}-a & 0 & 0\\ 0 & \boldsymbol{\lambda}-a & 0\\ 0 & 0 & \boldsymbol{\lambda}-a\end{vmatrix}=(\boldsymbol{\lambda}-a)^3=0$$

故 A 的特征值为 $\boldsymbol{\lambda}_1=\boldsymbol{\lambda}_2=\boldsymbol{\lambda}_3=a$ 是三重特征值.

当 $\boldsymbol{\lambda}_1=\boldsymbol{\lambda}_2=\boldsymbol{\lambda}_3=a$ 时,齐次线性方程组

$$(aE-A)X=O$$

成为

$$0\cdot x_1=0,\quad 0\cdot x_2=0,\quad 0\cdot x_3=0$$

因此任意的三维非零向量都是方程组的非零解,故任意三个线性无关的向量都是它的基础解系,我们可取

$$\boldsymbol{\varepsilon}_1=\begin{pmatrix}1\\0\\0\end{pmatrix},\boldsymbol{\varepsilon}_2=\begin{pmatrix}0\\1\\0\end{pmatrix},\boldsymbol{\varepsilon}_3=\begin{pmatrix}0\\0\\1\end{pmatrix}$$

所以 A 的属于特征值 $\boldsymbol{\lambda}_1=\boldsymbol{\lambda}_2=\boldsymbol{\lambda}_3=a$ 的全部特征向量为 $k_1\boldsymbol{\varepsilon}_1+k_2\boldsymbol{\varepsilon}_2+k_3\boldsymbol{\varepsilon}_3$(其中 k_1, k_2, k_3 是不全为零的任意实数).

一般说来,n 阶数量矩阵的特征值是 n 重根,任意非零 n 维向量都是它的特征向量.

例5　数理经济学中要涉及到所谓**幂等矩阵**,即 $A=A^2$. 试证明幂等矩阵 A 的特征值只有 0 与 1.

证　设 $\boldsymbol{\lambda}$ 是矩阵 A 的特征值,X 是其相应的特征向量,则

$$AX=\boldsymbol{\lambda}X$$

又因为

$$A=A^2,$$

则

$$AX=A^2X=A(AX)=A(\boldsymbol{\lambda}X)=\boldsymbol{\lambda}AX=\boldsymbol{\lambda}^2X$$

于是,

$$\boldsymbol{\lambda}^2X=\boldsymbol{\lambda}X,$$

也就是

$$(\boldsymbol{\lambda}^2-\boldsymbol{\lambda})X=0,$$

但特征向量 $X\neq 0$,故

$$\boldsymbol{\lambda}^2-\boldsymbol{\lambda}=\boldsymbol{\lambda}(\boldsymbol{\lambda}-1)=0,$$

即

$$\boldsymbol{\lambda}_1=0,\boldsymbol{\lambda}_2=1.$$

三、特征值与特征向量的性质

定理 4.1　n 阶矩阵 A 与它的转置矩阵 A^T 有相同的特征值.

证　因为

$$(\boldsymbol{\lambda}E-A)^T=(\boldsymbol{\lambda}E)^T-A^T=\boldsymbol{\lambda}E-A^T$$

所以

$$|\boldsymbol{\lambda}E-A|=|(\boldsymbol{\lambda}E-A)^T|=|\boldsymbol{\lambda}E-A^T|$$

故矩阵 A 与 A^T 有相同的特征值.

定理4.1说明，矩阵A与A^T不一定相等，但它们有相同的特征值. 需要注意的是矩阵A与A^T的特征值对应的特征向量不一定相同.

定理4.2 设$\boldsymbol{\lambda}_1,\boldsymbol{\lambda}_2,\cdots,\boldsymbol{\lambda}_m$是矩阵$A$的$m$个互不相同的特征值，且$\boldsymbol{\eta}_1,\boldsymbol{\eta}_2,\cdots,\boldsymbol{\eta}_m$是分别属于$\boldsymbol{\lambda}_1,\boldsymbol{\lambda}_2,\cdots,\boldsymbol{\lambda}_m$的特征向量，则$\boldsymbol{\eta}_1,\boldsymbol{\eta}_2,\cdots,\boldsymbol{\eta}_m$是一组线性无关的特征向量.

证 用数学归纳法.

设$s=1$时，即A只有一个特征值，对应一个特征向量，显然是线性无关的，结论成立.

假设$s=m-1$时结论成立，即$\boldsymbol{\eta}_1,\boldsymbol{\eta}_2,\cdots,\boldsymbol{\eta}_{m-1}$线性无关，下证$\boldsymbol{\eta}_1,\boldsymbol{\eta}_2,\cdots,\boldsymbol{\eta}_m$线性无关. 假设存在$m$个数$k_1,k_2,\cdots,k_m$，使得

$$k_1\boldsymbol{\eta}_1+k_2\boldsymbol{\eta}_2+\cdots+k_m\boldsymbol{\eta}_m=\boldsymbol{o} \qquad (4-6)$$

在(4-6)式两边左乘矩阵A，得

$$k_1A\boldsymbol{\eta}_1+k_2A\boldsymbol{\eta}_2+\cdots+k_mA\boldsymbol{\eta}_m=\boldsymbol{o}$$

由$A\boldsymbol{\eta}_i=\boldsymbol{\lambda}_i\boldsymbol{\eta}_i,i=1,2,\cdots,m$，得

$$k_1\boldsymbol{\lambda}_1\boldsymbol{\eta}_1+k_2\boldsymbol{\lambda}_2\boldsymbol{\eta}_2+\cdots+k_m\boldsymbol{\lambda}_m\boldsymbol{\eta}_m=\boldsymbol{o} \qquad (4-7)$$

又在(4-6)式两边再乘$\boldsymbol{\lambda}_m$，得

$$k_1\boldsymbol{\lambda}_m\boldsymbol{\eta}_1+k_2\boldsymbol{\lambda}_m\boldsymbol{\eta}_2+\cdots+k_m\boldsymbol{\lambda}_m\boldsymbol{\eta}_m=\boldsymbol{o} \qquad (4-8)$$

将(4-8)式-(4-7)式，得

$$k_1(\boldsymbol{\lambda}_m-\boldsymbol{\lambda}_1)\boldsymbol{\eta}_1+k_2(\boldsymbol{\lambda}_m-\boldsymbol{\lambda}_2)\boldsymbol{\eta}_2+\cdots+k_{m-1}(\boldsymbol{\lambda}_m-\boldsymbol{\lambda}_{m-1})\boldsymbol{\eta}_{m-1}=\boldsymbol{o}$$

由归纳法假定$\boldsymbol{\eta}_1,\boldsymbol{\eta}_2,\cdots,\boldsymbol{\eta}_{m-1}$线性无关，故

$$k_1(\boldsymbol{\lambda}_m-\boldsymbol{\lambda}_1)=k_2(\boldsymbol{\lambda}_m-\boldsymbol{\lambda}_2)=\cdots=k_{m-1}(\boldsymbol{\lambda}_m-\boldsymbol{\lambda}_{m-1})=0$$

因为$\boldsymbol{\lambda}_1,\boldsymbol{\lambda}_2,\cdots,\boldsymbol{\lambda}_m$互不相同，故

$$\boldsymbol{\lambda}_m-\boldsymbol{\lambda}_i\neq 0 \quad (i=1,2,\cdots,m-1)$$

所以

$$k_1=k_2=\cdots=k_{m-1}=0$$

由(4-6)式得，$k_m\boldsymbol{\eta}_m=\boldsymbol{o}$. 又因为$\boldsymbol{\eta}_m\neq\boldsymbol{o}$，所以$k_m=0$，即$\boldsymbol{\eta}_1,\boldsymbol{\eta}_2,\cdots,\boldsymbol{\eta}_m$线性无关.

由数学归纳法知，定理成立.

注意:虽然关于不同特征值得到的特征向量线性无关，但不能得出结论，说明属于同一特征值的特征向量必线性相关.

例如:

$$A=\begin{pmatrix}1 & 0\\ 0 & 1\end{pmatrix}$$

$$|\boldsymbol{\lambda}E-A|=\begin{vmatrix}\boldsymbol{\lambda}-1 & 0\\ 0 & \boldsymbol{\lambda}-1\end{vmatrix}=(\boldsymbol{\lambda}-1)^2=0$$

因此矩阵A的特征值为二重根1,1. 不难验证$\boldsymbol{\eta}_1=\begin{pmatrix}1\\0\end{pmatrix},\boldsymbol{\eta}_2=\begin{pmatrix}0\\1\end{pmatrix}$都是$A$的关于1的特征向量，显然这两个向量线性无关.

定理4.3　设 n 阶矩阵 A 有 m 个互不相同的特征值 $\boldsymbol{\lambda}_1,\boldsymbol{\lambda}_2,\cdots,\boldsymbol{\lambda}_m$，而 $\boldsymbol{\eta}_{i_1},\boldsymbol{\eta}_{i_2},\cdots,\boldsymbol{\eta}_{i_{r_i}}(i=1,2,\cdots,m)$ 是 A 属于 $\boldsymbol{\lambda}_i$ 的线性无关的特征向量，则向量组

$$\boldsymbol{\eta}_{1_1},\boldsymbol{\eta}_{1_2},\cdots,\boldsymbol{\eta}_{1_{r_1}},\boldsymbol{\eta}_{2_1},\boldsymbol{\eta}_{2_2},\cdots,\boldsymbol{\eta}_{2_{r_2}},\cdots,\boldsymbol{\eta}_{m_1},\boldsymbol{\eta}_{m_2},\cdots,\boldsymbol{\eta}_{m_{r_m}}$$

线性无关.（证明略）

根据定理4.2与定理4.3知，属于不同特征值的特征向量是线性无关的. 一个 n 阶矩阵 A，求出它的属于每个特征值的线性无关特征向量，把它们合在一起仍然是线性无关的.

推论　设 n 阶方阵有 n 个不同的特征值，则一定有 n 个线性无关的特征向量.

矩阵的特征向量总是相对于矩阵的特征值而言的. 一个特征向量不能属于同一个矩阵不同的特征值，这是因为，如果 X 同时是矩阵 A 的属于特征值 $\boldsymbol{\lambda}_1,\boldsymbol{\lambda}_2(\boldsymbol{\lambda}_1\neq\boldsymbol{\lambda}_2)$ 的特征向量，即有

$$AX=\boldsymbol{\lambda}_1X \quad 且\ AX=\boldsymbol{\lambda}_2X$$

则

$$\boldsymbol{\lambda}_1X=\boldsymbol{\lambda}_2X$$

即

$$(\boldsymbol{\lambda}_1-\boldsymbol{\lambda}_2)X=\boldsymbol{o}$$

由于 $\boldsymbol{\lambda}_1\neq\boldsymbol{\lambda}_2$，则 $X=\boldsymbol{o}$，显然这是不可能的.

矩阵的特征值和特征向量还有如下性质：

性质1　设 $\boldsymbol{\lambda}$ 是 A 的特征值，X 是 A 的属于特征值 λ 的特征向量，则

(1) $k\boldsymbol{\lambda}$ 是 kA 的特征值（k 是任意常数）；

(2) $\boldsymbol{\lambda}^m$ 是 A^m 的特征值（m 是正整数）；

(3) $\boldsymbol{\lambda}^{-1}$ 是 A^{-1} 的特征值（$\boldsymbol{\lambda}\neq 0$，矩阵 A 是可逆矩阵）.

且 X 仍是矩阵 kA,A^m,A^{-1} 分别属于特征值 $k\boldsymbol{\lambda},\boldsymbol{\lambda}^m,\boldsymbol{\lambda}^{-1}$ 的特征向量.

证　因 X 是 A 的属于特征值 $\boldsymbol{\lambda}$ 的特征向量，即 $AX=\boldsymbol{\lambda}X$.

(1) 因为

$$(kA)X=(k\boldsymbol{\lambda})X.$$

所以 $k\boldsymbol{\lambda}$ 是 kA 的特征值，X 是特征向量.

(2) 因为

$$\begin{aligned}A^mX&=A^{m-1}(AX)=A^{m-1}(\boldsymbol{\lambda}X)=\boldsymbol{\lambda}A^{m-1}X\\&=\boldsymbol{\lambda}A^{m-2}(AX)=\boldsymbol{\lambda}A^{m-2}(\boldsymbol{\lambda}X)\\&=\boldsymbol{\lambda}^2A^{m-2}X=\cdots=\boldsymbol{\lambda}^mX\end{aligned}$$

所以 $\boldsymbol{\lambda}^m$ 是 A^m 的特征值，X 是特征向量.

(3) 因为

$$A^{-1}(AX)=A^{-1}(\boldsymbol{\lambda}X)=\boldsymbol{\lambda}A^{-1}X,$$

即当 $\boldsymbol{\lambda}\neq 0$ 时，有

$$A^{-1}X=\frac{1}{\boldsymbol{\lambda}}X=\boldsymbol{\lambda}^{-1}X$$

所以 $\boldsymbol{\lambda}^{-1}$ 是 A^{-1} 的特征值,X 是特征向量.

性质 2 设 X 是 n 阶矩阵 A 的属于特征值 $\boldsymbol{\lambda}$ 的特征向量,则 $\boldsymbol{\lambda}-a$ 是 $aE-A$ 对应于特征向量 X 的一个特征值.

证 由 $AX=\boldsymbol{\lambda}X$,则

$$(A-aE)X=AX-aX=\boldsymbol{\lambda}X-aX=(\boldsymbol{\lambda}-a)X$$

这说明如果矩阵 A 的对角线上的元素都减去 a,则其特征值也减去 a.

性质 3 设 X_1 和 X_2 都是 n 阶矩阵 A 的属于特征值 $\boldsymbol{\lambda}$ 的特征向量,则 $k_1X_1+k_2X_2$ 也是 A 的属于特征值 $\boldsymbol{\lambda}$ 的特征向量(其中 k_1,k_2 是任意常数,但 $k_1X_1+k_2X_2\neq\boldsymbol{o}$).

证 由于 X_1,X_2 是线性齐次方程组 $(\boldsymbol{\lambda}E-A)X=\boldsymbol{o}$ 的解. 因此 $k_1X_1+k_2X_2$ 也是上式的解. 故当 $k_1X_1+k_2X_2\neq\boldsymbol{o}$ 时,它是 A 的属于特征值的特征向量.

§4.2 相似矩阵

一、相似矩阵的概念与性质

定义 4.3 设 A 与 B 都是 n 阶矩阵,如果存在一个可逆矩阵 P,使得

$$P^{-1}AP=B \tag{4-9}$$

则称矩阵 A 相似于矩阵 B,简称 A 与 B **相似**. 记作 $A\backsim B$. 其中矩阵 P 称为**相似变换矩阵**.

矩阵的相似关系具有下列性质:

(1) 反身性:对任意的矩阵 A,都有 $A\backsim A$.

(2) 对称性:若 $A\backsim B$,则 $B\backsim A$.

(3) 传递性:若 $A\backsim B$,$B\backsim C$,则 $A\backsim C$.

相似矩阵还有如下性质:

性质 1 相似矩阵有相同的行列式值.

证 设矩阵 A 相似于矩阵 B,则存在可逆矩阵 P,使得 $P^{-1}AP=B$,于是利用方阵行列式性质,两边取行列式,得

$$|P^{-1}AP|=|P^{-1}|\cdot|A|\cdot|P|=|B|$$

即

$$|A|=|B|$$

故 A 与 B 有相同的行列式值.

性质 2 相似矩阵有相同的秩.

此性质的证明留给读者自证.

性质 3 相似矩阵或者同时可逆,或者都不可逆. 而且当它们可逆时,它们的逆矩阵也相似.

证 设 A 与 B 相似,由性质 1 得 $|A|=|B|$,从而 A 与 B 或者同时可逆,或者都不可逆. 若在 A 与 B 都可逆时,存在可逆矩阵 P,使得

$$P^{-1}AP = B$$

两边求逆得

$$P^{-1}A^{-1}P = B^{-1}$$

故 A 与 B 的逆矩阵也相似.

性质4　相似矩阵的幂矩阵也相似. 即若 A 与 B 相似,则 A^m 与 B^m 也相似(m 为任意的正整数).

证　设 A 与 B 相似,则存在可逆矩阵 P,使得

$$P^{-1}AP = B$$

当 m 是非负整数时,有

$$\begin{aligned} B^m &= (P^{-1}AP)^m = \overbrace{(P^{-1}AP)(P^{-1}AP)\cdots(P^{-1}AP)}^{m个} \\ &= P^{-1}A(PP^{-1})A(PP^{-1})\cdots A(PP^{-1})AP = P^{-1}A^mP \end{aligned}$$

故 A 与 B 的幂相似.

定理4.4　相似矩阵有相同的特征多项式.

证　设 A 与 B 相似,则存在一个可逆矩阵 P,使得

$$P^{-1}AP = B$$

于是

$$\begin{aligned} |\boldsymbol{\lambda}E - B| &= |\boldsymbol{\lambda}E - P^{-1}AP| = |P^{-1}(\boldsymbol{\lambda}E)P - P^{-1}AP| = |P^{-1}(\boldsymbol{\lambda}E - A)P| \\ &= |P^{-1}||\boldsymbol{\lambda}E - A||P| = |\boldsymbol{\lambda}E - A| \end{aligned}$$

所以 A 与 B 有相同的特征多项式.

由定理4.4知,两个矩阵相似,则两个矩阵就有相同的特征值和相同的行列式的值.

注意:(1) 定理4.4的逆命题不一定成立. 例如

$$E = \begin{pmatrix} 1 & 0 \\ 0 & 1 \end{pmatrix}, A = \begin{pmatrix} 1 & 1 \\ 0 & 1 \end{pmatrix}$$

都以1为二重特征值,但对于任何可逆矩阵 P,都有 $P^{-1}EP = E \neq A$,故 A 与 E 不相似.

(2) 相似矩阵有相同的特征值,但它们属于同一特征值的特征向量却不一定相同.

例如 $E = \begin{pmatrix} 1 & 0 \\ 0 & 1 \end{pmatrix}$ 与 $A = \begin{pmatrix} 1 & 1 \\ 0 & 1 \end{pmatrix}$ 相似,E 的属于 $\boldsymbol{\lambda} = 1$ 的特征向量为 $\begin{pmatrix} 1 \\ 0 \end{pmatrix}$ 或 $\begin{pmatrix} 0 \\ 1 \end{pmatrix}$,但 A 的属于 $\boldsymbol{\lambda} = 1$ 的特征向量为 $\begin{pmatrix} k \\ 0 \end{pmatrix}$ 值为任意非零常数.

二、矩阵相似的条件

由于相似矩阵具有很多共同的性质,当我们在研究矩阵 A 的某些性质时,希望通过对与 A 相似的简单的矩阵的性质来研究. 在 n 阶矩阵中对角矩阵是一类很简单的矩阵,那么 n 阶矩阵 A 需要什么样的条件才能与对角矩阵相似呢?下面给出 n 阶矩阵 A 与对角矩阵相似的一个充要条件.

定理4.5　n 阶矩阵 A 与对角矩阵相似的充要条件是 n 阶矩阵 A 有 n 个线性无关的特

征向量．

证　必要性．设矩阵 A 与对角矩阵相似，则存在可逆矩阵 P，使得

$$P^{-1}AP=\begin{pmatrix}\boldsymbol{\lambda}_1 & & & \\ & \boldsymbol{\lambda}_2 & & \\ & & \ddots & \\ & & & \boldsymbol{\lambda}_n\end{pmatrix}=\Lambda \tag{4-10}$$

将可逆矩阵 P 按列分块，表示成

$$P=(X_1,X_2,\cdots,X_n)$$

用矩阵 P 左乘(4 - 10) 式两端，得

$$A(X_1,X_2,\cdots,X_n)=(X_1,X_2,\cdots,X_n)\begin{pmatrix}\boldsymbol{\lambda}_1 & & & \\ & \boldsymbol{\lambda}_2 & & \\ & & \ddots & \\ & & & \boldsymbol{\lambda}_n\end{pmatrix}$$

即

$$(AX_1,AX_2,\cdots,AX_n)=(\boldsymbol{\lambda}_1X_1,\boldsymbol{\lambda}_2X_2,\cdots,\boldsymbol{\lambda}_nX_n)$$

于是，有

$$AX_i=\boldsymbol{\lambda}_iX\quad(i=1,2,\cdots,n)$$

故 $X_1,X_2,\cdots,X_n$ 是 A 分别对应于特征值 $\boldsymbol{\lambda}_1,\boldsymbol{\lambda}_2,\cdots,\boldsymbol{\lambda}_n$ 的线性无关的特征向量．

充分性．设矩阵 A 有 n 个分别属于特征值 $\boldsymbol{\lambda}_1,\boldsymbol{\lambda}_2,\cdots,\boldsymbol{\lambda}_n$ 的线性无关的特征向量 X_1，$X_2,\cdots,X_n$，则

$$AX_i=\boldsymbol{\lambda}_iX\quad(i=1,2,\cdots,n)$$

令 $P=(X_1,X_2,\cdots,X_n)$，则 P 可逆，且

$$\begin{aligned}AP&=(AX_1,AX_2,\cdots,AX_n)=(\boldsymbol{\lambda}_1X_1,\boldsymbol{\lambda}_2X_2,\cdots,\boldsymbol{\lambda}_nX_n)\\&=(X_1,X_2,\cdots,X_n)\begin{pmatrix}\boldsymbol{\lambda}_1 & & & \\ & \boldsymbol{\lambda}_2 & & \\ & & \ddots & \\ & & & \boldsymbol{\lambda}_n\end{pmatrix}\end{aligned}$$

用 P^{-1} 左乘上式两端，得

$$P^{-1}AP=\Lambda$$

即

$$A\backsim\Lambda$$

若矩阵 A 与对角矩阵相似时，可逆矩阵 P 由特征向量构成，其对角矩阵 Λ 的主对角线上的元素为 A 的特征值．

由定理4.3与定理4.5知，n 阶矩阵 A 有 n 个互异的特征值时，必有 n 个线性无关的特征向量．于是有如下推论：

推论　若 n 阶矩阵 A 有 n 个互异的特征值时，则 A 与对角矩阵相似．

注意:推论的逆不一定成立. 即A有n个互异的特征值只是A可与对角矩阵相似的充分条件而不是必要条件.

如 §4.1 中例 3,A 与对角矩阵相似,但特征值 -1 却是二重根.

定理 4.6　n 阶矩阵 A 与对角矩阵相似的一个充要条件是:对 A 的每个 k_i 重特征值 $\boldsymbol{\lambda}_i$,特征矩阵$(\boldsymbol{\lambda}_i E - A)$ 的秩为 $n - k_i$.

证　必要性. 设矩阵 A 与对角矩阵相似,则有可逆矩阵 P,使得

$$P^{-1}AP = \begin{pmatrix} \boldsymbol{\lambda}_1 & & & \\ & \boldsymbol{\lambda}_2 & & \\ & & \ddots & \\ & & & \boldsymbol{\lambda}_n \end{pmatrix} = \Lambda$$

其中 $P = (X_1, X_2, \cdots, X_n)$,且 $X_1, X_2, \cdots, X_n$ 是 A 分别关于特征值 $\boldsymbol{\lambda}_1, \boldsymbol{\lambda}_2, \cdots, \boldsymbol{\lambda}_n$ 的特征向量.

不失一般性,设 $\boldsymbol{\lambda}_1 = \boldsymbol{\lambda}_2 = \cdots = \boldsymbol{\lambda}_k = \boldsymbol{\lambda}$ 为 A 的 k 重特征值,$X_1, X_2, \cdots, X_k$ 是 $\boldsymbol{\lambda}$ 对应的特征向量($k \leqslant n$). 由P的可逆性知,$X_1, X_2, \cdots, X_n$ 线性无关,则 $X_1, X_2, \cdots, X_k$ 也是线性无关的. 因而齐次线性方程组$(\boldsymbol{\lambda}E - A) = O$ 的基础解系中有 k 个线性无关的解向量,所以特征矩阵$(\boldsymbol{\lambda}E - A)$ 的秩为 $n - k$.

充分性. 若特征矩阵$(\boldsymbol{\lambda}_i E - A)$ 的秩为 $n - k_i$,那么齐次线性方程组$(\boldsymbol{\lambda}_i E - A)X = O$ 的基础解系恰有 k_i 个线性无关的解向量,且所有 k_i 的和为 n,所以由定理4.3,n 阶矩阵 A 有 n 个线性无关的解向量,故由定理 4.5 知,A 与对角矩阵相似.

这样,一个矩阵是否与对角矩阵相似,就可以通过计算特征矩阵的秩来判定.

例 1　判断矩阵 $A = \begin{pmatrix} -1 & 1 & 0 \\ -4 & 3 & 0 \\ 1 & 0 & 2 \end{pmatrix}$是否与对角矩阵相似?

解　由 §4.1 例 2 知矩阵 A 的特征值为

$$\boldsymbol{\lambda}_1 = 2, \boldsymbol{\lambda}_2 = \boldsymbol{\lambda}_3 = 1(\text{二重根}).$$

且当 $\boldsymbol{\lambda} = 1$ 时,$R(1 \cdot E - A) = 2$,而 $n - k_i = 3 - 2 = 1$,二者不等,由定理4.6 知,矩阵 A 不能与对角矩阵相似.

例 2　判断矩阵 $A = \begin{pmatrix} 1 & -2 & 2 \\ -2 & -2 & 4 \\ 2 & 4 & -2 \end{pmatrix}$是否与对角矩阵相似?若相似,求相似的对角矩阵 Λ 以及可逆矩阵 P,使得 $P^{-1}AP = \Lambda$.

解　由

$$|\boldsymbol{\lambda}E - A| = \begin{vmatrix} \boldsymbol{\lambda} - 1 & 2 & -2 \\ 2 & \boldsymbol{\lambda} + 2 & -4 \\ -2 & -4 & \boldsymbol{\lambda} + 2 \end{vmatrix} = (\boldsymbol{\lambda} - 2)^2(\boldsymbol{\lambda} + 7) = 0$$

故特征值 $\boldsymbol{\lambda}_1 = \boldsymbol{\lambda}_2 = 2, \boldsymbol{\lambda}_3 = -7$.

当 $\boldsymbol{\lambda}_1=\boldsymbol{\lambda}_2=2$ 时，齐次线性方程组

$$(2E-A)X=O$$

解得基础解系为

$$\boldsymbol{\eta}_1=\begin{pmatrix}-2\\1\\0\end{pmatrix},\boldsymbol{\eta}_2=\begin{pmatrix}2\\0\\1\end{pmatrix}.$$

当 $\boldsymbol{\lambda}_3=-7$ 时，齐次线性方程组

$$(-7E-A)X=O$$

解得基础解系为

$$\boldsymbol{\eta}_3=\begin{pmatrix}1\\2\\-2\end{pmatrix}.$$

又由于三阶矩阵 A 有 3 个线性无关的特征向量，所以 A 可与对角矩阵相似，令

$$P=\begin{pmatrix}-2&2&1\\1&0&2\\0&1&-2\end{pmatrix},\quad \Lambda=\begin{pmatrix}2&0&0\\0&2&0\\0&0&-7\end{pmatrix}$$

则

$$P^{-1}AP=\Lambda.$$

例 3 若矩阵 $A=\begin{pmatrix}0&1&0\\1&0&s\\0&0&1\end{pmatrix}$ 相似于对角阵 Λ，试确定常数 s 的值；并求可逆矩阵 P，使得 $P^{-1}AP=\Lambda$

解 由

$$|\boldsymbol{\lambda}E-A|=\begin{vmatrix}\boldsymbol{\lambda}&-1&0\\-1&\boldsymbol{\lambda}&-s\\0&0&\boldsymbol{\lambda}-1\end{vmatrix}=(\boldsymbol{\lambda}-1)^2(\boldsymbol{\lambda}+1)=0$$

故特征值为 $\boldsymbol{\lambda}_1=\boldsymbol{\lambda}_2=1,\boldsymbol{\lambda}_3=-1$.

由已知 A 可对角化，所以 A 对应于特征值 1 的线性无关的特征向量应有 2 个，于是 齐次方程组 $(E-A)X=O$ 的基础解系含由 2 个解向量.

当 $\boldsymbol{\lambda}_1=\boldsymbol{\lambda}_2=1$ 时，齐次线性方程组

$$(E-A)X=O$$

若秩 $R(E-A)=1$，由

$$E-A=\begin{pmatrix}1&-1&0\\-1&1&s\\0&0&0\end{pmatrix}\to\begin{pmatrix}1&-1&0\\0&0&s\\0&0&0\end{pmatrix}$$

可得 $s=0$,解得对应于 $\boldsymbol{\lambda}_1=\boldsymbol{\lambda}_2=1$ 的两个线性无关特征向量为

$$\boldsymbol{\eta}_1=\begin{pmatrix}1\\1\\0\end{pmatrix},\quad \boldsymbol{\eta}_2=\begin{pmatrix}0\\0\\1\end{pmatrix}.$$

当 $\boldsymbol{\lambda}_3=-1$ 时,齐次线性方程组

$$(-E-A)X=O$$

由

$$-E-A=\begin{pmatrix}-1&-1&0\\-1&-1&0\\0&0&-2\end{pmatrix}\to\begin{pmatrix}1&1&0\\0&0&1\\0&0&0\end{pmatrix}$$

解得对应于 $\boldsymbol{\lambda}_3=-1$ 的特征向量为

$$\boldsymbol{\eta}_3=\begin{pmatrix}1\\-1\\0\end{pmatrix}.$$

令

$$P(\boldsymbol{\eta}_1,\boldsymbol{\eta}_2,\boldsymbol{\eta}_3)=\begin{pmatrix}1&0&1\\1&0&-1\\0&1&0\end{pmatrix},$$

则 P 可逆,且使得

$$P^{-1}AP=\Lambda=\begin{pmatrix}1&0&0\\0&1&0\\0&0&-1\end{pmatrix}.$$

注意:由于齐次线性方程组 $(\boldsymbol{\lambda}_iE-A)X=O$ 的基础解系不唯一,则所作的可逆矩阵 P 也不唯一. 但是,因为矩阵 A 的相似对角矩阵 Λ 的主对角线上元素都是 A 的特征值,所以除了主对角线上元素排列顺序不同外,对角矩阵 Λ 是唯一的,但主对角线上元素(特征值)的排列顺序与矩阵 P 中特征向量排列顺序应该一致. 如上例中,若

令

$$P=(\boldsymbol{\eta}_3,\boldsymbol{\eta}_1,\boldsymbol{\eta}_2)=\begin{pmatrix}1&1&0\\-1&1&0\\0&0&1\end{pmatrix},$$

则 P 可逆,且使得

$$P^{-1}AP=\Lambda=\begin{pmatrix}-1&0&0\\0&1&0\\0&0&1\end{pmatrix}.$$

例 4　设三阶矩阵 A 的特征值为 $\boldsymbol{\lambda}_1=-1,\boldsymbol{\lambda}_2=1,\boldsymbol{\lambda}_3=3$,对应的特征向量依次为

$X_1=(1,-1,0)^T, X_2=(1,-1,1)^T, X_3=(0,1,-1)^T$,求矩阵 A.

解 因为矩阵A的特征值为$\boldsymbol{\lambda}_1=-1,\boldsymbol{\lambda}_2=1,\boldsymbol{\lambda}_3=3$,互不相同,由定理4.5的推论知,矩阵$A$与对角矩阵相似. 若取

$$P=(X_1,X_2,X_3)=\begin{pmatrix}1&1&0\\-1&-1&1\\0&1&-1\end{pmatrix},\Lambda=\begin{pmatrix}-1&0&0\\0&1&0\\0&0&3\end{pmatrix}$$

由于X_1,X_2,X_3线性无关,则P可逆,得$P^{-1}AP=\Lambda$,即

$$A=P\Lambda P^{-1}$$

故

$$A=\begin{pmatrix}1&1&0\\-1&-1&1\\0&1&-1\end{pmatrix}\begin{pmatrix}-1&0&0\\0&1&0\\0&0&3\end{pmatrix}\begin{pmatrix}1&1&0\\-1&-1&1\\0&1&-1\end{pmatrix}^{-1}=\begin{pmatrix}1&2&2\\2&1&-2\\-2&-2&1\end{pmatrix}.$$

§4.3 实对称矩阵的对角化

在矩阵理论和一些经济数学模型的研究中,经常遇到元素全为实数的对称矩阵,简称实对称矩阵,这类矩阵的特征值、特征向量具有许多特殊的性质. 本节将介绍向量内积的概念和向量组正交化的方法,引入正交矩阵的概念,研究实对称矩阵与对角矩阵相似的条件,以及如何用正交矩阵化实对称矩阵为对角矩阵的方法.

一、向量内积

在 §3.2 中,我们定义了n维向量空间$\boldsymbol{R}^n$中向量的线性运算,为了描述$\boldsymbol{R}^n$中向量的度量性质,引入向量内积的概念.

定义 4.4 在$\boldsymbol{R}^n$中,设$\boldsymbol{\alpha}=(a_1,a_2,\cdots,a_n)^T,\boldsymbol{\beta}=(b_1,b_2,\cdots,b_n)^T$,称实数

$$a_1b_1+a_2b_2+\cdots+a_nb_n=\sum_{i=1}^{n}a_ib_i$$

为向量$\boldsymbol{\alpha}$与$\boldsymbol{\beta}$的内积,记为$(\boldsymbol{\alpha},\boldsymbol{\beta})$或$\boldsymbol{\alpha}^T\boldsymbol{\beta}$. 即

$$(\boldsymbol{\alpha},\boldsymbol{\beta})=\boldsymbol{\alpha}^T\boldsymbol{\beta}=a_1b_1+a_2b_2+\cdots+a_nb_n=\sum_{i=1}^{n}a_ib_i \tag{4-11}$$

例如,设$\boldsymbol{\alpha}=(1,0,3,-1)^T,\boldsymbol{\beta}=(2,5,1,1)^T$,则$\boldsymbol{\alpha}$与$\boldsymbol{\beta}$的内积为

$(\boldsymbol{\alpha},\boldsymbol{\beta})=1\times2+0\times5+3\times1+(-1)\times1=4$

根据定义 4.4,易于验证内积具有下列性质:

(1)$(\boldsymbol{\alpha},\boldsymbol{\beta})=(\boldsymbol{\beta},\boldsymbol{\alpha})$;

(2)$(k\boldsymbol{\alpha},\boldsymbol{\beta})=k(\boldsymbol{\alpha},\boldsymbol{\beta})$;

(3)$(\boldsymbol{\alpha}+\boldsymbol{\beta},\boldsymbol{\gamma})=(\boldsymbol{\alpha},\boldsymbol{\gamma})+(\boldsymbol{\beta},\boldsymbol{\gamma})$;

(4) $(\boldsymbol{\alpha},\boldsymbol{\alpha}) \geqslant 0$，当且仅当 $\boldsymbol{\alpha} = \boldsymbol{o}$ 时，$(\boldsymbol{\alpha},\boldsymbol{\alpha}) = 0$.

其中 $\boldsymbol{\alpha},\boldsymbol{\beta},\boldsymbol{\gamma}$ 为 $\boldsymbol{R}^n$ 中的任意向量，k 为任意实数.

定义 4.5　设 $\boldsymbol{\alpha} = (a_1,a_2,\cdots,a_n)^T$ 为 $\boldsymbol{R}^n$ 中的任意向量，称非负实数 $\sqrt{(\boldsymbol{\alpha},\boldsymbol{\alpha})}$ 为向量 $\boldsymbol{\alpha}$ 的**长度**，记为 $\|\boldsymbol{\alpha}\|$，即

$$\|\boldsymbol{\alpha}\| = \sqrt{(\boldsymbol{\alpha},\boldsymbol{\alpha})} = \sqrt{(\boldsymbol{\alpha}^T\boldsymbol{\alpha})} = \sqrt{a_1^2 + a_2^2 + \cdots + a_n^2} \qquad (4-12)$$

向量的长度也称为向量的**范数**.

例如，设在 $\boldsymbol{R}^4$ 中，向量 $\boldsymbol{\alpha} = (1,0,3,-1)^T$ 的长度为

$$\|\boldsymbol{\alpha}\| = \sqrt{1^2 + 0^2 + 3^2 + (-1)^2} = \sqrt{11}$$

特别地，当 $\|\boldsymbol{\alpha}\| = 1$ 时，称向量 $\boldsymbol{\alpha}$ 为**单位向量**.

因为对于 $\boldsymbol{R}^n$ 中的任意一个非零向量 $\boldsymbol{\alpha}$，有

$$\left\| \frac{1}{\|\boldsymbol{\alpha}\|}\boldsymbol{\alpha} \right\| = \frac{1}{\|\boldsymbol{\alpha}\|} \cdot \|\boldsymbol{\alpha}\| = 1$$

所以向量 $\frac{1}{\|\boldsymbol{\alpha}\|}\boldsymbol{\alpha}$ 一定是单位向量. 即用非零向量 $\boldsymbol{\alpha}$ 的长度去除向量 $\boldsymbol{\alpha}$，就得到一个单位向量，通常称为把向量 $\boldsymbol{\alpha}$ **单位化**.

向量的长度具有如下性质：

(1) $\|\boldsymbol{\alpha}\| \geqslant 0$，当且仅当 $\boldsymbol{\alpha} = \boldsymbol{o}$ 时，$\|\boldsymbol{\alpha}\| = 0$；

(2) 对任意向量 $\boldsymbol{\alpha}$ 和实数 k，有 $\|k\boldsymbol{\alpha}\| = |k| \cdot \|\boldsymbol{\alpha}\|$；

(3) 对任意向量 $\boldsymbol{\alpha} = (a_1,a_2,\cdots,a_n)^T$，$\boldsymbol{\beta} = (b_1,b_2,\cdots,b_n)^T$，有

$$|(\boldsymbol{\alpha},\boldsymbol{\beta})| \leqslant \|\boldsymbol{\alpha}\| \cdot \|\boldsymbol{\beta}\|$$

或

$$\left| \sum_{i=1}^{n} a_i b_i \right| \leqslant \sqrt{\sum_{i=1}^{n} a_i^2} \cdot \sqrt{\sum_{i=1}^{n} b_i^2}.$$

当且仅当 $\boldsymbol{\alpha}$ 和 $\boldsymbol{\beta}$ 线性相关时，等号成立（证明略）.

上述不等式称为 **Cauchy - Schwarz 不等式**，它说明 $\boldsymbol{R}^n$ 中的任意两个向量的内积与它们长度之间的关系.

二、正交向量组

定义 4.6　如果两个向量 $\boldsymbol{\alpha}$ 与 $\boldsymbol{\beta}$ 的内积等于零，即 $(\boldsymbol{\alpha},\boldsymbol{\beta}) = 0$，则称向量 $\boldsymbol{\alpha}$ 与 $\boldsymbol{\beta}$ **相互正交**（垂直）. 如果非零向量组 $\boldsymbol{\alpha}_1,\boldsymbol{\alpha}_2,\cdots,\boldsymbol{\alpha}_m$ 两两相互正交，即 $(\boldsymbol{\alpha}_i,\boldsymbol{\alpha}_j) = 0$，$(i \neq j, i,j = 1,2,\cdots,m)$ 则向量组 $\boldsymbol{\alpha}_1,\boldsymbol{\alpha}_2,\cdots,\boldsymbol{\alpha}_m$ 为**正交向量组**.

例 1　零向量与任意向量的内积为零，因此零向量与任意向量正交，且只有零向量与自己正交.

例 2　$\boldsymbol{R}^n$ 中的单位向量组 $\boldsymbol{\varepsilon}_1,\boldsymbol{\varepsilon}_2,\cdots,\boldsymbol{\varepsilon}_n$ 是两两正交的，即

$$\boldsymbol{\varepsilon}_i^T\boldsymbol{\varepsilon}_j = 0 \quad (i \neq j, i,j = 1,2,\cdots,n)$$

显然 $\|\boldsymbol{\varepsilon}_i\| = 1 (i = 1,2,\cdots,n)$，称向量组 $\boldsymbol{\varepsilon}_1,\boldsymbol{\varepsilon}_2,\cdots,\boldsymbol{\varepsilon}_n$ 为**标准正交向量组或单位正交向**

量组.

定理 4.7 $\boldsymbol{R}^n$ 中的正交向量组必定线性无关.

证 设 $\boldsymbol{\alpha}_1,\boldsymbol{\alpha}_2,\cdots,\boldsymbol{\alpha}_m$ 是 $\boldsymbol{R}^n$ 中的正交向量组,且有数 $k_1,k_2,\cdots,k_m$,使得

$$k_1\boldsymbol{\alpha}_1+k_2\boldsymbol{\alpha}_2+\cdots+k_m\boldsymbol{\alpha}_m=\boldsymbol{o}$$

上式两边与向量组中的向量 $\boldsymbol{\alpha}_i$ 求内积,得

$$(\boldsymbol{\alpha}_i,k_1\boldsymbol{\alpha}_1+k_2\boldsymbol{\alpha}_2+\cdots+k_m\boldsymbol{\alpha}_m)=0\quad(i=1,2,\cdots,m)$$

即

$$k_1(\boldsymbol{\alpha}_i,\boldsymbol{\alpha}_1)+k_2(\boldsymbol{\alpha}_i,\boldsymbol{\alpha}_2)+\cdots+k_m(\boldsymbol{\alpha}_i,\boldsymbol{\alpha}_m)=0$$

由于$(\boldsymbol{\alpha}_i,\boldsymbol{\alpha}_j)\neq 0(i\neq j)$,所以 $k_i(\boldsymbol{\alpha}_i,\boldsymbol{\alpha}_i)=0$. 但 $\boldsymbol{\alpha}_i\neq\boldsymbol{o}$,则$(\boldsymbol{\alpha}_i,\boldsymbol{\alpha}_i)>0$,故 $k_i=0(i=1,2,\cdots,m)$,即向量组 $\boldsymbol{\alpha}_1,\boldsymbol{\alpha}_2,\cdots,\boldsymbol{\alpha}_m$ 必定线性无关.

注意:线性无关的向量组不一定是正交向量组.

例如,$\boldsymbol{\alpha}_1=\begin{pmatrix}2\\0\\2\end{pmatrix},\boldsymbol{\alpha}_2=\begin{pmatrix}1\\1\\0\end{pmatrix},\boldsymbol{\alpha}_3=\begin{pmatrix}0\\0\\1\end{pmatrix}$线性无关,但$(\boldsymbol{\alpha}_1,\boldsymbol{\alpha}_2)=2\neq 0$,即 $\boldsymbol{\alpha}_1,\boldsymbol{\alpha}_2,\boldsymbol{\alpha}_3$ 不是正交向量组.

推论 $\boldsymbol{R}^n$ 中正交向量组所含向量的个数不超过 n 个.

如果已知 $\boldsymbol{R}^n$ 中的线性无关向量组 $\boldsymbol{\alpha}_1,\boldsymbol{\alpha}_2,\cdots,\boldsymbol{\alpha}_m$,可以将其化为正交向量组 $\boldsymbol{\beta}_1,\boldsymbol{\beta}_2,\cdots,\boldsymbol{\beta}_m$,为此引入向量组正交化方法.

定理 4.8 $\boldsymbol{R}^n$ 中的任一线性无关向量组 $\boldsymbol{\alpha}_1,\boldsymbol{\alpha}_2,\cdots,\boldsymbol{\alpha}_m(2\leqslant m\leqslant n)$,令

$$\begin{aligned}
\boldsymbol{\beta}_1&=\boldsymbol{\alpha}_1\\
\boldsymbol{\beta}_2&=\boldsymbol{\alpha}_2-\frac{(\boldsymbol{\alpha}_2,\boldsymbol{\beta}_1)}{(\boldsymbol{\beta}_1,\boldsymbol{\beta}_1)}\boldsymbol{\beta}_1\\
\boldsymbol{\beta}_3&=\boldsymbol{\alpha}_3-\frac{(\boldsymbol{\alpha}_3,\boldsymbol{\beta}_2)}{(\boldsymbol{\beta}_2,\boldsymbol{\beta}_2)}\boldsymbol{\beta}_2-\frac{(\boldsymbol{\alpha}_3,\boldsymbol{\beta}_1)}{(\boldsymbol{\beta}_1,\boldsymbol{\beta}_1)}\boldsymbol{\beta}_1 \qquad (4-13)\\
&\cdots\cdots\\
\boldsymbol{\beta}_m&=\boldsymbol{\alpha}_m-\frac{(\boldsymbol{\alpha}_m,\boldsymbol{\beta}_{m-1})}{(\boldsymbol{\beta}_{m-1},\boldsymbol{\beta}_{m-1})}\boldsymbol{\beta}_{m-1}-\frac{(\boldsymbol{\alpha}_m,\boldsymbol{\beta}_{m-2})}{(\boldsymbol{\beta}_{m-2},\boldsymbol{\beta}_{m-2})}\boldsymbol{\beta}_{m-2}-\cdots-\frac{(\boldsymbol{\alpha}_m,\boldsymbol{\beta}_1)}{(\boldsymbol{\beta}_1,\boldsymbol{\beta}_1)}\boldsymbol{\beta}_1
\end{aligned}$$

则 $\boldsymbol{\beta}_1,\boldsymbol{\beta}_2,\cdots,\boldsymbol{\beta}_m$ 是正交向量组,且 $\boldsymbol{\beta}_1,\boldsymbol{\beta}_2,\cdots,\boldsymbol{\beta}_m$ 与 $\boldsymbol{\alpha}_1,\boldsymbol{\alpha}_2,\cdots,\boldsymbol{\alpha}_m$ 等价.

此定理可用数学归纳法进行证明. 下面我们只就 $n=3$ 时的情况加以验证.

显然由(4-13)式可知,$\boldsymbol{\beta}_1,\boldsymbol{\beta}_2,\boldsymbol{\beta}_3$ 与 $\boldsymbol{\alpha}_1,\boldsymbol{\alpha}_2,\boldsymbol{\alpha}_3$ 等价,现验证向量组 $\boldsymbol{\beta}_1,\boldsymbol{\beta}_2,\boldsymbol{\beta}_3$ 正交.

$$\begin{aligned}
(\boldsymbol{\beta}_1,\boldsymbol{\beta}_2)&=(\boldsymbol{\alpha}_1,\boldsymbol{\beta}_2)=(\boldsymbol{\alpha}_1,\boldsymbol{\alpha}_2)-\frac{(\boldsymbol{\alpha}_2,\boldsymbol{\beta}_1)}{(\boldsymbol{\beta}_1,\boldsymbol{\beta}_1)}(\boldsymbol{\alpha}_1,\boldsymbol{\beta}_1)\\
&=(\boldsymbol{\alpha}_1,\boldsymbol{\alpha}_2)-\frac{(\boldsymbol{\alpha}_2,\boldsymbol{\alpha}_1)}{(\boldsymbol{\alpha}_1,\boldsymbol{\alpha}_1)}(\boldsymbol{\alpha}_1,\boldsymbol{\alpha}_1)=0
\end{aligned}$$

$$\begin{aligned}
(\boldsymbol{\beta}_1,\boldsymbol{\beta}_3)&=(\boldsymbol{\alpha}_1,\boldsymbol{\beta}_3)=(\boldsymbol{\alpha}_1,\boldsymbol{\alpha}_3)-\frac{(\boldsymbol{\alpha}_3,\boldsymbol{\beta}_2)}{(\boldsymbol{\beta}_2,\boldsymbol{\beta}_2)}(\boldsymbol{\alpha}_1,\boldsymbol{\beta}_2)-\frac{(\boldsymbol{\alpha}_3,\boldsymbol{\beta}_1)}{(\boldsymbol{\beta}_1,\boldsymbol{\beta}_1)}(\boldsymbol{\alpha}_1,\boldsymbol{\beta}_1)\\
&=(\boldsymbol{\alpha}_1,\boldsymbol{\alpha}_3)-\frac{(\boldsymbol{\alpha}_3,\boldsymbol{\alpha}_1)}{(\boldsymbol{\alpha}_1,\boldsymbol{\alpha}_1)}(\boldsymbol{\alpha}_1,\boldsymbol{\alpha}_1)=0
\end{aligned}$$

$$(\boldsymbol{\beta}_2,\boldsymbol{\beta}_3)=(\boldsymbol{\beta}_2,\boldsymbol{\alpha}_3)-\frac{(\boldsymbol{\alpha}_3,\boldsymbol{\beta}_2)}{(\boldsymbol{\beta}_2,\boldsymbol{\beta}_2)}(\boldsymbol{\beta}_2,\boldsymbol{\beta}_2)-\frac{(\boldsymbol{\alpha}_3,\boldsymbol{\beta}_1)}{(\boldsymbol{\beta}_1,\boldsymbol{\beta}_1)}(\boldsymbol{\beta}_2,\boldsymbol{\beta}_1)$$
$$=(\boldsymbol{\beta}_2,\boldsymbol{\alpha}_3)-\frac{(\boldsymbol{\alpha}_3,\boldsymbol{\beta}_2)}{(\boldsymbol{\beta}_2,\boldsymbol{\beta}_2)}(\boldsymbol{\beta}_2,\boldsymbol{\beta}_2)=0$$

所以$\boldsymbol{\beta}_1,\boldsymbol{\beta}_2,\boldsymbol{\beta}_3$正交.

定理4.8给出了把一个线性无关的向量组$\boldsymbol{\alpha}_1,\boldsymbol{\alpha}_2,\cdots,\boldsymbol{\alpha}_m$化为与它等价的正交向量组$\boldsymbol{\beta}_1,\boldsymbol{\beta}_2,\cdots,\boldsymbol{\beta}_m$的方法. 若再将向量组$\boldsymbol{\beta}_1,\boldsymbol{\beta}_2,\cdots,\boldsymbol{\beta}_m$中的每个向量单位化,即令

$$\boldsymbol{\beta}_i^*=\frac{\boldsymbol{\beta}_i}{\|\boldsymbol{\beta}_i\|}\quad(i=1,2,\cdots,m)\tag{4-14}$$

则$\boldsymbol{\beta}_1^*,\boldsymbol{\beta}_2^*,\cdots,\boldsymbol{\beta}_m^*$是单位正交向量组,且它与向量组$\boldsymbol{\beta}_1,\boldsymbol{\beta}_2,\cdots,\boldsymbol{\beta}_m$等价,从而它与向量组$\boldsymbol{\alpha}_1,\boldsymbol{\alpha}_2,\cdots,\boldsymbol{\alpha}_m$等价. 上述方法称为向量组的正交化与单位化,通常称为**施密特(Schmidt)正交化方法**.

例3　将下列线性无关的向量组

$$\boldsymbol{\alpha}_1=\begin{pmatrix}1\\1\\0\end{pmatrix},\quad\boldsymbol{\alpha}_2=\begin{pmatrix}1\\0\\1\end{pmatrix},\quad\boldsymbol{\alpha}_3=\begin{pmatrix}-1\\0\\0\end{pmatrix}$$

化为单位正交向量组.

解　先正交化. 令

$$\boldsymbol{\beta}_1=\boldsymbol{\alpha}_1=\begin{pmatrix}1\\1\\0\end{pmatrix}$$

$$\boldsymbol{\beta}_2=\boldsymbol{\alpha}_2-\frac{(\boldsymbol{\alpha}_2,\boldsymbol{\beta}_1)}{(\boldsymbol{\beta}_1,\boldsymbol{\beta}_1)}\boldsymbol{\beta}_1=\begin{pmatrix}1\\0\\1\end{pmatrix}-\frac{1}{2}\begin{pmatrix}1\\1\\0\end{pmatrix}=\begin{pmatrix}\frac{1}{2}\\-\frac{1}{2}\\1\end{pmatrix}$$

$$\boldsymbol{\beta}_3=\boldsymbol{\alpha}_3-\frac{(\boldsymbol{\alpha}_3,\boldsymbol{\beta}_2)}{(\boldsymbol{\beta}_2,\boldsymbol{\beta}_2)}\boldsymbol{\beta}_2-\frac{(\boldsymbol{\alpha}_3,\boldsymbol{\beta}_1)}{(\boldsymbol{\beta}_1,\boldsymbol{\beta}_1)}\boldsymbol{\beta}_1=\begin{pmatrix}-1\\0\\0\end{pmatrix}+\frac{1}{3}\begin{pmatrix}\frac{1}{2}\\-\frac{1}{2}\\1\end{pmatrix}+\frac{1}{2}\begin{pmatrix}1\\1\\0\end{pmatrix}=\begin{pmatrix}-\frac{1}{3}\\\frac{1}{3}\\\frac{1}{3}\end{pmatrix}$$

再将$\boldsymbol{\beta}_1,\boldsymbol{\beta}_2,\boldsymbol{\beta}_3$单位化,即得所求的单位正交向量组为

$$\boldsymbol{\beta}_1^*=\begin{pmatrix}\frac{1}{\sqrt{2}}\\\frac{1}{\sqrt{2}}\\0\end{pmatrix},\boldsymbol{\beta}_2^*=\begin{pmatrix}\frac{1}{\sqrt{6}}\\-\frac{1}{\sqrt{6}}\\\frac{2}{\sqrt{6}}\end{pmatrix},\boldsymbol{\beta}_3^*=\begin{pmatrix}-\frac{1}{\sqrt{3}}\\\frac{1}{\sqrt{3}}\\\frac{1}{\sqrt{3}}\end{pmatrix}$$

注意:把线性无关的向量组化为单位正交向量组时,一定要先正交化,然后再单位化,否则所得的向量组不一定是单位正交向量组.

三、正交矩阵

定义 4.7　设 Q 为 n 阶实矩阵,若

$$Q^TQ = E \tag{4-15}$$

则称 Q 为**正交矩阵**.

显然,定义中的条件也可用 $QQ^T = E$ 代替,且正交矩阵 Q 都是可逆矩阵.

例 4　单位矩阵是正交矩阵.

例 5　二维几何空间 $\boldsymbol{R}^2$ 的两直角坐标系间坐标变换矩阵

$$Q = \begin{pmatrix} \cos\theta & -\sin\theta \\ \sin\theta & \cos\theta \end{pmatrix}$$

满足 $Q^TQ = E$,所以 Q 为一个正交矩阵.

例 6　设 $Q = \begin{pmatrix} \frac{1}{\sqrt{3}} & \frac{1}{\sqrt{3}} & \frac{1}{\sqrt{3}} \\ 0 & -\frac{1}{\sqrt{2}} & \frac{1}{\sqrt{2}} \\ -\frac{2}{\sqrt{6}} & \frac{1}{\sqrt{6}} & \frac{1}{6} \end{pmatrix}$,可以验证 $Q^TQ = E$,所以 Q 为一个正交矩阵.

正交矩阵具有下列性质:

(1) 若 Q 为正交矩阵,则 Q 的行列式值为 1 或 -1.

(2) 若 Q 为正交矩阵,则 Q^{-1} 与 Q^T 都是正交矩阵.

(3) 若 P 与 Q 都是 n 阶正交矩阵,则 PQ 也是 n 阶正交矩阵.

(4) n 阶矩阵 Q 为正交矩阵的充要条件是 $Q^{-1} = Q^T$.

定理 4.9　设 Q 是 n 阶矩阵,则 Q 为正交矩阵的充要条件是其列(行)向量组是单位正交向量组.

证　设 $Q = (\boldsymbol{\alpha}_1, \boldsymbol{\alpha}_2, \cdots, \boldsymbol{\alpha}_n)$,其中 $\boldsymbol{\alpha}_1, \boldsymbol{\alpha}_2, \cdots, \boldsymbol{\alpha}_n$ 是矩阵 Q 的列向量组. 若 Q 为正交矩阵,则 $Q^TQ = E$,即

$$Q^TQ = \begin{pmatrix} \boldsymbol{\alpha}_1^T \\ \boldsymbol{\alpha}_2^T \\ \vdots \\ \boldsymbol{\alpha}_n^T \end{pmatrix}(\boldsymbol{\alpha}_1, \boldsymbol{\alpha}_2, \cdots, \boldsymbol{\alpha}_n) = \begin{pmatrix} \boldsymbol{\alpha}_1^T\boldsymbol{\alpha}_1 & \boldsymbol{\alpha}_1^T\boldsymbol{\alpha}_2 & \cdots & \boldsymbol{\alpha}_1^T\boldsymbol{\alpha}_n \\ \boldsymbol{\alpha}_2^T\boldsymbol{\alpha}_1 & \boldsymbol{\alpha}_2^T\boldsymbol{\alpha}_2 & \cdots & \boldsymbol{\alpha}_2^T\boldsymbol{\alpha}_n \\ \cdots & \cdots & \cdots & \cdots \\ \boldsymbol{\alpha}_n^T\boldsymbol{\alpha}_1 & \boldsymbol{\alpha}_n^T\boldsymbol{\alpha}_2 & \cdots & \boldsymbol{\alpha}_n^T\boldsymbol{\alpha}_n \end{pmatrix} = E$$

由此可知,$Q^TQ = E$ 等价于

$$\boldsymbol{\alpha}_i^T\boldsymbol{\alpha}_j = \delta_{ij} = \begin{cases} 1, & i = j \\ 0, & i \neq j \end{cases} \quad (i,j = 1,2,\cdots,n)$$

即 $\boldsymbol{\alpha}_1, \boldsymbol{\alpha}_2, \cdots, \boldsymbol{\alpha}_n$ 为单位正交向量组.

类似可证明:Q 是正交矩阵的充要条件是 Q 的行向量组成单位正交向量组.

四、实对称矩阵的对角化

由 §4.2 知,n 阶矩阵不一定与对角矩阵相似,但实对称矩阵却必然与对角矩阵相似,且存在正交矩阵 Q,使得 $Q^{-1}AQ=\Lambda$. 这是因为实对称矩阵的特征值与特征向量具有一些特殊的性质.

定理 4.10　实对称矩阵的特征值都是实数(证明略).

定理 4.11　实对称矩阵的不同特征值对应的特征向量是正交的.

证　设 $\boldsymbol{\lambda}_1,\boldsymbol{\lambda}_2$ 是实对称矩阵 A 不同的特征值,X_1,X_2 分别是 A 对应于 $\boldsymbol{\lambda}_1,\boldsymbol{\lambda}_2$ 的特征向量. 即

$$\boldsymbol{\lambda}_1X_1=AX_1,\quad \boldsymbol{\lambda}_2X_2=AX_2$$

因为

$$(\boldsymbol{\lambda}_1X_1)^T=(AX_1)^T,$$

所以

$$\boldsymbol{\lambda}_1X_1^T=X_1^TA$$

用 X_2 右乘上式两端,得

$$\boldsymbol{\lambda}_1X_1^TX_2=X_1^TAX_2=X_1^T\boldsymbol{\lambda}_2X_2=\boldsymbol{\lambda}_2X_1^TX_2$$

即

$$(\boldsymbol{\lambda}_1-\boldsymbol{\lambda}_2)X_1^TX_2=0$$

由于 $\boldsymbol{\lambda}_1\neq\boldsymbol{\lambda}_2$,所以 $X_1^TX_2=0$,故 X_1 与 X_2 正交.

注意:实对称矩阵 A 对应于同一特征值的特征向量不一定是正交的.

例如,三阶实对称矩阵 $A=\begin{pmatrix}-3&2&0\\2&-3&0\\0&0&-1\end{pmatrix}$的特征值 $\boldsymbol{\lambda}=1$ 是二重根,其对应的线性无关的特征向量为

$$\boldsymbol{\eta}_1=\begin{pmatrix}1\\1\\1\end{pmatrix},\quad \boldsymbol{\eta}_2=\begin{pmatrix}0\\0\\-1\end{pmatrix}$$

显然,$\boldsymbol{\eta}_1,\boldsymbol{\eta}_2$ 不正交.

例 7　设 3 阶实对称矩阵 A 的特征值是 1,2,3,A 的属于特征值 1,2 的特征向量分别是 $\boldsymbol{\alpha}_1=(-1,-1,1)^T$,$\boldsymbol{\alpha}_2=(1,-2,-1)^T$. 求 A 的属于特征值 3 的全部特征向量.

解　设 A 的属于特征值 3 的特征向量为

$$\boldsymbol{\alpha}_3=(x_1,x_2,x_3)^T$$

因为实对称矩阵 A 有三个互异的特征值 1,2,3,所以其对应的特征向量 $\boldsymbol{\alpha}_1,\boldsymbol{\alpha}_2,\boldsymbol{\alpha}_3$ 正交. 即

$$(\boldsymbol{\alpha}_1,\boldsymbol{\alpha}_3)=-x_1-x_2+x_3=0$$
$$(\boldsymbol{\alpha}_2,\boldsymbol{\alpha}_3)=x_1-2x_2-x_3=0$$

解之得

$$\boldsymbol{\alpha}_3 = (1,0,1)^T.$$

故 A 的属于特征值 3 的全部特征向量为

$$k(1,0,1)^T \quad (k \neq 0).$$

如果 n 阶实对称矩阵 A 有 m 个不同的特征值 $\boldsymbol{\lambda}_1,\boldsymbol{\lambda}_2,\cdots,\boldsymbol{\lambda}_m$，其重数分别为 $k_1,k_2,\cdots,k_m$，且 $k_1+k_2+\cdots+k_m=n$.

可以证明：对于实对称矩阵 A 的 k_i 重特征值 $\boldsymbol{\lambda}_i$，A 恰好有 k_i 个对应于特征值 $\boldsymbol{\lambda}_i$ 的线性无关的特征向量．利用施密特正交化方法，把这 k_i 个特征向量正交化，它们仍是 A 的对应于 $\boldsymbol{\lambda}_i$ 的特征向量，正交化后的 k_i 个向量仍是 A 的应于特征值 $\boldsymbol{\lambda}_i$ 的特征向量．由定理 4.11 知，n 阶实对称矩阵 A 一定有 n 个正交的特征向量，再将其单位化，它们仍是正交向量组．于是有

定理 4.12　设 A 是实对称矩阵，则存在正交矩阵 Q，使得 A 正交相似于对角矩阵．

求正交矩阵 Q 的步骤为：

(1) 求特征方程 $|\boldsymbol{\lambda}E-A|=0$ 的全部不同的特征值 $\boldsymbol{\lambda}_1,\boldsymbol{\lambda}_2,\cdots,\boldsymbol{\lambda}_m$；

(2) 对每个不同的特征值 $\boldsymbol{\lambda}_i$（设重数为 k_i，$k_1+k_2+\cdots+k_m=n$），求出齐次线性方程组 $(\boldsymbol{\lambda}_iE-A)X=O$ 的基础解系 $\boldsymbol{\eta}_{i_1},\boldsymbol{\eta}_{i_2},\cdots,\boldsymbol{\eta}_{i_m}$ 它们就是 A 的应于特征值 $\boldsymbol{\lambda}_i$ 的线性无关的特征向量；

(3) 将线性无关的特征向量 $\boldsymbol{\eta}_{i_1},\boldsymbol{\eta}_{i_2},\cdots,\boldsymbol{\eta}_{i_m}$ 用施密特方法正交化，再将其单位化，使之成为正交单位向量组 $\boldsymbol{\eta}_{i_1}^*,\boldsymbol{\eta}_{i_2}^*,\cdots,\boldsymbol{\eta}_{i_m}^*$，对于单根 $\boldsymbol{\lambda}_i$，则只需将其对应的特征向量单位化即可；

(4) 用 A 的所有对应于不同特征值的已正交化、单位化的特征向量作为矩阵的列向量构成正交矩阵 Q，使得 A 正交相似于对角矩阵．

例 8　设实对称矩阵 $A=\begin{pmatrix}1 & -2 & 0\\ -2 & 2 & -2\\ 0 & -2 & 3\end{pmatrix}$，求正交矩阵 Q，使得 $Q^TAQ=\Lambda$ 为对角矩阵．

解　由矩阵的特征方程

$$|\boldsymbol{\lambda}E-A|=\begin{vmatrix}\boldsymbol{\lambda}-1 & 2 & 0\\ 2 & \boldsymbol{\lambda}-2 & 2\\ 0 & 2 & \boldsymbol{\lambda}-3\end{vmatrix}=(\boldsymbol{\lambda}+1)(\boldsymbol{\lambda}-2)(\boldsymbol{\lambda}-5)=0$$

解得 A 的特征值为 $-1,2,5$.

当 $\boldsymbol{\lambda}=-1$ 时，解齐次线性方程组 $(-E-A)X=O$，得基础解系为 $\boldsymbol{\eta}_1=(2,2,1)^T$；

当 $\boldsymbol{\lambda}=2$ 时，解齐次线性方程组 $(2E-A)X=O$，得基础解系为 $\boldsymbol{\eta}_2=(2,-1,-2)^T$；

当 $\boldsymbol{\lambda}=5$ 时，解齐次线性方程组 $(5E-A)X=O$，得基础解系为 $\boldsymbol{\eta}_3=(1,-2,2)^T$.

由于 $\boldsymbol{\lambda}_1,\boldsymbol{\lambda}_2,\boldsymbol{\lambda}_3$ 是三个不同的特征值，其对应的特征向量 $\boldsymbol{\eta}_1,\boldsymbol{\eta}_2,\boldsymbol{\eta}_3$ 是正交的，故只需将 $\boldsymbol{\eta}_1,\boldsymbol{\eta}_2,\boldsymbol{\eta}_3$ 单位化，得

$$\boldsymbol{\eta}_1^* = \begin{pmatrix} \frac{2}{3} \\ \frac{2}{3} \\ \frac{1}{3} \end{pmatrix}, \boldsymbol{\eta}_2^* = \begin{pmatrix} \frac{2}{3} \\ -\frac{1}{3} \\ -\frac{2}{3} \end{pmatrix}, \boldsymbol{\eta}_3^* = \begin{pmatrix} \frac{1}{3} \\ -\frac{2}{3} \\ \frac{2}{3} \end{pmatrix}$$

因此正交矩阵

$$Q = (\boldsymbol{\eta}_1^*, \boldsymbol{\eta}_2^*, \boldsymbol{\eta}_3^*) = \begin{pmatrix} \frac{2}{3} & \frac{2}{3} & \frac{1}{3} \\ \frac{2}{3} & -\frac{1}{3} & -\frac{2}{3} \\ \frac{1}{3} & -\frac{2}{3} & \frac{2}{3} \end{pmatrix},$$

使得

$$Q^T A Q = \begin{pmatrix} -1 & & \\ & 2 & \\ & & 5 \end{pmatrix} = \Lambda.$$

例 9　设实对称矩阵 $A = \begin{pmatrix} 4 & 2 & 2 \\ 2 & 4 & 2 \\ 2 & 2 & 4 \end{pmatrix}$,求正交矩阵 Q,使得 A 与对角矩阵相似.

解　由矩阵的特征方程

$$|\boldsymbol{\lambda} E - A| = \begin{vmatrix} \boldsymbol{\lambda} - 4 & -2 & -2 \\ -2 & \boldsymbol{\lambda} - 4 & -2 \\ -2 & -2 & \boldsymbol{\lambda} - 4 \end{vmatrix} = (\boldsymbol{\lambda} - 8)(\boldsymbol{\lambda} - 2)^2 = 0$$

解得 A 的特征值为 8,2,2.

当 $\boldsymbol{\lambda} = 8$ 时,解齐次线性方程组 $(8E - A)X = O$,得基础解系为 $\boldsymbol{\eta}_1 = (1,1,1)^T$,单位化,得 $\boldsymbol{\eta}_1^* = (\frac{1}{\sqrt{3}}, \frac{1}{\sqrt{3}} \frac{1}{\sqrt{3}})^T$;

当 $\boldsymbol{\lambda} = 2$ 时,解齐次线性方程组 $(2E - A)X = O$,得基础解系为 $\boldsymbol{\eta}_2 = (-1,1,0)^T$, $\boldsymbol{\eta}_3 = (-1,0,1)^T$;

由于 $\boldsymbol{\lambda} = 2$ 是二重特征值,用施密特方法正交化,得相互正交的特征向量

$$\boldsymbol{\beta}_2 = \boldsymbol{\eta}_2 = (-1,1,0)^T$$

$$\boldsymbol{\beta}_3 = \boldsymbol{\eta}_3 - \frac{(\boldsymbol{\eta}_3, \boldsymbol{\beta}_2)}{(\boldsymbol{\beta}_3, \boldsymbol{\beta}_2)} \boldsymbol{\beta}_2 = \begin{pmatrix} -1 \\ 0 \\ 1 \end{pmatrix} - \frac{1}{2} \begin{pmatrix} -1 \\ 1 \\ 0 \end{pmatrix} = \begin{pmatrix} -\frac{1}{2} \\ -\frac{1}{2} \\ 1 \end{pmatrix}$$

再单位化,得

$$\boldsymbol{\eta}_2^* = \begin{pmatrix} -\frac{1}{\sqrt{2}} \\ \frac{1}{\sqrt{2}} \\ 0 \end{pmatrix}, \boldsymbol{\eta}_3^* = \begin{pmatrix} -\frac{1}{\sqrt{6}} \\ -\frac{1}{\sqrt{6}} \\ \frac{2}{\sqrt{6}} \end{pmatrix},$$

向量组 $\boldsymbol{\eta}_1^*, \boldsymbol{\eta}_2^*, \boldsymbol{\eta}_3^*$ 正交,因此正交矩阵为

$$Q = (\boldsymbol{\eta}_1^* \boldsymbol{\eta}_2^* \boldsymbol{\eta}_3^*) = \begin{pmatrix} \frac{1}{\sqrt{3}} & -\frac{1}{\sqrt{2}} & -\frac{1}{\sqrt{6}} \\ \frac{1}{\sqrt{3}} & \frac{1}{\sqrt{2}} & -\frac{1}{\sqrt{6}} \\ \frac{1}{\sqrt{3}} & 0 & \frac{2}{\sqrt{6}} \end{pmatrix},$$

使得

$$Q^T A Q = \begin{pmatrix} 8 & & \\ & 2 & \\ & & 2 \end{pmatrix} = \Lambda.$$

本章小结

一、熟练掌握特征值与特征向量的定义、性质及计算方法.

二、掌握相似矩阵的定义、理解相似矩阵的性质和矩阵与对角阵相似的条件.

三、掌握向量内积、正交向量组,正交矩阵的定义。理解其性质,掌握斯密特正交化方法.

四、掌握实对称矩阵对角化的定义,理解其性质,熟练掌握矩阵对角化的方法.

习题四

(A)

1. 求下列矩阵的特征值与特征向量:

(1) $A = \begin{pmatrix} 2 & 1 \\ 1 & 2 \end{pmatrix}$; (2) $A = \begin{pmatrix} 2 & 1 \\ -1 & 4 \end{pmatrix}$;

(3) $A = \begin{pmatrix} 3 & 1 & 0 \\ -4 & -1 & 0 \\ 4 & -8 & -2 \end{pmatrix}$; (4) $A = \begin{pmatrix} 2 & -1 & 1 \\ 0 & 3 & -1 \\ 2 & 1 & 3 \end{pmatrix}$;

(5) $A=\begin{pmatrix}2&-2&0\\-2&1&-2\\0&-2&0\end{pmatrix}$;　　(6) $A=\begin{pmatrix}-2&3&-1\\-6&7&-2\\-9&9&2\end{pmatrix}$.

2. 已知矩阵 $A=\begin{pmatrix}-1&2&2\\2&-1&-2\\2&-2&-1\end{pmatrix}$,(1) 求 A 的特征值;(2) 利用(1) 的结果求矩阵 $E+A^{-1}$ 的特征值.

3. 如果 A 为可逆矩阵,试证 A 的特征值一定不为零.

4. 设矩阵 A 是 n 阶可逆矩阵,$\boldsymbol{\lambda}$ 是 A 的不为零的特征值,X 是 A 的特征向量.

(1) 求 A 的伴随矩阵 A^* 的特征值;

(2) 设 $f(x)=a_mx^m+a_{m-1}x^{m-1}+\cdots+a_1x+a_0$,求 $f(A)$ 的特征值.

5. 判断设下列矩阵是否与对角矩阵相似,若相似,求出对角矩阵及可逆矩阵 P,使得 $P^{-1}AP$ 为对角矩阵.

(1) $A=\begin{pmatrix}2&-2&0\\-2&1&-2\\0&-2&0\end{pmatrix}$;　　(2) $A=\begin{pmatrix}4&2&1\\-2&0&-1\\1&1&0\end{pmatrix}$.

6. 设矩阵 A 与 B 相似, 且 A 的分别属于特征值 0,1, -1 的特征向量为 $\boldsymbol{\alpha}_1=\frac{1}{3}(2,-2,1)^T$,$\boldsymbol{\alpha}_2=\frac{1}{3}(1,2,2)^T$,$\boldsymbol{\alpha}_3=\frac{1}{3}(-2,-1,-2)^T$. (1) 求矩阵 A 和 A^{99};(2) 如果矩阵 $C=2A^2+3E$(E 为三阶单位矩阵),试求 C 的特征值与它对应的行列式 $|C|$.

7. 若 $A=\begin{pmatrix}1&0&0\\0&x&1\\0&1&0\end{pmatrix}$与 $B=\begin{pmatrix}1&0&0\\0&1&0\\0&0&y\end{pmatrix}$相似. 求:(1) 常数 x,y;(2) 求可逆矩阵 P,使 $P^{-1}AP=$ B.

8. 设三阶矩阵 A 与 B 相似,矩阵 A 的特征值为 $\frac{1}{2},\frac{1}{3},\frac{1}{4}$,求行列式 $|B^{-1}-E|$.

9. 判断下列向量组是否正交:

(1) $\boldsymbol{\alpha}_1=\begin{pmatrix}1\\1\\0\end{pmatrix}$,$\boldsymbol{\alpha}_2=\begin{pmatrix}2\\-2\\1\end{pmatrix}$;　　(2) $\boldsymbol{\alpha}_1=\begin{pmatrix}1\\1\\1\end{pmatrix}$,$\boldsymbol{\alpha}_2=\begin{pmatrix}1\\2\\1\end{pmatrix}$,$\boldsymbol{\alpha}_3=\begin{pmatrix}0\\-1\\1\end{pmatrix}$;

(3) $\boldsymbol{\alpha}_1=\begin{pmatrix}2\\1\\1\end{pmatrix}$,$\boldsymbol{\alpha}_2=\begin{pmatrix}-1\\0\\1\end{pmatrix}$,$\boldsymbol{\alpha}_3=\begin{pmatrix}-1\\0\\0\end{pmatrix}$,$\boldsymbol{\alpha}_3=\begin{pmatrix}-3\\1\\2\end{pmatrix}$.

10. 设 $\boldsymbol{\alpha}_1=\begin{pmatrix}1\\3\\-2\end{pmatrix}$,$\boldsymbol{\alpha}_2=\begin{pmatrix}2\\5\\1\end{pmatrix}$,求 $\boldsymbol{\beta}=\begin{pmatrix}x_1\\x_2\\1\end{pmatrix}$,使 $\boldsymbol{\beta}$ 与 $\boldsymbol{\alpha}_1,\boldsymbol{\alpha}_2$ 都正交.

11. 若向量$\boldsymbol{\beta}$与向量$\boldsymbol{\alpha}_1,\boldsymbol{\alpha}_2$都正交,证明向量$\boldsymbol{\beta}$与向量$\boldsymbol{\alpha}_1,\boldsymbol{\alpha}_2$的任意一个线性组合也正交.

12. 将下列向量组化为单位正交向量组:

(1)$\boldsymbol{\alpha}_1=\begin{pmatrix}1\\1\\0\end{pmatrix},\boldsymbol{\alpha}_2=\begin{pmatrix}1\\0\\1\end{pmatrix},\boldsymbol{\alpha}_3=\begin{pmatrix}-1\\0\\0\end{pmatrix}$; (2)$\boldsymbol{\alpha}_1=\begin{pmatrix}1\\1\\1\end{pmatrix},\boldsymbol{\alpha}_2=\begin{pmatrix}1\\2\\1\end{pmatrix},\boldsymbol{\alpha}_3=\begin{pmatrix}0\\-1\\1\end{pmatrix}$;

(3)$\boldsymbol{\alpha}_1=\begin{pmatrix}1\\1\\0\\0\end{pmatrix},\boldsymbol{\alpha}_2=\begin{pmatrix}1\\0\\1\\0\end{pmatrix},\boldsymbol{\alpha}_3=\begin{pmatrix}-1\\0\\0\\1\end{pmatrix},\boldsymbol{\alpha}_4=\begin{pmatrix}1\\-1\\-1\\1\end{pmatrix}$.

13. 验证下列矩阵是正交矩阵:

(1) $\frac{1}{\sqrt{2}}\begin{pmatrix}1&1\\-1&1\end{pmatrix}$; (2)$\begin{pmatrix}\frac{\sqrt{2}}{2}&\frac{\sqrt{2}}{6}&\frac{2}{3}\\0&-\frac{2\sqrt{2}}{3}&\frac{1}{3}\\\frac{\sqrt{2}}{2}&\frac{\sqrt{2}}{6}&\frac{2}{3}\end{pmatrix}$.

14. 证明 n 个正交矩阵的乘积也是正交矩阵.

15. 若 A 是实对称矩阵,Q 是正交矩阵,证明 $Q^{-1}AQ$ 也是实对称矩阵.

16. 求正交矩阵 Q,使得下列实对称矩阵 A 与对角矩阵相似.

(1)$\begin{pmatrix}1&0&1\\0&2&0\\1&0&1\end{pmatrix}$; (2)$\begin{pmatrix}3&2&0\\2&4&-2\\0&-2&5\end{pmatrix}$; (3)$\begin{pmatrix}0&1&1&-1\\1&0&-1&1\\1&-1&0&1\\-1&1&1&0\end{pmatrix}$.

17. 已知三阶实对称矩阵 A 的三个特征值为 8,2,2,对应特征值$\boldsymbol{\lambda}=2$的特征向量为 $X_1=\begin{pmatrix}1\\1\\1\end{pmatrix},X_2=\begin{pmatrix}-1\\1\\0\end{pmatrix}$,求:(1)$\boldsymbol{\lambda}=8$对应的特征向量$X_3$;(2)问$A$是否与对角矩阵相似,若相似,给出与之相似的对角矩阵Λ.

18. 设 3 阶实对称矩阵 A 的特征值是 6,3,3,属于特征值 6 的特征向量是$\boldsymbol{\alpha}_1=(1,1,1)^T$. 求矩阵 A.

(B)

1. λ_1、λ_2 是 n 阶方阵 A 的不同特征值,X_1、X_2 分别是对应于 λ_1、λ_2 的特征向量,当(　　)时,$X=k_1X_1+k_2X_2$ 必是 A 的特征向量.

(A)$k_1=0$ 且 $k_2=0$; (B)$k_1\neq0$ 且 $k_2\neq0$;

(C)$k_1k_2=0$　　(D)$k_1\neq 0$ 而 $k_2=0$.

2. 如果(　　),则矩阵 A 和矩阵 B 相似.

(A)$|A|=|B|$;　　(B)$|\lambda E-A|=|\lambda E-B|$;

(C)n 阶方阵 A 与 B 有相同的特征值,且 n 个特征值各不相同;

(D)$R(A)=R(B)$.

3. 如果 n 阶方阵 A 与 B 相似,则(　　).

(A)$\lambda E-A=\lambda E-B$;　　(B)$tr(A)=tr(B)$;

(C)$R(A)=R(B)$;　　(D) 存在对角阵 C,使 A 与 B 都相似于 C.

4. 矩阵 $A=\begin{pmatrix}1&0&0\\0&1&0\\0&0&3\end{pmatrix}$ 与矩阵(　　)相似.

(A)$\begin{pmatrix}1&0&0\\0&3&0\\0&0&1\end{pmatrix}$;　　(B)$\begin{pmatrix}1&1&0\\0&1&0\\0&0&3\end{pmatrix}$;

(C)$\begin{pmatrix}1&0&0\\0&1&-1\\0&0&3\end{pmatrix}$;　　(D)$\begin{pmatrix}1&0&1\\0&3&0\\0&0&1\end{pmatrix}$.

5. n 阶方阵 A 与 n 阶对角矩阵相似的充要条件是(　　).

(A) 矩阵 A 有 n 个特征值;　　(B) 矩阵 A 有 n 个线性无关的特征向量;

(C) 矩阵 A 的行列式 $|A|\neq 0$;　　(D) 矩阵 A 的特征多项式没有重根.

6. 矩阵 $A=\begin{pmatrix}1&a\\a&4\end{pmatrix}$,当 $a=$(　　)时,它有零特征值.

(A) $\frac{1}{2}$;　　(B)3;

(C)2;　　(D)1.

7. 对于 n 阶实对称矩阵 A,结论(　　)正确.

(A) 一定有 n 个不同的特征值;

(B) 存在正交矩阵 Q,使 $Q^{-1}AQ$ 成为对角形矩阵;

(C)A 的特征值一定是实数;

(D) 对应于不同特征值的特征向量必线性无关,但不一定正交.

8. 设 $X_i(i=1,2,\cdots,n)$ 是矩阵 A 对应于 λ_0 的特征向量,对于线性组合 $\sum_{i=1}^{n}k_iX_i$,当(　　)时,则 $\sum_{i=1}^{n}k_iX_i$ 也是 A 对应 λ_0 的特征向量.

(A)k_i 不全为零;　　(B)k_i 全为零;

(C) 它是非零向量;　　(D) 它是任一向量.

9. 设 A 为正交矩阵,则下列矩阵中,不是正交阵的是(　　).(k 是正整数).

(A)A^{-1}　　(B)A^T

(C) A^k (D) kA.

10. 设 $A=\begin{pmatrix}\cos\theta & -\sin\theta\\ \sin\theta & \cos\theta\end{pmatrix}$,则(　　).

(A) A 可逆； (B) A 是正交矩阵；

(C) $A=A^{-1}$ (D) A 是反对称矩阵.

11. 设 X 是矩阵 A 属于特征值 λ 的特征向量,则 $B=P^{-1}AP$ 的属于特征值 λ 的特征向量(　　).

(A) 仍为 X； (B) 为 P^TX；

(C) 为 $P^{-1}X$； (D) 为 PX.

12. 下列矩阵中,不可对角化的是(　　).

(A) $\begin{pmatrix}2&1&0\\0&2&1\\0&0&2\end{pmatrix}$； (B) $\begin{pmatrix}2&1&0\\0&3&1\\0&0&1\end{pmatrix}$；

(C) $\begin{pmatrix}2&1&-1\\1&0&3\\-1&3&2\end{pmatrix}$； (D) $\begin{pmatrix}2&0&0\\0&2&0\\0&0&2\end{pmatrix}$.

13. 若 n 阶矩阵 A 有 n 个互异特征值 $\lambda_1,\lambda_2,\cdots,\lambda_n$. 以下结论不正确的是(　　).

(A) A 必有 n 个线性无关的特征向量； (B) A 必可对角化；

(C) 必存在可逆矩阵 P,使 $P^TAP=\begin{pmatrix}\lambda_1&&&\\&\lambda_2&&\\&&\ddots&\\&&&\lambda_n\end{pmatrix}$；

(D) 必存在可逆矩阵 P,使 $P^{-1}AP=\begin{pmatrix}\lambda_1&&&\\&\lambda_2&&\\&&\ddots&\\&&&\lambda_n\end{pmatrix}$.

14. 若 A 为 n 阶实对称矩阵,则以下结论不正确的是(　　).

(A) A 的特征值都是实数； (B) A 必有 n 个线性无关的特征向量；

(C) $A\sim\begin{pmatrix}\lambda_1&&&\\&\lambda_2&&\\&&\ddots&\\&&&\lambda_n\end{pmatrix}$,其中 λ_i 为 A 的特征值($i=1,2,\cdots,n$)

(D) A 必为可逆阵

15. 若矩阵 A 满足 $A^2-5A+6E=0$,则 A 的特征值只能是(　　).

(A) 2； (B) 3；

(C) 2 或 3； (D) 以上都不对.

第五章　二次型及其标准形

内容提要

一、二次型、线性变换与矩阵合同的定义

二、二次型标准型的定义，将二次型化标准型的方法(配方法，正交变换法).

三、正定二次型、正定矩阵的定义，正定二次型的判断方法

二次型就是二次齐次多项式，它在数学、物理、现代控制理论、经济管理以及其他许多学科中都有重要的应用．本章从研究二次齐次多项式出发，以矩阵为工具，介绍化二次型为标准形的方法，实二次型的分类以及正定二次型和正定矩阵的一些基本性质．

§5.1　二次型的定义

一、二次型及其矩阵表示

定义 5.1　含有 n 个变量 $x_1,x_2,\cdots,x_n$ 的二次齐次多项式

$$\begin{aligned} f(x_1,x_2,\cdots,x_n) = a_{11}x_1^2 + 2a_{12}x_1x_2 + \cdots + 2a_{1n}x_1x_n \\ + a_{22}x_2^2 + \cdots + 2a_{2n}x_2x_n \\ + \cdots\cdots\cdots\cdots \\ + a_{nn}x_n^2 \end{aligned} \quad (5-1)$$

称为一个 n **元二次型**，简称为**二次型**．实数域上的二次型，简称为**实二次型**，复数域上的二次型，简称为**复二次型**．由于实际问题中所涉及到的数大多是实数，本章只就实二次型加以讨论．

例如，

$$f(x_1,x_2,x_3) = x_1^2 + x_1x_2 + 3x_1x_3 + 4x_2x_3 + 3x_2^2$$

就是实数域上的一个三元二次型．在讨论二次型时，矩阵是一个有力的工具，可以把二次型用矩阵表示．

若令 $a_{ij} = a_{ji}$，由于

$$x_ix_j = x_jx_i, 2a_{ij}x_ix_j = a_{ij}x_ix_j + a_{ji}x_jx_i,$$

则(5 - 1) 式可以写成

$$
\begin{aligned}
f(x_1,x_2,\cdots,x_n) &= a_{11}x_1^2 + a_{12}x_1x_2 + \cdots + a_{1n}x_1x_n + \\
&\quad a_{21}x_2x_1 + a_{22}x_2^2 + \cdots + a_{2n}x_2x_n + \\
&\quad \cdots + \\
&\quad a_{n1}x_nx_1 + a_{n2}x_nx_2 + \cdots + a_{nn}x_n^2 \\
&= \sum_{i=1}^{n}\sum_{j=1}^{n} a_{ij}x_ix_j \qquad (5-2)
\end{aligned}
$$

将(5 - 2) 式的系数排成 $n \times n$ 矩阵,把 n 个变量排成列向量,即

$$
A = \begin{pmatrix} a_{11} & a_{12} & \cdots & a_{1n} \\ a_{21} & a_{22} & \cdots & a_{2n} \\ \cdots & \cdots & \cdots & \cdots \\ a_{n1} & a_{n2} & \cdots & a_{nn} \end{pmatrix}, \quad X = \begin{pmatrix} x_1 \\ x_2 \\ \vdots \\ x_n \end{pmatrix}
$$

则称矩阵 A 为二次型的**矩阵**,简称**二次型的矩阵**,X 为**未知变量矩阵**.

因为

$$a_{ij} = a_{ji}, i = 1,2,\cdots,n,$$

所以

$$A = A^T$$

即二次型的矩阵 A 都为对称矩阵. 于是二次型又可以用矩阵的乘积表示为

$$f(x_1,x_2,\cdots,x_n) = X^TAX \qquad (5-3)$$

注意:二次型的矩阵中的对角线元素 $a_{11},a_{22},\cdots,a_{nn}$ 是 $x_1^2,x_2^2,\cdots,x_n^2$ 的系数,而 $a_{ij} = a_{ji}(i \neq j)$ 刚好就是 x_ix_j 的系数的一半.

例 1 将二次型 $f(x_1,x_2,x_3) = x_1^2 + 3x_2^2 + 7x_3^2 + 2x_1x_2 - 4x_1x_3 + x_2x_3$ 表示成矩阵形式.

解 由于二次型的矩阵是对称阵,所以

$$
A = \begin{pmatrix} 1 & 1 & -2 \\ 1 & 3 & \frac{1}{2} \\ -2 & \frac{1}{2} & 7 \end{pmatrix}, \quad X = \begin{pmatrix} x_1 \\ x_2 \\ x_3 \end{pmatrix}
$$

故

$$
f(x_1,x_2,x_3) = (x_1,x_2,x_3)\begin{pmatrix} 1 & 1 & -2 \\ 1 & 3 & \frac{1}{2} \\ -2 & \frac{1}{2} & 7 \end{pmatrix}\begin{pmatrix} x_1 \\ x_2 \\ x_3 \end{pmatrix} = A^TAX
$$

如果二次型只含有变量的平方项,即

$$f(y_1,y_2,\cdots,y_n) = b_1y_1^2 + b_2y_2^2 + \cdots + b_ny_n^2$$

$$= (y_1, y_2, \cdots, y_n)\begin{pmatrix} b_1 & 0 & \cdots & 0 \\ 0 & b_2 & \cdots & 0 \\ \cdots & \cdots & \cdots & \cdots \\ 0 & 0 & \cdots & b_n \end{pmatrix}\begin{pmatrix} y_1 \\ y_2 \\ \vdots \\ y_n \end{pmatrix}$$

$$= Y^T BY \tag{5-4}$$

称(5－4)式为二次型的**标准形**,简称**标准形**. 其中矩阵B是对角矩阵. 显然,只含有平方项的二次型的矩阵是对角矩阵. 矩阵为对角矩阵的二次型则只含有平方项.

任给一个二次型$f = X^T AX$,就唯一确定一个对称矩阵A;反之,任给一个对称矩阵A也可唯一确定一个二次型$f = X^T AX$. 于是二次型$f = X^T AX$完全由对称矩阵A决定. 因此,把对称矩阵A的秩称为**二次型的秩**. 从而对二次型的讨论就可以转化为对某个对称矩阵的讨论.

例2　设$A = \begin{pmatrix} 2 & -1 & 5 \\ -1 & 0 & 3 \\ 5 & 3 & -4 \end{pmatrix}$是某个二次型的矩阵,试写出该二次型的表达式,并求二次型$f = X^T AX$的秩.

解　由于二次型的矩阵是三阶矩阵,所以二次型的表达式为

$$f(x_1, x_2, x_3) = X^T AX = (x_1, x_2, x_3)\begin{pmatrix} 2 & -1 & 5 \\ -1 & 0 & 3 \\ 5 & 3 & -4 \end{pmatrix}\begin{pmatrix} x_1 \\ x_2 \\ x_3 \end{pmatrix}$$

$$= 2x_1^2 - 2x_1x_2 + 10x_1x_3 + 6x_2x_3 - 4x_3^2$$

又因为$|A| = -44 \neq 0$,所以二次型$f = X^T AX$的秩为3.

注意:二次型表示为矩阵乘积的方式并不唯一. 例如

$$f(x_1, x_2) = x_1^2 - 4x_1x_2 - 2x_2^2 = (x_1, x_2)\begin{pmatrix} 1 & -2 \\ -2 & -2 \end{pmatrix}\begin{pmatrix} x_1 \\ x_2 \end{pmatrix}$$

$$f(x_1, x_2) = x_1^2 - 4x_1x_2 - 2x_2^2 = (x_1, x_2)\begin{pmatrix} 1 & -4 \\ 0 & -2 \end{pmatrix}\begin{pmatrix} x_1 \\ x_2 \end{pmatrix}$$

$$f(x_1, x_2) = x_1^2 - 4x_1x_2 - 2x_2^2 = (x_1, x_2)\begin{pmatrix} 1 & 0 \\ -4 & -2 \end{pmatrix}\begin{pmatrix} x_1 \\ x_2 \end{pmatrix}$$

但本章研究的二次型的矩阵是对称矩阵,且矩阵的秩是唯一的. 所以上述例中的二次型的矩阵只能为$\begin{pmatrix} 1 & -2 \\ -2 & -2 \end{pmatrix}$,其秩为2.

二、线性变换

与解析几何中坐标变换一样,在处理许多经济问题时,也常常通过线性变换来化简

二次型.

定义 5.2 设变量 $x_1,x_2,\cdots,x_n$ 能用变量 $y_1,y_2,\cdots,y_n$ 线性表示,即

$$\begin{cases}x_1 = c_{11}y_1 + c_{12}y_2 + \cdots + c_{1n}y_n \\ x_2 = c_{21}y_1 + c_{22}y_2 + \cdots + c_{2n}y_n \\ \cdots\cdots\cdots\cdots\cdots\cdots\cdots\cdots\cdots\cdots \\ x_n = c_{n1}y_1 + c_{n2}y_2 + \cdots + c_{nn}y_n\end{cases} \tag{5-5}$$

则称(5-5)式为从变量 $y_1,y_2,\cdots,y_n$ 到变量 $x_1,x_2,\cdots x_n$ 的**线性变换**. 其中 c_{ij} 为常数($i,j=1,2,\cdots,n$).

令

$$C=(c_{ij})=\begin{pmatrix}c_{11} & c_{12} & \cdots & c_{1n}\\ c_{21} & c_{22} & \cdots & c_{2n}\\ \cdots & \cdots & \cdots & \cdots\\ c_{n1} & c_{n2} & \cdots & c_{nn}\end{pmatrix},\quad Y=\begin{pmatrix}y_1\\ y_2\\ \vdots\\ y_n\end{pmatrix}$$

则(5-5)式又可写为

$$X = CY.$$

其中 C 称为**线性变换的系数矩阵**.

若 $|C|\neq 0$ 时,则称(5-5)式为**非奇异的线性变换**,并称

$$Y = C^{-1}X \tag{5-6}$$

为 $X=CY$ 的逆线性变换.

若 $|C|=0$ 时,则称(5-5)式为**奇异的线性变换**.

例 3 对二次型 $f(x_1,x_2,x_3)=x_1^2+2x_1x_2+2x_1x_3+2x_2^2+4x_2x_3+x_3^2$ 作线性变换

$$\begin{cases}x_1 = y_1 - y_2\\ x_2 = y_2 - y_3,\\ x_3 = y_3\end{cases}$$

求经过线性变换后的二次型 f.

解 因为二次型

$$f(x_1,x_2,x_3)=X^TAX=(x_1,x_2,x_3)\begin{pmatrix}1 & 1 & 1\\ 1 & 2 & 2\\ 1 & 2 & 1\end{pmatrix}\begin{pmatrix}x_1\\ x_2\\ x_3\end{pmatrix}$$

线性变换为

$$X=CY=\begin{pmatrix}1 & -1 & 0\\ 0 & 1 & -1\\ 0 & 0 & 1\end{pmatrix}Y,$$

且 $|C|=1\neq 0$,线性变换非奇异. 故将变换 $X=CY$ 代入二次型,得

$$f(x_1,x_2,x_3) = X^TAX = (CY)^TACY = Y^TC^TACY$$

$$= Y^T\begin{pmatrix}1 & 0 & 0\\ -1 & 1 & 0\\ 0 & -1 & 1\end{pmatrix}\begin{pmatrix}1 & 1 & 1\\ 1 & 2 & 2\\ 1 & 2 & 1\end{pmatrix}\begin{pmatrix}1 & -1 & 0\\ 0 & 1 & -1\\ 0 & 0 & 1\end{pmatrix}Y = Y^T\begin{pmatrix}1 & 0 & 0\\ 0 & 1 & 0\\ 0 & 0 & -1\end{pmatrix}Y$$

$$= y_1^2 + y_2^2 - y_3^2$$

由此例可见，经过一个非奇异的线性变换 $X = CY$，把二次型 f 化为标准形，就是要求一个非奇异的矩阵 C，使得 C^TAC 是对角矩阵．若线性变换的系数矩阵为正交矩阵，则称线性变换为**正交变换**．显然，正交变换是非奇异线性变换．

三、矩阵合同

由于二次型经过非奇异的线性变换 $X = CY$ 后仍然是二次型，而且两个二次型之间具有如下关系

$$f = X^TAX = (CT)^TACY = Y^T(C^TAC)Y$$

显然有 $(C^TAC)^T = C^TA^T(C^T)^T = C^TAC$，即 C^TAC 为对称矩阵．

设 B 为新二次型的矩阵，则有

$$B = C^TAC$$

这就是前后两个二次型矩阵的关系．为此，我们引入矩阵合同的概念．

定义 5.3　设 A、B 为 n 阶矩阵，如果存在 n 阶非奇异矩阵 C，使得

$$B = C^TAC \tag{5-7}$$

则称 A 与 B 是**合同**的（或 A 合同于 B）．

二次型的矩阵 A 与经过非奇异的线性变换 $X = CY$ 得出的二次型的矩阵 $B = C^TAC$ 是合同的．如例 3 有

$$\begin{pmatrix}1 & 1 & 1\\ 1 & 2 & 2\\ 1 & 2 & 1\end{pmatrix}\text{合同于}\begin{pmatrix}1 & 0 & 0\\ 0 & 1 & 0\\ 0 & 0 & -1\end{pmatrix}$$

矩阵合同具有如下性质：

(1) 反身性：n 阶矩阵 A 与 A 合同；

(2) 对称性：若 A 与 B 合同，则 B 与 A 合同；

(3) 传递性：若 A 与 B 合同，B 与 C 合同，则 A 与 C 合同．

定理 5.1　如果 A 与 B 合同，则 $R(A) = R(B)$．

证　因为 $B = C^TAC$，所以 $R(B) \leqslant R(A)$．

又因为 C 为非奇异矩阵，有

$$A = (C^T)^{-1}B(C)^{-1}$$

从而 $R(A) \leqslant R(B)$，于是

$$R(A) = R(B).$$

定理 5.1 表明，非奇异的线性变换 $X = CY$ 将二次型 f 的矩阵 A 变为 C^TAC，而且二次

型f的秩不发生改变.

§5.2 二次型的标准形

要使二次型$f = X^TCX$经非奇异线性变换$X = CY$变成标准形,这就是要使

$$f = X^TAX = Y^T(C^TAC)Y = b_1y_1^2 + b_2y_2^2 + \cdots + b_ny_n^2$$
$$= (y_1,y_2,\cdots,y_n)\begin{pmatrix} b_1 & 0 & \cdots & 0 \\ 0 & b_2 & \cdots & 0 \\ \cdots & \cdots & \cdots & \cdots \\ 0 & 0 & \cdots & b_n \end{pmatrix}\begin{pmatrix} y_1 \\ y_2 \\ \vdots \\ y_n \end{pmatrix} = Y^TBY$$

也就是要使C^TAC成为对角阵.因此,我们的主要问题就是:对于对称矩阵A,是否可以找到一个可逆矩阵,使得C^TAC与对角阵合同,即将二次型f化为标准形.由此,我们不加证明地给出如下定理.

定理 5.2 任意一个二次型都可以通过非奇异的线性变换化为标准形.

即对任意一个对称矩阵A,都可以找到一个可逆矩阵C,使得矩阵A合同于一个对角矩阵.

把二次型化为标准形的方法不是唯一的.下面主要介绍两种方法:配方法与正交变换法.

一、配方法

配方法化二次型为标准形的方法也称为拉格朗日(Lagrange)配方法,在变量不太多的情况下是行之有效的方法.下面仅举例说明.

例 1 化二次型$f(x_1,x_2,x_3) = x_1^2 + 4x_1x_2 - 4x_1x_3 + 2x_2^2 - 4x_2x_3 - x_3^2$为标准形,并求出相应的非奇异线性变换.

解 若二次型f中含有变量x_1的平方项,故先把含x_1的各项归结起来配方,再把含x_2的各项归结起来配方,如此继续下去,直到配成完全平方和为止.所以

$$\begin{aligned} f &= x_1^2 + 4x_1(x_2 - x_3) + [2(x_2 - x_3)]^2 - [2(x_2 - x_3)]^2 + 2x_2^2 - 4x_2x_3 - x_3^2 \\ &= (x_1 + 2x_2 - 2x_3)^2 - 2x_2^2 + 4x_2x_3 - 5x_3^2 \\ &= (x_1 + 2x_2 - 2x_3)^2 - 2(x_2 - x_3)^2 - 3x_3^2 \end{aligned}$$

令

$$\begin{cases} y_1 = x_1 + 2x_2 - 2x_3 \\ y_2 = x_2 - x_3 \\ y_3 = x_3 \end{cases}$$

即

$$\begin{cases}x_1 = y_1 - 2y_2 \\ x_2 = y_2 + y_3 \\ x_3 = y_3\end{cases}$$

则此变换将原二次型f化为标准形

$$f = y_1^2 - 2y_2^2 - 3y_3^2$$

其中变换矩阵为

$$C = \begin{pmatrix}1 & -2 & 0 \\ 0 & 1 & 1 \\ 0 & 0 & 1\end{pmatrix},$$

且

$$\begin{vmatrix}1 & -2 & 0 \\ 0 & 1 & 1 \\ 0 & 0 & 1\end{vmatrix} \neq 0,$$

故线性变换 $X = CY$ 是非奇异的.

例2 化二次型$f(x_1,x_2,x_3) = x_1x_2 + x_1x_3 - 3x_2x_3$为标准形,并求出相应的非奇异线性变换.

解 由于二次型f中没有平方项,无法直接配方,故先作一个非奇异的线性变换,使其出现平方项再配方.令

$$\begin{cases}x_1 = y_1 - y_2 \\ x_2 = y_1 + y_2 \\ x_3 = y_3\end{cases}$$

代入二次型,得

$$\begin{aligned}f &= (y_1 - y_2)(y_1 + y_2) + (y_1 - y_2)y_3 - 3(y_1 + y_2)y_3 \\ &= y_1^2 - y_2^2 - 2y_1y_3 - 4y_2y_3 = (y_1^2 - 2y_1y_3 + y_3^2) - y_2^2 - 4y_2y_3 - y_3^2 \\ &= (y_1 - y_3)^2 - (y_2^2 + 4y_2y_3 + 4y_3^2) + 3y_3^2 = (y_1 - y_3)^2 - (y_2 + 2y_3)^2 + 3y_3^2\end{aligned}$$

再作一次线性变换

令

$$\begin{cases}z_1 = y_1 - y_3 \\ z_2 = y_2 + 2y_3, \\ z_3 = y_3\end{cases}$$

即

$$\begin{cases}y_1 = z_1 + z_3 \\ y_2 = z_2 - 2z_3 \\ y_3 = z_3\end{cases}$$

则二次型的标准形为$f = z_1^2 - z_2^2 + 3z_3^2$.

由于把二次型化成标准形作了两次线性变换,把它们分别记为$X = C_1Y$和$Y = C_2Z$,其中

$$C_1 = \begin{pmatrix} 1 & -1 & 0 \\ 1 & 1 & 0 \\ 0 & 0 & 1 \end{pmatrix}, \quad C_2 = \begin{pmatrix} 1 & 0 & 1 \\ 0 & 1 & -2 \\ 0 & 0 & 1 \end{pmatrix}$$

于是$X = (C_1C_2)Z$就是将二次型化成标准形的非奇异的线性变换,其中线性变换矩阵为

$$C = C_1C_2 = \begin{pmatrix} 1 & -1 & 3 \\ 1 & 1 & -1 \\ 0 & 0 & 1 \end{pmatrix},$$

且

$$\begin{vmatrix} 1 & -1 & 3 \\ 1 & 1 & -1 \\ 0 & 0 & 1 \end{vmatrix} \neq 0$$

所以$X = CZ$就是把二次型f化为标准形的非奇异的线性变换.

二、正交变换法

正交变换法是实二次型化成标准形的方法. 由 §4.3 知,任给实对称阵A,总有正交矩阵Q,使的

$$Q^{-1}AQ = \Lambda.$$

由于Q是正交矩阵,有$Q^{-1} = Q^T$,即$Q^TAQ = \Lambda$. 把此结论应用于二次型,即有

$$f = \boldsymbol{\lambda}_1y_1^2 + \boldsymbol{\lambda}_2y_2^2 + \cdots + \boldsymbol{\lambda}_ny_n^2$$

定理5.3 任给一个实二次型$f = X^TAX$,总存在正交变换$X = QY$,使得二次型f化为标准形

$$f = \boldsymbol{\lambda}_1y_1^2 + \boldsymbol{\lambda}_2y_2^2 + \cdots + \boldsymbol{\lambda}_n\boldsymbol{y}_n^2$$

其中$\boldsymbol{\lambda}_1,\boldsymbol{\lambda}_2,\cdots,\boldsymbol{\lambda}_n$是二次型$f$的矩阵$A$的特征值.

用正交变换法化实二次型$f = X^TAX$为标准形的步骤是:

(1) 求出矩阵A全部的特征值$\boldsymbol{\lambda}_1,\boldsymbol{\lambda}_2,\cdots,\boldsymbol{\lambda}_n$及相应的特征向量;

(2) 求出使矩阵A对角化的正交矩阵Q,得正交变换

$$X = QY$$

(3) 写出f的标准形$f = \boldsymbol{\lambda}_1y_1^2 + \boldsymbol{\lambda}_2y_2^2 + \cdots + \boldsymbol{\lambda}_ny_n^2$或

$$f = Y^T\Lambda Y.$$

例3 用正交变换法化实二次型$f = x_1^2 + 2x_1x_2 + 2x_2^2 - 2x_2x_3 + x_3^2$为标准形,并求出相应的正交变换及二次型$f$的秩.

解 由于二次型 f 的矩阵为

$$A=\begin{pmatrix}1 & 1 & 0\\ 1 & 2 & -1\\ 0 & -1 & 1\end{pmatrix}$$

其特征方程为

$$|\boldsymbol{\lambda}E-A|=\begin{vmatrix}\boldsymbol{\lambda}-1 & -1 & 0\\ -1 & \boldsymbol{\lambda}-2 & 1\\ 0 & 1 & \boldsymbol{\lambda}-1\end{vmatrix}=\boldsymbol{\lambda}(1-\boldsymbol{\lambda})(\boldsymbol{\lambda}-3)=0$$

解之得 A 的三个特征值 $\boldsymbol{\lambda}_1=0,\boldsymbol{\lambda}_2=1,\boldsymbol{\lambda}_3=3$.

将 $\boldsymbol{\lambda}_1=0,\boldsymbol{\lambda}_2=1,\boldsymbol{\lambda}_3=3$ 分别代入齐次线性方程组 $(\boldsymbol{\lambda}E-A)X=O$，解得三个线性无关的特征向量

$$\boldsymbol{\eta}_1=\begin{pmatrix}-1\\ 1\\ 1\end{pmatrix},\boldsymbol{\eta}_2=\begin{pmatrix}1\\ 0\\ 1\end{pmatrix},\boldsymbol{\eta}_3=\begin{pmatrix}-1\\ -2\\ 1\end{pmatrix}$$

由于 A 的特征值互不相同，根据定理 4.11，它们对应的特征向量 $\boldsymbol{\eta}_1,\boldsymbol{\eta}_2,\boldsymbol{\eta}_3$ 两两正交，再将 $\boldsymbol{\eta}_1,\boldsymbol{\eta}_2,\boldsymbol{\eta}_3$ 单位化，得正交矩阵

$$Q=(\boldsymbol{\eta}_1^*,\boldsymbol{\eta}_2^*,\boldsymbol{\eta}_3^*)=\begin{pmatrix}\frac{-1}{\sqrt{3}} & \frac{1}{\sqrt{2}} & \frac{-1}{\sqrt{6}}\\ \frac{1}{\sqrt{3}} & 0 & \frac{-2}{\sqrt{6}}\\ \frac{1}{\sqrt{3}} & \frac{1}{\sqrt{2}} & \frac{1}{\sqrt{6}}\end{pmatrix}$$

故实二次型 f 用正交变换 $X=QY$ 化为标准形

$$f=Y^T\Lambda Y=y_2^2+3y_3^2$$

其中

$$\Lambda=Q^TAQ=\begin{pmatrix}0 & 0 & 0\\ 0 & 1 & 0\\ 0 & 0 & 3\end{pmatrix}$$

又因为正交变换不改变矩阵的秩，所以二次型 f 的秩为 2.

这表明，标准形中平方项的系数就是 A 的特征值，以这些特征值组成的对角矩阵正是通过正交矩阵 Q，与矩阵 A 合同，即

$$Q^TAQ=\Lambda.$$

本例若采用配方法，则

$$f=x_1^2+2x_1x_2=2x_2^2-2x_2x_3+x_3^2=(x_1+x_2)^2+(x_2-x_3)^2$$

令

$$\begin{cases} z_1 = x_1 + x_2 \\ z_2 = x_2 - x_3, \\ z_3 = x_3 \end{cases}$$

即

$$\begin{cases} x_1 = z_1 - z_2 - z_3 \\ x_2 = z_2 + z_3 \\ x_3 = z_3 \end{cases}$$

则实二次型的标准形为 $f = z_1^2 + z_2^2$. 此时标准形中平方项的系数,已经不是 A 的特征值.

注意:用配方法所得的标准形的系数,不一定是二次型的矩阵 A 的特征值.

从例3可以看到,二次型的标准形可以是不唯一的. 它与所作的非奇异变换有关,但标准形中系数不等于零的平方项的个数是确定的,这个个数就是矩阵 A 的秩,也是二次型的秩. 不仅如此,还可以证明,标准形中正项的个数与负项的个数是不变的.

例4　已知实二次型 $f = 5x_1^2 + 5x_2^2 + Cx_3^2 - 2x_1x_2 + 6x_1x_3 - 6x_2x_3$ 的秩为2. (1) 求:参数 C;(2) 将二次型化为标准型,并求出相应的正交变换矩阵。

解　(1) 由于二次型 f 的矩阵为

$$A = \begin{pmatrix} 5 & -1 & 3 \\ -1 & 5 & -3 \\ 3 & -3 & C \end{pmatrix}$$

因为 $R(A) = 2$,所以 $|A| = 0$,解之得 $C = 3$.

(2) 由于二次型 f 的特征方程为

$$|\boldsymbol{\lambda} E - A| = \boldsymbol{\lambda}(\boldsymbol{\lambda} - 4)(\boldsymbol{\lambda} - 9) = 0$$

解之得 A 的三个特征值 $\boldsymbol{\lambda}_1 = 9, \boldsymbol{\lambda}_2 = 4, \boldsymbol{\lambda}_3 = 0$.

将 $\boldsymbol{\lambda}_1 = 9, \boldsymbol{\lambda}_2 = 4, \boldsymbol{\lambda}_3 = 0$ 分别代入齐次线性方程组 $(\boldsymbol{\lambda} E - A)X = O$,解得三个线性无关的特征向量

$$\boldsymbol{\eta}_1 = \begin{pmatrix} 1 \\ -1 \\ 1 \end{pmatrix}, \boldsymbol{\eta}_2 = \begin{pmatrix} 1 \\ 1 \\ 0 \end{pmatrix}, \boldsymbol{\eta}_3 = \begin{pmatrix} -1 \\ 1 \\ 2 \end{pmatrix}$$

由于 A 的特征值互不相同,根据定理4.11它们对应的特征向量 $\boldsymbol{\eta}_1, \boldsymbol{\eta}_2, \boldsymbol{\eta}_3$ 两两正交,再将 $\boldsymbol{\eta}_1, \boldsymbol{\eta}_2, \boldsymbol{\eta}_3$ 单位化,得正交矩阵

$$Q = \begin{pmatrix} \frac{1}{\sqrt{3}} & \frac{1}{\sqrt{2}} & \frac{-1}{\sqrt{6}} \\ \frac{-1}{\sqrt{3}} & \frac{1}{\sqrt{2}} & \frac{1}{\sqrt{6}} \\ \frac{1}{\sqrt{3}} & 0 & \frac{1}{\sqrt{6}} \end{pmatrix}$$

故实二次型 f 用正交变换 $X = QY$ 化为标准形

$$f = Y^T \Lambda Y = 9y_1^2 + 4y_2^2$$

其中 Q 为相应的正交变换矩阵.

例 5　已知实二次型 $f = x_1^2 - 2x_2^2 - 2x_3^2 - 4x_1x_2 + 4x_1x_3 + 8x_2x_3$ 求出正交变换,将二次型化为标准形.

解　因为实二次型的矩阵为

$$A = \begin{pmatrix} 1 & -2 & 2 \\ -2 & -2 & 4 \\ 2 & 4 & -2 \end{pmatrix}$$

则二次型的特征方程为

$$|\boldsymbol{\lambda} E - A| = \begin{vmatrix} \boldsymbol{\lambda} - 1 & 2 & -2 \\ 2 & \boldsymbol{\lambda} + 2 & -4 \\ -2 & -4 & \boldsymbol{\lambda} + 2 \end{vmatrix} = (\boldsymbol{\lambda} - 2)^2(\boldsymbol{\lambda} + 7) = 0$$

解得特征值 $\boldsymbol{\lambda}_1 = \boldsymbol{\lambda}_2 = 2, \boldsymbol{\lambda}_3 = -7$.

当 $\boldsymbol{\lambda}_1 = 2$ 时,由齐次线性方程组 $(\boldsymbol{\lambda}_1 E - A)X = O$,即

$$\begin{pmatrix} 1 & 2 & -2 \\ 2 & 4 & -4 \\ -2 & -4 & 4 \end{pmatrix}\begin{pmatrix} x_1 \\ x_2 \\ x_3 \end{pmatrix} = \begin{pmatrix} 0 \\ 0 \\ 0 \end{pmatrix}$$

解得线性无关的特征向量

$$\boldsymbol{\eta}_1 = \begin{pmatrix} 2 \\ -1 \\ 0 \end{pmatrix}^T, \boldsymbol{\eta}_2 = \begin{pmatrix} 2 \\ 0 \\ 1 \end{pmatrix}^T.$$

用施密特正交化方法,先正交化,得

$$\boldsymbol{\beta}_1 = \boldsymbol{\eta}_1 = \begin{pmatrix} 2 \\ -1 \\ 0 \end{pmatrix}^T$$

$$\boldsymbol{\beta}_2 = \boldsymbol{\eta}_2 - \frac{(\boldsymbol{\eta}_2, \boldsymbol{\beta}_1)}{(\boldsymbol{\beta}_1, \boldsymbol{\beta}_1)}\boldsymbol{\beta}_1 = \begin{pmatrix} 2 \\ 0 \\ 1 \end{pmatrix} - \frac{4}{5}\begin{pmatrix} 2 \\ -1 \\ 0 \end{pmatrix} = \frac{1}{5}\begin{pmatrix} 2 \\ 4 \\ 5 \end{pmatrix}$$

再将 $\boldsymbol{\beta}_1, \boldsymbol{\beta}_2$ 单位化,得

$$\boldsymbol{\eta}_1^* = \begin{pmatrix} \frac{2\sqrt{5}}{5} \\ -\frac{\sqrt{5}}{5} \\ 0 \end{pmatrix}^T, \boldsymbol{\eta}_2^* = \begin{pmatrix} \frac{2\sqrt{5}}{15} \\ \frac{4\sqrt{5}}{15} \\ \frac{\sqrt{5}}{3} \end{pmatrix}^T$$

当 $\boldsymbol{\lambda}_3=-7$ 时，由齐次线性方程组$(\boldsymbol{\lambda}_3E-A)X=O$，即

$$\begin{pmatrix}-8 & 2 & -2\\ 2 & -5 & -4\\ -2 & -4 & -5\end{pmatrix}\begin{pmatrix}x_1\\ x_2\\ x_3\end{pmatrix}=\begin{pmatrix}0\\ 0\\ 0\end{pmatrix}$$

解得特征向量 $\boldsymbol{\eta}_3=(1,2,-2)^T$，将 $\boldsymbol{\eta}_3$ 单位化，得

$$\boldsymbol{\eta}_3^*=\begin{pmatrix}\dfrac{1}{3}\\ \dfrac{2}{3}\\ -\dfrac{2}{3}^{T}\end{pmatrix}^T.$$

令

$$Q=(\boldsymbol{\eta}_1^*,\boldsymbol{\eta}_2^*,\boldsymbol{\eta}_3^*)=\begin{pmatrix}\dfrac{2\sqrt{5}}{5} & \dfrac{2\sqrt{5}}{15} & \dfrac{1}{3}\\ -\dfrac{5\sqrt{5}}{5} & \dfrac{4\sqrt{5}}{15} & \dfrac{2}{3}\\ 0 & \dfrac{5}{3} & -\dfrac{2}{3}\end{pmatrix},\Lambda=\begin{pmatrix}2 & & \\ & 2 & \\ & & -7\end{pmatrix}$$

则将正交变换 $X=QY$ 代入二次型得标准形为

$$f=Y^T\Lambda Y=2y_1^2+2y_2^2-7y_3^2$$

三、实二次型的规范形

由前述可见，一个秩为$r(r\leqslant n)$的实二次型f，经过非奇异的线性变换后，总可以将它化成标准形

$$f=a_1y_1^2+a_2y_2^2+\cdots+a_ry_r^2$$

在此标准形中系数不等于零的平方项的个数完全是由实二次型的矩阵 A 的秩 r 确定的，它与所作的非奇异的线性变换无关．且平方项的系数不是唯一的．例如实二次型

$$f(x_1,x_2,x_3)=2x_1x_2+2x_1x_3-6x_2x_3$$

经过非奇异的线性变换

$$\begin{cases}x_1=y_1+y_2+3y_3\\ x_2=y_1-y_2-y_3\\ x_3=y_3\end{cases}$$

得到标准形

$$f=2y_1^2-2y_2^2+6y_3^2$$

而经过非奇异的线性变换

$$\begin{cases} x_1 = z_1 - \dfrac{1}{2}z_2 + z_3 \\ x_2 = z_1 + \dfrac{1}{2}z_2 - \dfrac{1}{3}z_3 \\ x_3 = z_3 \end{cases}$$

又得到标准形

$$f = 2z_1^2 - \frac{1}{2}z_2^2 + \frac{2}{3}z_3^2$$

这说明标准形中平方项的系数是随线性变换的不同而不同,可是平方项的个数却是相同的. 如果我们将标准形中的变量按系数为正、为负、为零重新排顺序,得到实二次型的标准形为

$$f = a_1y_1^2 + a_2y_2^2 + \cdots + a_ky_k^2 - a_{k+1}y_{k+1}^2 - \cdots - a_ry_r^2 \tag{5-8}$$

其中 $a_i > 0(i = 1,2,\cdots,r)$. 根据正实数总可以开平方的原理,再作一个非奇异的线性变换

$$\begin{cases} y_1 = \dfrac{1}{\sqrt{a_1}}z_1 \\ \cdots\cdots\cdots\cdots \\ y_r = \dfrac{1}{\sqrt{a_r}}z_r \\ y_{r+1} = z_{r+1} \\ \cdots\cdots\cdots\cdots \\ y_n = z_n \end{cases} \tag{5-9}$$

则标准形(5-8)式就变成

$$f = z_1^2 + z_2^2 + \cdots + z_k^2 - z_{k+1}^2 - \cdots - z_r^2 \tag{5-10}$$

(5-10)式表示的标准形称为实二次型的**规范型**. 显然,规范型是唯一的. 因为它完全由 r 和 k 所确定.

定理 5.4　任给一个实二次型 $f = X^TAX$,都可以经过适当的非奇异的线性变换化成规范型,且其规范型是唯一的.

定理 5.4 称为**惯性定理**. 它说明实二次型 f 的规范型(5-10)中,正平方项的个数 k 是唯一的;负平方项的个数 $r-k$ 也是唯一的.

定义 5.4　在实二次型 f 的规范形中,系数为正的平方项的个数 k,称为实二次型 f 的**正惯性指数**;系数为负的平方项的个数 $r-k$ 称为**负惯性指数**;它们的差 $k-(r-k)$ 称为实二次型 f 的**符号差**.

应该指出,虽然实二次型的标准形不是唯一的,但是从化为规范形过程中可以看出,标准形中系数为正的平方项的个数与规范形中正平方项的个数是一致的,因此惯性定律也可叙述为:实二次型的标准形中系数为正的平方项的个数是唯一的,它等于正惯性指数,而系数为负的平方项的个数等于负惯性指数. 由此知在一个实二次型中,秩和正惯性

指数是两个基本不变量.

§5.3 正定二次型

一、二次型的分类

根据实二次型的取值符号,我们可作如下分类.

定义5.5 设实二次型$f(x_1,x_2,\cdots,x_n)=X^TAX$,对于任意的一组不全为零的实数$c_1,c_2,\cdots,c_n$有

(1) 如果$f(c_1,c_2,\cdots,c_n)>0$,则称f为**正定二次型**;

(2) 如果$f(c_1,c_2,\cdots,c_n)<0$,则称f为**负定二次型**;

(3) 如果$f(c_1,c_2,\cdots,c_n)\geqslant 0$,则称$f$为**半正定二次型**;

(4) 如果$f(c_1,c_2,\cdots,c_n)\leqslant 0$,则称$f$为**半负定二次型**;

(5) 如果它既不是正定的、半定的,又不是负定的、半负定的二次型,则称为**不定的二次型**.

正定二次型的矩阵A称为**正定矩阵**;负定二次型的矩阵A称为**负定矩阵**.半正定(半负定)二次型的矩阵A称为**半正定(半负定)矩阵**.

显然若f是正定二次型,则$-f$必为负定二次型.若f是不定的二次型,则对某些不全为零的实数$c_1,c_2,\cdots,c_n$使得$f(c_1,c_2,\cdots,c_n)>0$,而对某些不全为零的实数$b_1,b_2,\cdots,b_n$,又使得$f(b_1,b_2,\cdots,b_n)<0$.

二、正定二次型

怎样判断一个实二次型为正定、负定和不定的呢?例如,实二次型

$$f(x_1,x_2,x_3)=x_1^2+x_2^2+x_3^2,$$

显然是正定二次型;实二次型

$$f(x_1,x_2,x_3)=x_1^2+4x_2^2$$

是半正定的;而实二次型

$$f(x_1,x_2,x_3)=x_1^2-x_2^2-x_3^2$$

则是不定的二次型.

由于一个实二次型是标准形(或规范型)时,其正定性容易判断,那么通过非奇异的线性变换将任意一个实二次型化成标准形后,其正定性是否会发生改变呢?为此,我们有下面的

定理5.5 设正定二次型$f=X^TAX$经非奇异的实线性变换$X=CY$变成实二次型$f=Y^TBY$,则实二次型$f=Y^TBY$必定是正定二次型.(证明略)

由于非奇异实线性变换保持实二次型的正定性不变,所以我们可由实二次型的标准形或规范型是否正定来判断实二次型的正定性.为此我们有下列重要结论.

定理 5.6　若 A 是 n 阶实对称矩阵，则下列命题等价：

(1) 实二次型 $f = X^T AX$ 是正定二次型（或 A 是正定矩阵）；

(2) 矩阵 A 的正惯性指数为 n；

(3) 矩阵 A 与单位矩阵合同，即存在可逆矩阵 P，使得

$$A = P^T EP;$$

(4) 矩阵 A 的 n 个特征值 $\boldsymbol{\lambda}_1, \boldsymbol{\lambda}_2, \cdots, \boldsymbol{\lambda}_n$ 全部大于零．

定理中四个命题等价，其意义是任两个命题都互为充要条件．

例 1　判断实二次型 $f(x_1, x_2, x_3) = x_1^2 - 2x_1x_2 + 2x_2^2 - 2x_2x_3 + 3x_3^2$ 是否是正定二次型．

解　**解法 1**　用配方法，得

$$\begin{aligned} f &= (x_1^2 - 2x_1x_2 + x_2^2) + (x_2^2 - 2x_2x_3 + x_3^2) + 2x_3^2 \\ &= (x_1 - x_2)^2 + (x_2 - x_3)^2 + 2x_3^2 \geqslant 0 \end{aligned}$$

等号成立的充要条件是

$$x_1 - x_2 = 0, x_2 - x_3 = 0, x_3 = 0$$

即

$$x_1 = x_2 = x_3 = 0,$$

故二次型 $f(x_1, x_2, x_3)$ 是正定的．

解法 2　求特征值法．实二次型 f 的矩阵为

$$A = \begin{pmatrix} 1 & -1 & 0 \\ -1 & 2 & -1 \\ 0 & -1 & 3 \end{pmatrix}$$

由矩阵 A 的特征方程

$$|\boldsymbol{\lambda}E - A| = \begin{vmatrix} \boldsymbol{\lambda} - 1 & 1 & 0 \\ 1 & \boldsymbol{\lambda} - 2 & 1 \\ 0 & 1 & \boldsymbol{\lambda} - 3 \end{vmatrix} = (\boldsymbol{\lambda} - 2)(\boldsymbol{\lambda}^2 - 4\boldsymbol{\lambda} + 1) = 0$$

解得特征值 $\boldsymbol{\lambda}_1 = 2, \boldsymbol{\lambda}_2 = 2 + \sqrt{3}, \boldsymbol{\lambda}_3 = 2 - \sqrt{3}$，其中 $\boldsymbol{\lambda}_1, \boldsymbol{\lambda}_2, \boldsymbol{\lambda}_3$ 均大于零，所以二次型 $f(x_1, x_2, x_3)$ 是正定的．

下面再介绍一种不必将二次型化成标准型，而直接利用二次型 f 的矩阵 A 的某些性质来判定是否是正定二次型．

定义 5.6　设 n 阶矩阵

$$A = \begin{pmatrix} a_{11} & a_{12} & \cdots & a_{1n} \\ a_{21} & a_{22} & \cdots & a_{2n} \\ \cdots & \cdots & \cdots & \cdots \\ a_{n1} & a_{n2} & \cdots & a_{nn} \end{pmatrix},$$

称 A 的子式

$$P_k = \begin{vmatrix} a_{11} & a_{12} & \cdots & a_{1k} \\ a_{21} & a_{22} & \cdots & a_{2k} \\ \cdots & \cdots & \cdots & \cdots \\ a_{k1} & a_{k2} & \cdots & a_{kk} \end{vmatrix} \quad (k = 1,2,\cdots,n) \tag{5-11}$$

为矩阵 A 的 k **阶顺序主子式**.

定理5.7 实二次型 $f = X^T AX$ 是正定二次型的充要条件是 A 的各阶顺序主子式全都大于零.

例2 用顺序主子式的符号来判定例1的实二次型 f 是正定的.

解 二次型 f 的矩阵为

$$A = \begin{pmatrix} 1 & -1 & 0 \\ -1 & 2 & -1 \\ 0 & -1 & 3 \end{pmatrix}$$

其顺序主子式为

$$P_1 = |1| > 0, P_2 = \begin{vmatrix} 1 & -1 \\ -1 & 2 \end{vmatrix} = 1 > 0, P_3 = \begin{vmatrix} 1 & -1 & 0 \\ -1 & 2 & -1 \\ 0 & -1 & 3 \end{vmatrix} = 2 > 0$$

故实二次型 f 是正定二次型.

例3 实二次型 $f(x_1,x_2,x_3) = x_1^2 + 4x_2^2 + 2x_3^2 + 2tx_1x_2 + 2x_1x_3$ 为正定二次型的充要条件是 t 满足什么条件?

解 实二次型 f 的矩阵为

$$A = \begin{pmatrix} 1 & t & 1 \\ t & 4 & 0 \\ 1 & 0 & 2 \end{pmatrix}$$

其顺序主子式为

$$P_1 = |1| > 0, P_2 = \begin{vmatrix} 1 & t \\ t & 4 \end{vmatrix} = 4 - t^2 > 0,$$

则

$$|t| < 2,$$

而

$$P_3 = \begin{vmatrix} 1 & t & 1 \\ t & 4 & 0 \\ 1 & 0 & 2 \end{vmatrix} = 4 - 2t^2 > 0,$$

则

$$|t| < \sqrt{2}$$

于是，当 $|t| < \sqrt{2}$ 时，A 的各阶顺序主子式全都大于零.
故实二次型 f 是正定二次型的充要条件是 t 满足 $|t| < \sqrt{2}$.

对负定矩阵来说，实对称矩阵 A 是负定矩阵的充要条件是

$$(-1)^k P_k > 0 \quad (k = 1,2,\cdots,n)$$

即矩阵 A 的奇数阶的顺序主子式符号为负，而偶数阶的符号为正.

例 4 判定实二次型 $f = -5x_1^2 - 6x_2^2 - 4x_3^2 + 4x_1x_2 + 4x_1x_3$ 的正定性.

解 因为二次型 f 的矩阵为

$$A = \begin{pmatrix} -5 & 2 & 2 \\ 2 & -6 & 0 \\ 2 & 0 & -4 \end{pmatrix}$$

其顺序主子式为

$$P_1 = -5 < 0, P_2 = \begin{vmatrix} -5 & 2 \\ 2 & -6 \end{vmatrix} = 26 > 0, P_3 = |A| = -80 < 0$$

故 f 是负定的.

三、正定矩阵的性质

正定矩阵具有如下性质：

(1) 若 A 为正定矩阵，则 $|A| > 0$，A 可逆.

(2) 若 A 为正定矩阵，则 A^{-1}, A^*, A^k（k 为正整数）亦为正定矩阵.

(3) 若 A 与 B 均为 n 阶正定矩阵，则 $A + B$ 亦为正定矩阵.

(4) 若 $A = (a_{ij})$ 为 n 阶正定矩阵，则 $a_{ii} > 0(i = 1,2,\cdots,n)$.

(5) 若 A 为 n 阶正定矩阵，则存在 n 阶可逆矩阵 P，使得

$$A = PP^T.$$

证 性质(1)(3)请读者自证，下证性质(2)(4)(5).

性质(2) 因为 A 为 n 阶正定矩阵，则由定理5.6知，A 的特征值入全部大于零. 又因为

$$AX = \boldsymbol{\lambda} X,$$

则

$$A^{-1}X = \frac{1}{\boldsymbol{\lambda}}X(\boldsymbol{\lambda} \neq 0)$$

所以 A^{-1} 的特征值亦全部大于零. 故 A^{-1} 为正定矩阵.

同理可证 A^*、A^k（k 为正整数）亦为正定矩阵.

性质(4) 因为 $A = (a_{ij})$ 为 n 阶正定矩阵，所以 $f = X^TAX$ 是正定二次型，从而由定义5.5，取

$$\boldsymbol{\varepsilon}_i = (0,\cdots,1,\cdots,0)^T \quad (i = 1,2,\cdots,n)$$

有

$$f = \boldsymbol{\varepsilon}_i^T A \boldsymbol{\varepsilon}_i = a_{ii} > 0 \quad (i = 1,2,\cdots,n)$$

故 A 的主对角线上的元素 $a_{ii}>0(1,2,\cdots,n)$.

性质(5) 由于 A 为实对称矩阵,则存在正交矩阵 Q,使得 $Q^TAQ=\Lambda$,其中 Λ 为对角矩阵,其中主对角线元素为 A 的特征值 $\boldsymbol{\lambda}_1,\boldsymbol{\lambda}_2,\cdots,\boldsymbol{\lambda}_n$.

又由于 A 为 n 阶正定矩阵,则 $\boldsymbol{\lambda}_i>0,i=1,2,\cdots,n$. 可令

$$D=\begin{pmatrix}\boldsymbol{\lambda}_1^{\frac{1}{2}} & & & \\ & \boldsymbol{\lambda}_2^{\frac{1}{2}} & & \\ & & \ddots & \\ & & & \boldsymbol{\lambda}_n^{\frac{1}{2}}\end{pmatrix}$$

显然 $DD^T=\Lambda$,于是

$$A=Q\Lambda Q^T=QDD^TQ^T=(QD)(QD)^T$$

令

$$P=QD$$

则

$$|P|=|Q|\cdot|D|\neq 0$$

故存在可逆矩阵 P,使得

$$A=PP^T.$$

本章小结

一、掌握二次型的定义、理解线性变换与矩阵合同的定义.

二、掌握二次型标准型的定义,熟练掌握将二次型化标准型的方法的配方法,理解将二次型化标准型的方法的正交变换法.

三、理解正定二次型、正定矩阵的定义,熟练掌握正定二次型的判断方法

习题五

(A)

1. 写出下列二次型 f 的矩阵:

(1)$f(x_1,x_2,x_3)=x_1^2+2x_2^2+2x_1x_2-2x_1x_3$;

(2)$f(x_1,x_2,x_3)=x_1^2+3x_2^2-5x_3^2+x_1x_2$;

(3)$f(x_1,x_2,x_3)=x_1^2+x_2^2+x_3^2+x_1x_2+x_2x_3+x_1x_3$;

(4)$f(x_1,x_2,x_3,x_4)=2x_1x_2-2x_3x_4$.

2. 给定下列矩阵,写出相应的二次型 f:

(1)$A=\begin{pmatrix}1&1&0\\1&2&1\\0&1&3\end{pmatrix}$；　　(2)$A=\begin{pmatrix}2&-1&3\\-1&0&-2\\3&-2&1\end{pmatrix}$；

(3)$A=\begin{pmatrix}a_1&&&\\&a_2&&\\&&a_3&\\&&&a_4\end{pmatrix}$；　　(4)$A=\begin{pmatrix}0&1&1&1\\1&0&1&1\\1&1&0&1\\1&1&1&1\end{pmatrix}$.

3. 用拉格朗日配方法化下列二次型为标准型，并求出所用的非奇异的线性变换：

(1)$f(x_1,x_2,x_3)=x_1^2-4x_1x_2+2x_1x_3+2x_2x_3$；

(2)$f(x_1,x_2,x_3,x_4)=x_4^2+x_1x_2-x_1x_3+2x_2x_4$；

(3)$f(x_1,x_2,x_3)=2x_1x_2+2x_1x_3-4x_2x_3$.

4. 求一个非奇异矩阵 C，使得 C^TAC 为对角矩阵：

(1)$A=\begin{pmatrix}1&2&0\\2&0&1\\0&1&3\end{pmatrix}$；　　(2)$A=\begin{pmatrix}0&1&-2\\1&0&-1\\-2&-1&0\end{pmatrix}$.

5. 用正交变换法化二次型为标准型，并写出所用的正交变换：

(1)$f(x_1,x_2,x_3)=2x_1^2+3x_2^2+2x_3^2+4x_2x_3$；

(2)$f(x_1,x_2,x_3)=5x_1^2+5x_2^2+3x_3^2-2x_1x_2+6x_1x_3-6x_2x_3$；

(3)$f(x_1,x_2,x_3,x_4)=8x_1x_3+2x_1x_4+2x_2x_3+8x_2x_4$.

6. 判断下列二次型的正定性：

(1)$f(x_1,x_2,x_3)=5x_1^2+x_2^2+5x_3^2+4x_1x_2-8x_1x_3-4x_2x_3$；

(2)$f(x_1,x_2,x_3)=-2x_1^2-2x_2^2-x_3^2+2x_1x_2+2x_1x_3$；

(3)$f(x_1,x_2,x_3,x_4)=2x_1x_2+2x_1x_3-6x_2x_3$.

7. 对二次型 $f=x_1^2+2x_2^2+3x_3^2-4x_1x_2-4x_1x_3$ 用配方法化为标准型，并求出所用非奇异变换.

8. 求常数 k，使得下列二次型正定：

(1)$f(x_1,x_2,x_3)=x_1^2+x_2^2+5x_3^2+2kx_1x_2-2x_1x_3+4x_2x_3$；

(2)$f(x_1,x_2,x_3,x_4)=k(x_1^2+x_2^2+x_3^2)+x_4^2+2x_1x_2-2x_2x_3+2x_1x_4$.

9. 试证可逆实对称矩阵 A 与 A^{-1} 是合同矩阵.

10. 判断下列矩阵是否为正定矩阵：

(1)$A=\begin{pmatrix}1&1\\-1&3\end{pmatrix}$；　　(2)$A=\begin{pmatrix}1&1&0\\1&0&2\\0&2&1\end{pmatrix}$；　　(3)$A=\begin{pmatrix}2&1&2\\1&1&1\\2&1&5\end{pmatrix}$.

11. 证明一个实对称矩阵为正定矩阵的充要条件是它与单位矩阵合同.

12. 证明：

(1) 如果 $A=(a_{ij})$ 是 n 阶正定矩阵，则 $a_{ii}>0(i=1,2,\cdots,n)$；

(2) 如果 $A=(a_{ij})$ 是 n 阶负定矩阵，则 $a_{ii}<0(i=1,2,\cdots,n)$.

(*B*)

1. 设二元二次型 $f=X^TAX$，其中矩阵 $A=\begin{pmatrix}1&2\\0&1\end{pmatrix}$，则(　　).

(*A*) 矩阵 A 是二次型 f 的系数矩阵；　(*B*) 矩阵 A 不是二次型 f 的系数矩阵，

(*C*) 二次型 f 的秩为 1；　(*D*) 二次型 f 的秩为 2.

2. 设 $f=(x_1+x_2)(x_2+x_3)$，则它的秩为(　　).

(*A*)1，　(*B*)2，

(*C*)3，　(*D*) 都不对，因为它不是二次型.

3. 设 A 是 n 阶方阵，且 $A\neq O$，但存在 n 阶方阵 C，使得 $C^TAC=O$，则以下结论一定成立的有(　　).

(*A*) 矩阵 A 不可能与零矩阵合同；　(*B*) 矩阵 A 与零矩阵合同，

(*C*) $C=O$；　(*D*) $|C|=0$.

4. 二次型 $f=(x_1-x_2)^2+(x_2-x_3)^2+(x_3-x_1)^2$，则它的标准形可能是(　　).

(*A*) $f=0$；　(*B*) $f=y_1^2+y_2^2+y_3^3$；

(*C*) $f=2y_1^2+\dfrac{3}{2}y_2^2$；　(*D*) $f=y_1^2+y_2^2$.

5. 设某三元二次型 f 的标准形是 $y_1^2-y_3^2$，A 是 f 的系数矩阵，则以下结论成立的是(　　)。

(*A*) A 有一个特征值是正数，但不一定是 1；(*B*) A 有一个特征值是零；

(*C*) $R(A)=3$；　(*D*) $R(A)=2$.

6. 二次型 $f=x_1^2+2x_2x_3$ 的标准形是(　　).

(*A*) $f=y_1^2+y_2^2$；　(*B*) $f=y_1^2+y_2^2+y_3^2$；

(*C*) $f=y_1^2+y_2^2-y_3^2$；　(*D*) $f=y_1^2+2y_2^2-2y_3^2$.

7. 设三元二次型 f 的系数矩阵 A 的特征方程是 $|\lambda E-A|=(\lambda-1)^2(\lambda+2)$，用正交变换法将二交型 f 化成的标准形是(　　).

(*A*) $f=y_1^2-2y_2^2$；　(*B*) $f=y_1^2+y_2^2-2y_3^2$，

(*C*) $f=-y_1^2-y_2^2+2y_3^2$；　(*D*) 不能确定.

8. 用正交变换法化二次型为标准形时，如果只求出系数矩阵的全部特征值，则(　　).

(*A*) 标准形的形式和所用正交变换都无法确定；

(*B*) 标准形的形式和所用正交变换都能确定；

(*C*) 标准形的形式可以确定，但所用正交变换不能确定；

(D) 标准形的形式不能确定,但所用正交变换可以确定.

9. 二次型 $f = 3(2x_1 - 2x_2 + x_3)^2 - 2(2x_2 - x_3)^2 + 7x_3^2$ 的规范形是(　　).

(A)$f = 3y_1^2 - 2y_2^2 + 7y_3^2$;　　(B)$f = 12y_1^2 - 8y_2^2 + 7y_3^2$;

(C)$f = y_1^2 - y_2^2 + y_3^2$;　　(D)$f = y_1^2 + y_2^2 - y_3^2$.

10. n 元实二次型 f 的系数矩阵 A 的负特征根共有 u 个(重根按重数计算),零特征根是 v 重根,且 $R(A) = r$,则 A 的正惯性指数是(　　).

(A)$n - u - v$;　　(B)$n - u - v - r$;

(C)$r - u$;　　(D) 不能确定.

11. 秩为 r 的 n 元实二次型 f 如果是半正定的,则它的负惯性指数是(　　).

(A)0;　　(B)r;

(C)n;　　(D)$n - r$. $(r < n)$.

12. 如果 A、B 都是正定矩阵,则(　　)也是正定矩阵.

(A)$A + B$;　　(B)$A - B$;

(C)A^2;　　(D)$A \cdot$ B.

13. 如果 A 是非奇异的实对称矩阵,则二次型 $f = X^T A^2 X$ 是(　　).

(A) 不定的;　　(B) 正定的;

(C) 负定的;　　(D) 不能确定.

14. A 是负定矩阵,则(　　).

(A) $|A| < 0$;　　(B) $|A| = 0$;

(C) $|A| > 0$;

(D) $|A|$ 可能大于0,也可能小于0,这与 A 的阶数有关.

15. 某三元二次型 f 的系数矩阵的各阶顺序主子式都小于0,则(　　).

(A)f 不是正定的;　　(B)f 是负定的;

(C)f 必为不定的;　　(D)f 的秩为3.

第六章　线性代数在经济管理中的应用

内容提要

本章以投入产出理论为例,介绍线性代数方法在经济分析中的应用. 投入产出理论是研究一个经济系统内各部门在产品的消耗与生产之间的"投入"及"产出"之间数量依存关系的综合平衡数学模型. 它是由1973年诺贝尔经济学奖获得者列昂捷夫(W. Leontief)在20世纪30年代创立的. 投入产出理论至今都作为世界各国、各地区很多经济部门进行经济研究、统计分析、预测决策的重要理论依据被广泛应用. 投入产出理论也是线性代数理论最直接的一个应用.

投入产出模型主要通过投入产出表及平衡方程组来描述. 投入是指进行一项经济活动的各种消耗(如原材料、能源、设备、人的劳动消耗等),而产出是指从事经济活动的结果(如生产出的产品等). 投入产出理论就是以线性代数理论和计算机技术为主要工具,研究各种经济活动的投入与产出之间的数量规律性的经济分析方法.

一、投入产出表

一个国家(或地区)的经济系统由若干不同的经济部门所组成,每个部门在把自己的产品分配给其他各部门作为生产资料或满足社会的非生产性消费的同时,在其生产过程中也要消耗各部门的产品. 为便于研究它们之间的关系,设n个生产部门分别用$1,2,\cdots,n$表示,每个部门只生产一种产品,我们把相同的每个部门按投入和产出两个方向,并以一定的次序排成如下表6－1所示的表格,称为**投入产出表**.

其中:

$x_i(i=1,2,\cdots,n)$表示第i部门的总产品量;

$y_i(i=1,2,\cdots,n)$表示第i部门的最终产品量;

$x_{ij}(i,j=1,2,\cdots,n)$表示第i部门分配给第j部门的产品量,或者是第j部门消耗第i部门的产品量;

$z_j(j=1,2,\cdots,n)$表示第j部门的新创造价值;

$v_j(j=1,2,\cdots,n)$表示第j部门的劳动报酬;

$m_j(j=1,2,\cdots,n)$表示第j部门创造的纯收入.

表 6 - 1

部门间流量 产出 投入			中间产量				最终产量					总产品
			1	2	…	n	消费	积累	出口	…	合计	
生产资料补偿价值	1	x_{11}	x_{12}	…	x_{1n}					y_1		x_1
	2	x_{21}	x_{22}	…	x_{2n}					y_2		x_2
	⋮	⋮	⋮	⋮	⋮					⋮		⋮
	n	x_{n1}	x_{n2}	…	x_{nn}					y_n		x_n
新价值创造	劳动报酬	v_1	v_2	…	v_n							
	社会纯收入	m_1	m_2	…	m_n							
	合　计	z_1	z_2	…	z_n							
总产品价值		x_1	x_2	…	x_n							

表中左上角部分(或称第 Ⅰ 象限)是表的最基本部分,由 n 个生产部门纵横交叉组成,它反映了各部门间的生产技术性联系,具体反映了各部门之间互相提供产品供生产性消耗的情况,这种联系为我们分析各部门间的比例关系及运用数学工具进行平衡计算提供了客观基础.

表中右上角部分(或称第 Ⅱ 象限)为最终产品,它表示了各部门从总产品中扣除生产资料补偿后的余量,即不参加本计划期生产过程的最终产品的分配情况. 它主要反映了可供社会最终消费和使用的产品量.

表中左下角部分(或称第 Ⅲ 象限)为各部门的固定资产折旧和新创造价值,它反映了国民收入的初次分配情况以及必要劳动与剩余劳动的比例.

表中右下角部分(或称第Ⅳ象限)反映国民收入的再分配. 由于它的复杂性,我们将不予讨论.

必须指出的是:投入产出表可按计量单位分为实物型和价值型两类. 在价值型投入产出表中,所有数量都按价值计算. 表中“最终产品”、“总产品”等均指一个计划期内(例如一年、一季、一月)产品的价值;某部门的“总产品”或“总产量”则是指该部门的总产量的价值;某部门消耗某一部门的“产品”或“产品量”也是指产品的价值. 我们只介绍价值型投入产出表.

二、投入产出数学模型

为了进一步研究部门间的数量关系,我们可以将投入产出表中各数量间的依存关系用方程表示,从而建立投入产出数学模型.

1. 直接消耗系数

定义 6. 1　第 j 部门生产单位产品所消耗第 i 部门的中间产品(原料或半成品)数量,称为第 j 部门对第 i 部门的**直接消耗系数**(或消耗定额),记作 $a_{ij}(i,j = 1,2,\cdots,n)$. 即

$$a_{ij} = \frac{x_{ij}}{x_j},(i,j = 1,2,\cdots,n) \qquad (6-1)$$

并称矩阵

$$A=\begin{pmatrix} a_{11} & a_{12} & \cdots & a_{1n} \\ a_{21} & a_{22} & \cdots & a_{2n} \\ \cdots & \cdots & \cdots & \cdots \\ a_{n1} & a_{n2} & a_{n3} & a_{n4} \end{pmatrix}$$

为**直接消耗系数矩阵**,也称为**技术系数矩阵**或**投入系数矩阵**.

(6 - 1) 式说明,直接消耗系数 a_{ij} 是用第 j 部门所消耗第 i 部门的产量除以第 j 部门的总产量得到的. 因此总有 $0 \leqslant a_{ij} < 1$.

直接消耗系数通常是由各部门的生产技术条件所决定的. 因此它是相对稳定的,所以也称它为**技术系数**或**投入系数**. 这个系数反映了各生产部门之间的数量依存关系,因而在投入产出理论中具有重要意义.

2. 分配平衡方程组

从投入产出表的横向看,表中 Ⅰ、Ⅱ 象限共有 n 行,反映了各个部门产品的分配情况,每一行都可以建立一个等式,每个生产部门分配给各部门(包括本部门) 的生产性消耗加上最终产品,应等于该部门的总产品. 即

总产品 = 中间产品 + 最终总产品

因此可建立具有 n 个方程的线性方程组. 即

$$\begin{cases} x_{11}+x_{12}+\cdots+x_{1n}+y_1=x_1 \\ x_{21}+x_{22}+\cdots+x_{2n}+y_2=x_2 \\ \cdots\cdots\cdots\cdots\cdots\cdots\cdots\cdots\cdots \\ x_{n1}+x_{n2}+\cdots+x_{nn}+y_n=x_n \end{cases} \tag{6-2}$$

我们称方程组(6 - 2) 为**分配平衡方程组**. 其中第 i ($i=1,2,\cdots,n$) 个等式表示第 i 个部门的总产值 x_i 等于它用于各部门的生产性消耗 $x_{n1}+x_{n2}+\cdots+x_{nn}$ 加最终产品 y_n,方程组(6 - 2) 可简写成

$$\sum_{j=1}^{n} x_{ij}+y_i=x_i, i=1,2,\cdots,n \tag{6-3}$$

以 $x_{ij}=a_{ij}x_j(i,j=1,2,\cdots,n)$ 代入分配平衡方程组(6 - 2),得

$$\begin{cases} a_{11}x_1+a_{12}x_2+\cdots+a_{1n}x_n+y_1=x_1 \\ a_{21}x_1+a_{22}x_2+\cdots+a_{2n}x_n+y_2=x_2 \\ \cdots\cdots\cdots\cdots\cdots\cdots\cdots\cdots\cdots \\ a_{n1}x_1+a_{n2}x_2+\cdots+a_{nn}x_n+y_n=x_n \end{cases}$$

用矩阵形式表示,即

$$\begin{pmatrix} a_{11} & a_{12} & \cdots & a_{1n} \\ a_{21} & a_{22} & \cdots & a_{2n} \\ \cdots & \cdots & \cdots & \cdots \\ a_{n1} & a_{n2} & \cdots & a_{nn} \end{pmatrix}\begin{pmatrix} x_1 \\ x_2 \\ \vdots \\ x_n \end{pmatrix} + \begin{pmatrix} y_1 \\ y_2 \\ \vdots \\ y_n \end{pmatrix} = \begin{pmatrix} x_1 \\ x_2 \\ \vdots \\ x_n \end{pmatrix}$$

可简记为

$$AX + Y = X \tag{6-4}$$

或

$$(E - A)X = Y$$

其中

$$A = \begin{pmatrix} a_{11} & a_{12} & \cdots & a_{1n} \\ a_{21} & a_{22} & \cdots & a_{2n} \\ \cdots & \cdots & \cdots & \cdots \\ a_{n1} & a_{n2} & \cdots & a_{nn} \end{pmatrix}, X = \begin{pmatrix} x_1 \\ x_2 \\ \vdots \\ x_n \end{pmatrix}, Y = \begin{pmatrix} y_1 \\ y_2 \\ \vdots \\ y_n \end{pmatrix}$$

由定义 6.1 知，A 为直接消耗系数矩阵.

3. 消费平衡方程组

从投入产出表的纵向看，每一列也可以建立一个线性的平衡方程，表中 Ⅰ、Ⅱ 象限共 n 列，因此也可建立具有 n 个方程的线性方程组，我们称它为**消费平衡方程组**. 即

$$\begin{cases} x_{11} + x_{21} + \cdots + x_{n1} + z_1 = x_1 \\ x_{12} + x_{22} + \cdots + x_{n2} + z_2 = x_2 \\ \cdots\cdots\cdots\cdots\cdots\cdots\cdots\cdots \\ x_{1n} + x_{2n} + \cdots + x_{nn} + z_n = x_n \end{cases} \tag{6-5}$$

可简写成

$$\sum_{i=1}^{n} x_{ij} + z_j = x_j, j = 1,2,\cdots,n \tag{6-6}$$

第 j 个等式表示第 j 个部门的产品总值，等于它们对各部门的生产性消耗与新创价值之和.

以 $x_{ij} = a_{ij}x_j (i,j = 1,2,\cdots,n)$ 代入消费平衡方程组(6－5) 得

$$\begin{cases} x_{11} + x_{21} + \cdots + x_{n1} + z_1 = x_1 \\ x_{12} + x_{22} + \cdots + x_{n2} + z_2 = x_2 \\ \cdots\cdots\cdots\cdots\cdots\cdots\cdots\cdots \\ x_{1n} + x_{2n} + \cdots + x_{nn} + z_n = x_n \end{cases} \tag{6-7}$$

若记

$$\begin{pmatrix} \sum_{i=1}^{n} a_{i1} & 0 & \cdots & 0 \\ 0 & \sum_{i=1}^{n} a_{i2} & \cdots & 0 \\ \cdots & \cdots & \cdots & \cdots \\ 0 & 0 & \cdots & \sum_{i=1}^{n} a_{in} \end{pmatrix}, X = \begin{pmatrix} x_1 \\ x_2 \\ \vdots \\ x_n \end{pmatrix}, Z = \begin{pmatrix} z_1 \\ z_2 \\ \vdots \\ z_n \end{pmatrix}$$

上式也可简记为

$$DX + Z = X \tag{6-8}$$

或

$$(E - D)X = Z$$

三、平衡方程组的解

1. 解分配平衡方程组

分配平衡方程组(6－2)或(6－3)或(6－4)有 n 个方程,如果直接消耗系数 a_{ij} $(i,j = 1,2,\cdots,n)$ 为已知,方程组就含 $2n$ 个变量 $x_1,x_2,\cdots,x_n,y_1,y_2,\cdots,y_n$. 则

(1) 已知 $x_i(i = 1,2,\cdots n)$,可求 $y_i(i = 1,2,\cdots n)$

显然

$$y_i = x_i - \sum_{j=1}^{n} a_{ij}x_j, (i = 1,2,\cdots,n)$$

或

$$Y = (E - A)X$$

(2) 已知 $y_i(i = 1,2,\cdots n)$ 可求 $x_i(i = 1,2,\cdots n)$

要求 $(x_1,x_2,\cdots,x_n)^T = X$ 就成为求解 n 元线性方程组 $(E - A)X = Y$.

理论上可以证明 $(E - A)$ 是非奇异方阵,即 $(E - A)^{-1}$ 存在,则

$$X = (E - A)^{-1}Y$$

还可以证明

$$(E - A)^{-1}Y \geqslant 0$$

在投入产出理论中,$(E - A)^{-1}$ 称为**列昂捷夫矩阵**.

2. 解消费平衡方程组

消费平衡方程组(6－5)或(6－6)或(6－8)有 n 个方程,如果直接消耗系数 a_{ij} $(i,j = 1,2,\cdots,n)$ 已知,方程组也含 $2n$ 个变量 $x_1,x_2,\cdots,x_n,z_1,z_2,\cdots,z_n$. 则

(1) 已知 $x_j(j = 1,2,\cdots n)$,可求 $z_j(j = 1,2,\cdots n)$

显然

$$z_j = (1 - \sum_{j=1}^{n} a_{ij})x_j \text{ 或 } z_j = x_j - \sum_{i=1}^{n} x_{ij}(j = 1,2,\cdots,n).$$

(2) 已知 $z_j(j=1,2,\cdots n)$，可求 $x_j(j=1,2,\cdots n)$.

显然

$$x_j=\frac{z_j}{1-\sum_{i=1}^{n}a_{ij}}\quad(j=1,2,\cdots,n)$$

要求 $(x_1,x_2,\cdots,x_n)^T=X$，可解 n 元线性方程组

$$Z=(E-D)X$$

理论上也可以证明 $(E-D)$ 是非奇异方阵，则 $X=(E-D)^{-1}Z$. 还可以证明

$$(E-D)^{-1}Z\geqslant 0.$$

故

$$X=(E-D)^{-1}Z.$$

四、投入产出分析方法的简单应用

投入产出分析方法自问世以来发展很迅速．它已广泛应用于经济计划、经济预测、经济分析、就业水平分析等许多方面．我们通过一个实例介绍它的简单应用．

例　已知某时期的投入产出表如下表 6－2 所示：

表 6－2　　单位：亿元

部门间流量（消耗部门／生产部门）	农业	工业	其他	最终产品	总产品
农业	40	80	0	80	200
工业	40	40	20	300	400
其他	0	80	20	100	200
新创造价值	120	200	160		
总产品	200	400	200		

试以它为报告期投入产出表，编制下一计划期的各部门计划方案，要求农业、工业、其他三个部门的最终产品（即计划期内三个部门的非生产性消耗的产品需求量）分别为 90 亿元、300 亿元、105 亿元．

解　(1) 计算出报告期的直接消耗系数矩阵 A 和列昂捷夫矩阵 $(E-A)^{-1}$. 易求出

$$A=\begin{pmatrix}0.2&0.2&0\\0.2&0.1&0.1\\0&0.2&0.1\end{pmatrix}$$

$$(E-A)^{-1}=\begin{pmatrix}1.3255&0.3020&0.0336\\0.3020&1.2081&0.1342\\0.0671&0.2685&1.1409\end{pmatrix}$$

(2) 计算计划期的总产品．

因计划期最终产品矩阵为

$$Y^* = \begin{pmatrix} 90 \\ 300 \\ 105 \end{pmatrix},$$

则由分配平衡方程组的解 $X = (E - A)^{-1}Y$ 可得计划期的总产品矩阵为

$$X^* = (E - A)^{-1}Y^* = \begin{pmatrix} 1.3255 & 0.3020 & 0.0336 \\ 0.3020 & 1.2081 & 0.1342 \\ 0.0671 & 0.2685 & 1.1409 \end{pmatrix}\begin{pmatrix} 90 \\ 300 \\ 105 \end{pmatrix} = \begin{pmatrix} 213.42 \\ 403.70 \\ 206.38 \end{pmatrix}$$

由此可知,农业、工业、其它三个部门计划期的总产品量分别为 $x_1^* = 213.42$ 亿元, $x_2^* = 403.7$ 亿元, $x_3^* = 206.38$ 亿元.

(3) 计算出计划期各部门间的产品流量 $x_{ij}^*(i,j = 1,2,3)$

利用公式

$$x_{ij}^* = a_{ij}x_j^*, (i,j = 1,2,3)$$

可得

$$x_{11}^* = a_{11}x_1^* = 0.2 \times 213.42 = 42.684, x_{12}^* = a_{12}x_2^* = 0.2 \times 403.7 = 80.74$$

$$x_{13}^* = a_{13}x_3^* = 0 \times 206.38 = 0, x_{21}^* = a_{21}x_1^* = 0.2 \times 213.42 = 42.684$$

$$x_{22}^* = a_{22}x_2^* = 0.1 \times 403.7 = 40.37, x_{23}^* = a_{23}x_3^* = 0.1 \times 206.38 = 20.638$$

$$x_{31}^* = a_{31}x_1^* = 0 \times 213.42 = 0, x_{32}^* = a_{32}x_2^* = 0.2 \times 403.7 = 80.74$$

$$x_{33}^* = a_{33}x_3^* = 0.1 \times 206.38 = 20.638$$

(4) 计算出农业、工业、其他三个部门新创造价值,由消费平衡方程组的解

$$z_j^* = x_j^* - \sum_{i=1}^{3} x_{ij}^* \quad (j = 1,2,3)$$

可得

$$z_1^* = x_1^* - (x_{11}^* + x_{21}^* + x_{31}^*) = 213.43 - (42.684 + 42.684 + 0) = 128.052$$

$$z_2^* = x_2^* - (x_{12}^* + x_{22}^* + x_{32}^*) = 403.7 - (80.74 + 40.37 + 80.74) = 201.85$$

$$z_3^* = x_3^* - (x_{13}^* + x_{23}^* + x_{33}^*) = 206.38 - (0 + 20.638 + 20.638) = 165.104$$

也可由消耗平衡方程组的解 $Z^* = (E - D)X^*$ 计算 z_1^*、z_2^*、z_3^*,其中

$$D = \begin{pmatrix} \sum_{i=1}^{3} a_{i1}^* & 0 & 0 \\ 0 & \sum_{i=1}^{3} a_{i2}^* & 0 \\ 0 & 0 & \sum_{i=1}^{3} a_3 \end{pmatrix} = \begin{pmatrix} 0.1 & 0 & 0 \\ 0 & 0.5 & 0 \\ 0 & 0 & 0.2 \end{pmatrix}$$

(5) 由以上计算得计划期的投入产出表如下表 6 - 3 所示:

表6－3　　单位:亿元

部门间流量 生产部门 \ 消耗部门	农业	工业	其他	最终产品	总产品
农　　业	42.684	80.74	0	90	213.42
工　　业	42.684	40.37	20.638	300	403.7
其　　它	0	80.74	20.638	105	206.38
新创造价值	128.052	210.85	165.104		
总　产　品	213.42	403.70	206.38		

五、完全消耗系数

直接消耗系数 a_{ij} 是第 j 部门生产单位产品时直接消耗第 i 部门的产品量. 但是第 j 部门生产产品时除直接消耗第 i 部门的产品外,还通过其他部门间接消耗第 i 部门的产品. 例如煤炭部门采煤对电力部门的消耗:

采煤要消耗电力,这是煤炭部门对电力部门的直接消耗;

采煤还要消耗机械设备、钢材、坑木等,而机械设备、钢材、坑木等的生产也要消耗电力,这是煤炭部门通过机械设备、钢材、坑木等中间环节对电力部门的一次间接消耗;

生产采煤机械设备,也要消耗钢材、生产这些钢材还要消耗电力,这是煤炭部门通过机械设备——钢材对电力部门的二次间接消耗;

类推下去,还会有三次性、四次性、…… 间接消耗,形成一个无穷的连锁反应.

我们把第 j 部门生产产品时直接消耗第 i 部门的产品量称为对第 i 部门的**直接消耗**,第 j 部门生产产品时通过其他部门间接消耗第 i 部门的产品量称为第 j 部门对第 i 部门的**间接消耗**,把上述直接消耗与间接消耗的和称为第 j 部门对第 i 部门的**完全消耗**. 一般地,有

定义2　第 j 部门的生产单位产品所需的第 i 部门的产品的完全消耗数量称为第 j 部门的对第 i 部门的**完全消耗系数**,记作 c_{ij}. 即

$$c_{ij} = a_{ij} + c_{i1}a_{1j} + c_{i2}a_{2j} + \cdots + c_{in}a_{nj} = a_{ij} + \sum_{k=1}^{n} c_{ik}a_{kj} \quad (i,j = 1,2,\cdots,n) \tag{6-9}$$

(6－9)式中 a_{ij} 为 j 部门单位产品对第 i 部门产品量的直接消耗;$c_{ik}a_{kj}(k = 1,2,\cdots,n)$ 为第 j 部门单位产品对第 k 部门的直接消耗 a_{kj} 与第 k 部门单位产品对第 i 部门的完全消耗 c_{ik} 的乘积. 这个乘积便是 j 部门的单位产品通过第 k 部门对第 i 部门的间接消耗,$\sum_{k=1}^{n} c_{ik}a_{kj}$ 便是第 j 部门的对第 i 部门的间接消耗的总和.

定义3　各部门的完全消耗系数构成的 n 阶方阵

$$C=\begin{pmatrix} c_{11} & c_{12} & \cdots & c_{1n} \\ c_{21} & c_{22} & \cdots & c_{2n} \\ \cdots & \cdots & \cdots & \cdots \\ c_{n1} & c_{n2} & \cdots & c_{nn} \end{pmatrix}$$

称为**完全消耗系数矩阵**.

为便于计算,我们考察 A、C 间的关系,由(6－9)式可得

$$C=A+CA$$

即

$$C(E-A)=A$$

因 $(E-A)$ 可逆,故

$$C=A(E-A)^{-1} \tag{6-10}$$

又因

$$A=E-(E-A)$$

故

$$C=[E-(E-A)](E-A)^{-1}$$

即

$$C=(E-A)^{-1}-E \tag{6-11}$$

(6－11)式表明,完全消耗系数可由直接消耗系数表示.

完全消耗系数是国家经济结构分析及经济预测的重要参考,也是投入产出理论的实用价值所在.

本章小结

掌握投入产出表的概念,理解直接消耗系数和完全消耗系数的概念,并掌握直接消耗系数矩阵和完全消耗系数矩阵的求法,理解投入产出分析方法的基本思想.

习题六

已知三个部门价值型投入产出表:

部门间流量 消耗部门 / 生产部门	1	2	3	最终产品	总产品
1	30	100	70	100	300
2	10	20	49	321	400
3	10	40	10	360	420

1. 求直接消耗系数矩阵 A;
2. 求 $E-A$,并证明 $E-A$ 是可逆矩阵;
3. 求 $(E-A)^{-1}$(取两位小数);
4. 验证 $X=(E-A)^{-1}$ 成立;
5. 求完全消耗系数矩阵 C.

综合练习一

一、填空题:(每小题 3 分,共 15 分)

1. 设 A 为三阶矩阵且 $|A| = 2$,则 $|4A| =$ ________.

2. 设 $A_{3j}(j = 1,2,3,4)$ 是行列式 $D = \begin{vmatrix} 1 & 2 & 3 & 4 \\ 5 & 6 & 7 & 8 \\ 2 & 3 & 4 & 8 \\ 6 & 7 & 8 & 9 \end{vmatrix}$ 中元素 $a_{3j}(j = 1,2,3,4)$ 的代数余子式,则 $A_{31} + 2A_{32} + 3A_{33} + 4A_{34} =$ ________.

3. 设 $A = \begin{pmatrix} 1 & -1 \\ 1 & 1 \end{pmatrix}$,则 $A^{-1} =$ ________.

4. 一个非零向量必线性________.

5. k 满足________时,线性方程组 $\begin{cases} kx_1 + x_2 + x_3 = 0 \\ x_1 + kx_2 + x_3 = 0 \\ x_1 + x_2 + kx_3 = 0 \end{cases}$ 只有零解.

二、单项选择题:(每小题 3 分,共 15 分)

1. 设 A,B 为 n 阶矩阵,下列运算(　　)正确.

A. $(AB)^k = A^kB^k$;

B. $|-A| = -|A|$;

C. $B^2 - A^2 = (B - A)(B + A)$;

D. 若 A 可逆,k 为非零常数,则 $(kA)^{-1} = k^{-1}A^{-1}$.

2. t 满足(　　)时,$\alpha_1 = \begin{pmatrix} 1 \\ 1 \\ 0 \end{pmatrix}$,$\alpha_2 = \begin{pmatrix} 1 \\ 3 \\ -1 \end{pmatrix}$,$\alpha_3 = \begin{pmatrix} 5 \\ 3 \\ t \end{pmatrix}$ 线性无关.

A. $t \neq 1$;　　B. $t = 1$;　　C. $t \neq 0$;　　D. $t = 0$.

3. 设 A,B,C 为同阶矩阵,若 $AB = AC$,必推出 $B = C$,则 A 应满足条件(　　)

A. $|A| \neq 0$　　B. $A = O$　　C. $|A| = 0$　　D. $A \neq O$

4. 设 A 是 $s \times t$ 阶矩阵,B 是 $m \times n$ 阶矩阵,如果 AC^TB 有意义,则 C 应是(　　)阶矩阵. .

A. $s \times n$;　　B. $s \times m$;　　C. $m \times t$;　　D. $t \times m$.

5. 设 $\boldsymbol{\alpha}_1,\boldsymbol{\alpha}_2,\cdots,\boldsymbol{\alpha}_s$ 为 n 维向量组, 且秩 $(\boldsymbol{\alpha}_1,\boldsymbol{\alpha}_2,\cdots,\boldsymbol{\alpha}_s) = r$, 则(　　)

A. 该向量组中任意 r 个向量线性无关;

B. 该向量组中任意 $r+1$ 个向量线性相关；

C. 该向量组存在唯一极大无关组；

D. 该向量组有若干个极大无关组.

三、计算题：(每小题 9 分，共 63 分)

1. 计算行列式 $\begin{vmatrix} x & -1 & 0 & \cdots & 0 & 0 \\ 0 & x & -1 & \cdots & 0 & 0 \\ \cdots & \cdots & \cdots & \cdots & \cdots & \\ 0 & 0 & 0 & \cdots & x & -1 \\ a_n & a_{n-1} & a_{n-2} & \cdots & a_2 & a_1 \end{vmatrix}$.

2. 设 $A = \begin{pmatrix} -1 & 3 & 0 \\ 0 & 4 & 2 \end{pmatrix}, B = \begin{pmatrix} 4 & 1 \\ 2 & 5 \\ 3 & 4 \end{pmatrix}, C = \begin{pmatrix} 2 & -1 \\ 4 & 2 \end{pmatrix}$，求 $(ABC)^T$.

3. 设 $B = \begin{pmatrix} 1 & -1 & 0 & 0 \\ 0 & 1 & -1 & 0 \\ 0 & 0 & 1 & -1 \\ 0 & 0 & 0 & 1 \end{pmatrix}, C = \begin{pmatrix} 2 & 1 & 3 & 4 \\ 0 & 2 & 1 & 3 \\ 0 & 0 & 2 & 1 \\ 0 & 0 & 0 & 2 \end{pmatrix}$，且矩阵 X 满足关系式 $X(E - C^{-1}B)^T C^T = E$，求 X.

4. 设向量组 $\boldsymbol{\alpha}_1 = \begin{pmatrix} 1 \\ 2 \\ 3 \end{pmatrix}, \boldsymbol{\alpha}_2 = \begin{pmatrix} 3 \\ -1 \\ 2 \end{pmatrix}, \boldsymbol{\alpha}_3 = \begin{pmatrix} 2 \\ 3 \\ \lambda \end{pmatrix}$，问：(1) λ 取何值时，$\boldsymbol{\alpha}_1, \boldsymbol{\alpha}_2, \boldsymbol{\alpha}_3$ 线性相关；(2) λ 取何值时，$\boldsymbol{\alpha}_1, \boldsymbol{\alpha}_2, \boldsymbol{\alpha}_3$ 线性无关.

5. λ 为何值时，方程组 $\begin{cases} x_1 + 5x_2 - x_3 - x_4 = -1 \\ x_1 - 2x_2 + x_3 + 3x_4 = 3 \\ 3x_1 + 8x_2 - x_3 + x_4 = \lambda \\ x_1 - 9x_2 + 3x_3 + 7x_4 = 7 \end{cases}$ 有解？有解时，求出全部解.

6. 设 $\boldsymbol{\alpha}_1 = \begin{pmatrix} 1 \\ 1 \\ 1 \\ 4 \\ 3 \end{pmatrix}, \boldsymbol{\alpha}_2 = \begin{pmatrix} 1 \\ -1 \\ 3 \\ -2 \\ 1 \end{pmatrix}, \boldsymbol{\alpha}_3 = \begin{pmatrix} 2 \\ 1 \\ 3 \\ 5 \\ 5 \end{pmatrix}, \boldsymbol{\alpha}_4 = \begin{pmatrix} 3 \\ 1 \\ 5 \\ 6 \\ 7 \end{pmatrix}$，求该向量组的秩，并确定一个极大无关组，将其余向量用该极大无关组线性表出.

7. 设 $A = \begin{pmatrix} 1 & 2 & 2 \\ 2 & 1 & 2 \\ 2 & 2 & 1 \end{pmatrix}$，求 A 的特征值及对应的特征向量.

四、证明题：(7 分)

设向量组 $\boldsymbol{\alpha}_1, \boldsymbol{\alpha}_2, \boldsymbol{\alpha}_3$ 线性无关，证明：向量组 $\boldsymbol{\alpha}_1 + \boldsymbol{\alpha}_2, \boldsymbol{\alpha}_2 + \boldsymbol{\alpha}_3, \boldsymbol{\alpha}_3 + \boldsymbol{\alpha}_1$ 线性无关.

综合练习二

一、**填空题**：(每小题 3 分,共 15 分)

1. 若 $\begin{vmatrix} 3 & 1 & -1 \\ 2 & 5 & x \\ 2 & 3 & 2 \end{vmatrix} = 2$,则 $x =$ ＿＿＿＿＿＿.

2. 线性方程组 $\begin{cases} ax_1 + bx_2 = m \\ cx_1 + dx_2 = n \end{cases}$ 的系数满足 ＿＿＿＿＿＿时,方程组有唯一解.

3. 设 $A = \begin{pmatrix} 1 & 2 \\ 3 & 4 \end{pmatrix}$,$E$ 为 2 阶单位阵,则 $A^2 - 2A + 3E =$ ＿＿＿＿＿＿.

4. 设 A 是一个 n 阶方阵,则 A 非奇异的充分必要条件是 $R(A) =$ ＿＿＿＿＿＿.

5. 单独一个零向量必线性＿＿＿＿＿＿.

二、**单项选择题**:(每小题 3 分,共 15 分)

1. 若 A 为 4 阶方阵,且 $|A| = 5$,则 $|3A| =$ (　　).

A. 15;　　B. 60;　　C. 405;　　D. 45.

2. 设矩阵 A, B 满足 $AB = BA$,则下述结论中错误的是(　　).

A. A 与 B 为同阶方阵;　　B. $A^T B = BA^T$;

C. 若 A 为可逆,则 $A^{-1}B = BA^{-1}$;　　D. 若 A 为可逆,则 $A^* B = BA^*$.

3. 设 A, B 均为 n 阶方阵, 下面结论正确的是(　　).

A. 若 A, B 均可逆, 则 $A + B$ 可逆;　　B. 若 A, B 均可逆, 则 AB 可逆;

C. 若 $A + B$ 可逆, 则 $A - B$ 可逆;　　D. 若 $A + B$ 可逆, 则 A, B 均可逆.

4. 下列命题中正确的是(　　).

A. 任意 n 个 $n+1$ 维向量线性相关;　　B. 任意 n 个 $n+1$ 维向量线性无关;

C. 任意 $n+1$ 个 n 维向量线性相关;　　D. 任意 $n+1$ 个 n 维向量线性无关.

5. 若 V_1, V_2, V_3, V_4 是线性方程组 $AX = O$ 的基础解系,则 $V_1 + V_2 + V_3 + V_4$ 是 $AX = O$ 的(　　)

A. 解向量;　　B. 基础解系;　　C. 通解;　　D. A 的行向量.

三、**计算题**:(每小题 9 分,共 63 分)

1. 计算行列式 $D = \begin{vmatrix} 1 & 0 & 0 & a \\ 0 & 1 & a & 0 \\ 0 & a & 1 & 0 \\ a & 0 & 0 & 1 \end{vmatrix}$.

2. 设 $A=\begin{pmatrix}1&2&3&4\\2&1&-1&-3\end{pmatrix}$，$B=\begin{pmatrix}2&5\\-1&2\\3&-2\\1&4\end{pmatrix}$，求 AB 与 BA.

3. 解矩阵方程 $AX+B=C$，其中 $A=\begin{pmatrix}1&1&5\\2&3&-2\\3&4&4\end{pmatrix}$，$B=\begin{pmatrix}3&-2\\2&1\\1&2\end{pmatrix}$，$C=\begin{pmatrix}3&-1\\1&1\\1&1\end{pmatrix}$

.

4. 设向量组 $\boldsymbol{\alpha}_1=\begin{pmatrix}\lambda\\1\\1\end{pmatrix}$，$\alpha_2=\begin{pmatrix}1\\\lambda\\1\end{pmatrix}$，$\alpha_3=\begin{pmatrix}1\\1\\\lambda\end{pmatrix}$，问：(1) λ 取何值时，$\boldsymbol{\alpha}_1,\boldsymbol{\alpha}_2,\boldsymbol{\alpha}_3$ 线性相关；(2) λ 取何值时，$\boldsymbol{\alpha}_1,\boldsymbol{\alpha}_2,\boldsymbol{\alpha}_3$ 线性无关.

5. 设 $\boldsymbol{\alpha}_1=\begin{pmatrix}1\\4\\1\\0\end{pmatrix}$，$\boldsymbol{\alpha}_2=\begin{pmatrix}2\\9\\-1\\-3\end{pmatrix}$，$\boldsymbol{\alpha}_3=\begin{pmatrix}1\\0\\-3\\-1\end{pmatrix}$，$\boldsymbol{\alpha}_4=\begin{pmatrix}3\\10\\-7\\-7\end{pmatrix}$. 求此向量组的秩和一个极大无关组，并将其余向量用该极大无关组线性表示.

6. λ 为何值时，线性方程组

$$\begin{cases}\lambda x_1+x_2+x_3=\lambda-3,\\x_1+\lambda x_2+x_3=-2,\\x_1+x_2+\lambda x_3=-2.\end{cases}$$

有唯一解，无解和有无穷多解？当方程组有无穷多解时求其通解.

7. 设 $A=\begin{pmatrix}1&0&0\\0&1&0\\0&2&1\end{pmatrix}$，求 A 的特征值及对应的特征向量.

四、证明题：(7 分)

试证：线性方程组有解的充分必要条件为系数矩阵与增广矩阵的秩相等，即

$$R(A)=R(A\mid B).$$

习题参考答案

习题一

(A)

1. (1)4;　(2)7;　(3) $\frac{1}{2}n(n-1)$.

2. $\tau(a_n a_{n-1}\cdots a_2 a_1)=\frac{1}{2}n(n-1)-k$;当 $n=4m$ 或 $4m+1$ 时奇偶性相同,当 $n=4m+2$ 或 $4m+3$ 时奇偶性相反.

3. (1)$i=8,j=3$;(2)$i=8,j=6$.

4. $k=3$ 或 $k=1$.

5. $x\neq 0$ 且 $x\neq 2$.

6. (1) +;　(2) −;　(3) −;　(4) +;　(5) −.

7. $k=1,l=5$.

8. 0.

9. 负号.

10. (1)$f(x)=-2x^3-3x^2+2x$;　(2)$f(x)=26x^3-x^2-22x-72$.

11. (1)1;　(2)$(-1)^{\frac{n(n-1)}{2}}a_{1n}a_{2n-1}\cdots a_{n1}$;　(3)$(-1)^{n-1}n!$;　(4)0.

12. (1)5;　(2)8;　(3)1;　(4) $-2(x^3+y^3)$;　(5)$2(a+b+c)^3$.

13. (1)0;　(2) −21;　(3)$a(b-a)^3$;　(4)x^2y^2;　(5)$b^2(b^2-4a^2)$;　(6)$xyzuv$.

14. (1) $-2(n-2)!$;　(2)$[x+(n-1)a](x-a)^{n-1}$;　(3)$x^n+(-1)^{n+1}y^n$;
(4)$a_0x^{n-1}+a_1x^{n-2}+\cdots+a_{n-1}$.

15. $x_1=1,x_2=2,\cdots,x_{n-1}=n-1$.　16. (略)　17. (略)

18. (1)$(b-a)(c-a)(d-a)(c-b)(d-b)(d-c)$;(2) −12.

19. $(a^2-b^2)^n$.

20. (1)$x_1=1,x_2=2,x_3=3,x_4=-1$;　(2)$x_1=1,x_2=2,x_3=1,x_4=-1$;
(3)$x=-a,y=b,z=c$;　(4)$x_1=\frac{1}{2a+b},x_2=\frac{1}{2a+b},x_3=\frac{1}{2a+b}$.

21. (1)$k\neq\frac{63}{5}$;　(2)$k\neq-1$ 和 4.

22. $b=\dfrac{(a+1)^2}{4}$.

23. $f(x)=x^3-2x$.

24. 93.5 万元

(*B*)

1. (*A*)　2. (*C*)　3. (*A*)　4. (*B*)(*C*)　5. (*B*)(*C*)　6. (*C*)　7. (*D*)　8. (*B*)
9. (*D*)　10. (*C*)(*D*)　11. (*D*) 12. (*C*)　13. (*C*)　14. (*C*)　15. (*A*)

习题二

(*A*)

1. $\begin{pmatrix}3&3&1\\3&8&2\end{pmatrix}$;　$\begin{pmatrix}1&-3&0\\3&6&-1\end{pmatrix}$;　$\begin{pmatrix}4&2&2\\0&9&1\end{pmatrix}$.

2. $X=\begin{pmatrix}4&\frac{3}{2}&-1\\-1&\frac{5}{2}&1\\\frac{7}{2}&\frac{11}{2}&\frac{5}{2}\end{pmatrix}$.

3. $x=-5, y=-6, u=4, v=-2$.

4. (1)0;　(2)$\begin{pmatrix}-1&0&1\\-2&0&2\\-3&0&3\end{pmatrix}$;　(3)$\begin{pmatrix}12&26\\-27&2\\23&4\end{pmatrix}$;

(4)$\begin{pmatrix}2&5\\3&-1\end{pmatrix}$;　(5)$\begin{pmatrix}3&-5&4\\1&4&-6\\6&2&-1\end{pmatrix}$;　(6)$\begin{pmatrix}-6&29\\5&32\end{pmatrix}$.

5. 第 A_2 工厂.

6. $\begin{pmatrix}a&b&c\\0&a&b\\0&0&a\end{pmatrix}$($a,b,c$ 均可取任意常数).　7. (略)

8. (1)$\begin{pmatrix}0&0\\0&0\end{pmatrix}$;　(2)$\begin{pmatrix}\boldsymbol{\lambda}^3&2\boldsymbol{\lambda}^2&3\boldsymbol{\lambda}\\0&\boldsymbol{\lambda}^3&3\boldsymbol{\lambda}^2\\0&0&\boldsymbol{\lambda}^3\end{pmatrix}$;　(3)$\begin{pmatrix}1&n&0\\0&1&0\\0&0&1\end{pmatrix}$;　(4)$\begin{pmatrix}a^n&0&0\\0&b^n&0\\0&0&c^n\end{pmatrix}$.

9. $\begin{pmatrix}0&0&0\\0&0&0\\0&0&0\end{pmatrix}$.

10. (1) $\begin{pmatrix}7&1&3\\8&2&3\\-2&1&0\end{pmatrix}$;　(2) $\begin{pmatrix}0&0&0\\0&0&0\\0&0&0\end{pmatrix}$.

11. $\begin{pmatrix}0&0\\0&0\end{pmatrix}$;　$\begin{pmatrix}-5&-2&1\\10&4&-2\\-5&-2&1\end{pmatrix}$;　$\begin{pmatrix}-5&10&-5\\-2&4&-2\\1&-2&1\end{pmatrix}$;　$\begin{pmatrix}0&0\\0&0\end{pmatrix}$.

12. (1) $\begin{pmatrix}-3&10\\0&-3\end{pmatrix}$, $\begin{pmatrix}-3&0\\0&-3\end{pmatrix}$;　(2) $\begin{pmatrix}2&0\\5&2\end{pmatrix}$,　(3) $\begin{pmatrix}0&0\\-10&0\end{pmatrix}$.

13. (略)

14. (1) 不可逆;　(2) 可逆, $\begin{pmatrix}1&-4&-3\\1&-5&-3\\-1&6&4\end{pmatrix}$.

15. (1) $\begin{pmatrix}1&-2\\1&-\frac{3}{2}\end{pmatrix}$;　(2) $\begin{pmatrix}\frac{1}{3}&-\frac{1}{3}&\frac{1}{3}\\0&1&2\\0&0&-1\end{pmatrix}$;　(3) $\begin{pmatrix}1&1&3\\2&3&7\\3&4&9\end{pmatrix}$;

(4) $\begin{pmatrix}\frac{1}{4}&\frac{1}{4}&\frac{1}{4}&\frac{1}{4}\\\frac{1}{4}&\frac{1}{4}&-\frac{1}{4}&-\frac{1}{4}\\\frac{1}{4}&-\frac{1}{4}&\frac{1}{4}&-\frac{1}{4}\\\frac{1}{4}&-\frac{1}{4}&-\frac{1}{4}&\frac{1}{4}\end{pmatrix}$.

16. (略)　17. (略)　18. (略)　19. (略)

20. (1) $\begin{pmatrix}\frac{13}{7}&\frac{2}{7}\\\frac{10}{7}&-\frac{13}{7}\\\frac{18}{7}&-\frac{1}{7}\end{pmatrix}$;　(2) $\begin{pmatrix}-2&2&1\\-\frac{8}{3}&5&-\frac{2}{3}\\-\frac{10}{3}&3&\frac{5}{3}\end{pmatrix}$;

(3) $\begin{pmatrix}1&1\\\frac{1}{4}&0\end{pmatrix}$;　(4) $\begin{pmatrix}-3&2&0\\-4&5&-2\\-5&3&0\end{pmatrix}$.

21. (1) $x_1 = 5, x_2 = 3, x_3 = 2$; (2) $y_1 = -5, y_2 = 2, y_3 = 3$.

22. $\frac{1}{2}\begin{pmatrix} 2 & 0 & 0 & 0 \\ -2 & 4 & 0 & 0 \\ 0 & -4 & 5 & 0 \\ 0 & 0 & -6 & 7 \end{pmatrix}$.

23. $\begin{pmatrix} \frac{3}{4} & 0 & 0 \\ 0 & \frac{3}{4} & 0 \\ 0 & 0 & \frac{8}{5} \end{pmatrix}$.

24. $\frac{1}{7}(A+E), A-2E$.

25. $-\frac{a_0}{a_m}A^{m-1} - \frac{a_1}{a_m}A^{m-2} - \cdots - \frac{a_{m-1}}{a_m}E$.

26. (1) 4; (2) $\frac{1}{16}$;

27. (1) $\begin{pmatrix} 1 & 0 & 0 \\ 0 & 1 & 0 \\ 0 & -4 & 1 \end{pmatrix}, \begin{pmatrix} 1 & 0 & 0 \\ 0 & 1 & 0 \\ 0 & 2 & 1 \end{pmatrix}$. (2) $\begin{pmatrix} 4 & 4 & 0 & 0 \\ 0 & 4 & 0 & 0 \\ 0 & 0 & 9 & 6 \\ 0 & 0 & 0 & 9 \end{pmatrix}, \begin{pmatrix} \frac{1}{2} & -\frac{1}{4} & 0 & 0 \\ 0 & \frac{1}{2} & 0 & 0 \\ 0 & 0 & \frac{1}{3} & -\frac{1}{9} \\ 0 & 0 & 0 & \frac{1}{3} \end{pmatrix}$.

28. (1) $\begin{pmatrix} 1 & 0 & 3 & 2 \\ -1 & 2 & 0 & 1 \\ -2 & 4 & 1 & 1 \\ -1 & 1 & 5 & 3 \end{pmatrix}$; (2) $\begin{pmatrix} 5 \\ 4 \\ 5 \\ 10 \\ 8 \\ 5 \end{pmatrix}$.

29. $\begin{pmatrix} 1 & n & 0 & 0 \\ 0 & 1 & 0 & 0 \\ 0 & 0 & 2^{n-1} & -2^{n-1} \\ 0 & 0 & -2^{n-1} & 2^{n-1} \end{pmatrix}$.

30. $\begin{pmatrix} 0 & C^{-1} \\ B^{-1} & 0 \end{pmatrix}$.

31. (1) $\begin{pmatrix} \frac{1}{2} & 0 & -\frac{1}{2} & 0 & -1 \\ 0 & \frac{1}{2} & 0 & -\frac{1}{2} & -\frac{3}{2} \\ 0 & 0 & 1 & 0 & 0 \\ 0 & 0 & 0 & 0 & 1 \end{pmatrix}$; (2) $\begin{pmatrix} 0 & 0 & 0 & 2 & -1 \\ 0 & 0 & 0 & -\frac{7}{4} & 1 \\ 1 & -1 & -1 & 0 & 0 \\ 0 & 1 & -1 & 0 & 0 \\ 0 & 0 & 1 & 0 & 0 \end{pmatrix}$.

32. $A = \begin{pmatrix} 1 & 0 \\ -3 & 0 \end{pmatrix}\begin{pmatrix} 1 & 1 \\ 0 & 1 \end{pmatrix}$.

33. (1) $\begin{pmatrix} 1 & 0 & 0 \\ 0 & 1 & 0 \\ 0 & 0 & 0 \end{pmatrix}$; (2) $\begin{pmatrix} 1 & 0 & 0 \\ 0 & 1 & 0 \\ 0 & 0 & 1 \end{pmatrix}$; (3) $\begin{pmatrix} 1 & 0 & 0 & 0 \\ 0 & 1 & 0 & 0 \\ 0 & 0 & 0 & 0 \end{pmatrix}$; (4) $\begin{pmatrix} 1 & 0 & 0 & 0 & 0 \\ 0 & 1 & 0 & 0 & 0 \\ 0 & 0 & 1 & 0 & 0 \\ 0 & 0 & 0 & 0 & 0 \end{pmatrix}$.

34. (1) $\begin{pmatrix} 3 & 9 & 4 \\ -2 & -5 & -2 \\ -2 & -7 & -3 \end{pmatrix}$; (2) $\begin{pmatrix} -\frac{3}{7} & \frac{5}{7} & -\frac{11}{7} \\ \frac{2}{7} & -\frac{1}{7} & -\frac{2}{7} \\ \frac{2}{7} & -\frac{1}{7} & \frac{5}{7} \end{pmatrix}$;

(3) $\begin{pmatrix} 22 & -6 & -26 & 17 \\ -17 & 5 & 20 & -13 \\ -1 & 0 & 2 & -1 \\ 4 & -1 & -5 & 3 \end{pmatrix}$; (4) $\begin{pmatrix} 1 & 0 & 0 & 0 \\ -\boldsymbol{\lambda} & 1 & 0 & 0 \\ \boldsymbol{\lambda}^2 & -\boldsymbol{\lambda} & 1 & 0 \\ -\boldsymbol{\lambda}^3 & \boldsymbol{\lambda}^2 & -\boldsymbol{\lambda} & 1 \end{pmatrix}$.

35. (1) $\begin{pmatrix} 0 & 2 \\ 1 & 5 \\ -1 & 1 \end{pmatrix}$; (2) $\begin{pmatrix} 0 & 1 & 0 \\ -1 & 2 & -1 \end{pmatrix}$; (3) $\begin{pmatrix} 3 & -1 \\ 2 & 0 \\ 1 & -1 \end{pmatrix}$.

36. (1) 略, (2) $\begin{pmatrix} 1 & \frac{1}{2} & 0 \\ -\frac{1}{3} & 1 & 0 \\ 0 & 0 & 2 \end{pmatrix}$.

37. (1) 均等于零； (2) $R(A) = 2$.

38. (1)3； (2)2； (3)2； (4)4； 39. 略 40. 略

(*B*)

1. (*B*) 2. (*A*) 3. (*C*) 4. (*A*) 5. (*C*) 6. (*A*)(*C*)(*D*) 7. (*A*)(*B*) 8. (*C*)
9. (*B*)(*C*)(*D*) 10. (*B*) 11. (*A*)(*B*)(*D*) 12. (*A*)(*B*) 13. (*B*) 14. (*C*)

15. $(A)(D)$

习题三

(A)

1. (1) $x_1 = \frac{10}{7}, x_2 = -\frac{1}{7}, x_3 = -\frac{2}{7}$;　　(2) 无解;

(3) $x_1 = -2 + c, x_2 = 3 - 2c, x_3 = c$;

(4) $x_1 = \frac{1}{3} + \frac{1}{3}c_2, x_2 = -\frac{2}{3} - \frac{1}{2}c_1 + \frac{5}{6}c_2, x_3 = 0, x_4 = c_1, x_5 = c_2$;

(5) $x_1 = 2c_1 + \frac{2}{7}c_2, x_2 = c_1, x_3 = -\frac{5}{7}c_2, x_4 = c_2$;

(6) $x_1 = \frac{3}{17}c_1 - \frac{13}{17}c_2, x_2 = \frac{19}{17}c_1 - \frac{20}{17}c_2$.

2. $a = 0, b = 2; x_1 = -2 + c_1 + c_2 + 5c_3, x_2 = 3 - 2c_1 - 2c_2 - 6c_3$.

3. $\boldsymbol{\lambda} = 5; x_1 = \frac{4}{5} - \frac{1}{5}c_1 - \frac{6}{5}c_2, x_2 = \frac{3}{5} + \frac{3}{5}c_1 - \frac{7}{5}c_2$.

4. $k = -3; x_1 = -c, x_2 = c, x_3 = c$.

5. $\boldsymbol{\gamma} = (-3, 7, -17, 2, -8)$.

6. $\boldsymbol{\alpha} = (10, -5, -9, 2), \boldsymbol{\beta} = (-7, 4, 7, -1)$.

7. (1) $\boldsymbol{\beta} = 2\boldsymbol{\alpha}_1 + 3\boldsymbol{\alpha}_2 + 4\boldsymbol{\alpha}_3$;　　(2) 不能.

8. (1) 不能;　(2) $\boldsymbol{\beta} = -\frac{1}{3}\boldsymbol{\alpha}_1 + \frac{2}{3}\boldsymbol{\alpha}_2 + \boldsymbol{\alpha}_4$.

9. (1) 线性无关;　(2) 线性相关.

10. (1) $\boldsymbol{\lambda} \neq 0$ 且 $\boldsymbol{\lambda} \neq -3$; (2) $\boldsymbol{\lambda} = 0$; (3) $\boldsymbol{\lambda} = -3$.

11. 不一定.

12. 不一定.

13. 不一定.

14. 当 $k = 3$ 或 $k = -2$; $k \neq 3$ 且 $k \neq -2$.

17. (1) $\boldsymbol{\alpha}_1 = \frac{1}{2}\boldsymbol{\beta}_1 + \frac{1}{2}\boldsymbol{\beta}_2, \boldsymbol{\alpha}_2 = \frac{1}{2}\boldsymbol{\beta}_2 + \frac{1}{2}\boldsymbol{\beta}_3, \boldsymbol{\alpha}_3 = \frac{1}{2}\boldsymbol{\beta}_1 + \frac{1}{2}\boldsymbol{\beta}_3$;

(2) 两个向量组等价.

18. (1) 极大无关组为 $\boldsymbol{\alpha}_1, \boldsymbol{\alpha}_2$ 时, $\boldsymbol{\alpha}_3 = -3\boldsymbol{\alpha}_1 + 2\boldsymbol{\alpha}_2$(不唯一);

(2) 极大无关组为 $\boldsymbol{\alpha}_1, \boldsymbol{\alpha}_2, \boldsymbol{\alpha}_3$ 时, $\boldsymbol{\alpha}_4 = 2\boldsymbol{\alpha}_1 + \boldsymbol{\alpha}_2 - \boldsymbol{\alpha}_3$(不唯一).

19. (1) $\boldsymbol{\eta}_1 = (2, 1, 0, 0)^T, \boldsymbol{\eta}_2 = (\frac{2}{7}, 0, -\frac{5}{7}, 1)^T$;

(2) $\boldsymbol{\eta}_1 = (1, -2, 1, 0, 0)^T, \boldsymbol{\eta}_2 = (1, -2, 0, 1, 0)^T, \boldsymbol{\eta}_3 = (5, -6, 0, 0, 1)^T$;

(3) $\boldsymbol{\eta}_1=(1,1,1,1,0,0)^T,\boldsymbol{\eta}_2=(-1,0,0,0,0,1)^T,\boldsymbol{\eta}_3=(0,-1,0,0,0,1)^T$.

20. (1) $\boldsymbol{\eta}=(\frac{12}{7},-\frac{1}{7},0,0)^T+c_1(-13,-3,7,0)^T+c_2(1,11,0,7)^T$;

(2) $\boldsymbol{\eta}=(1,-2,0,0)^T+c_1(-9,1,7,0)^T+c_2(1,-1,0,2)^T$;

(3) $\boldsymbol{\eta}=(3,1,-2,0)+c(5,-2,-1,3)$.

21. 可以.

22. (1) 是;(2)、(3)、(4) 不是.

24. $\begin{pmatrix}1\\0\\2\\3\end{pmatrix}+c\begin{pmatrix}-1\\-1\\5\\3\end{pmatrix}$.

(B)

1. (C)　2. (B)　3. (A)(C)　4. (C)　5. (A)(B)(C)　6. (D)　7. (C)(D)
8. (A)(C)(D)　9. (C)　10. (A)(B)(C)　11. (C)　12. (B)　13. (B)
14. (C)　15. (B)

习题四

(A)

1. (1) $\boldsymbol{\lambda}_1=1,k_1=\begin{pmatrix}1\\-1\end{pmatrix}(k_1\neq 0),\boldsymbol{\lambda}_2=3,k_2\begin{pmatrix}1\\1\end{pmatrix}(k_2\neq 0)$;

(2) $\boldsymbol{\lambda}_1=\boldsymbol{\lambda}_2=3,k\begin{pmatrix}1\\1\end{pmatrix}(k\neq 0)$;

(3) $\boldsymbol{\lambda}_1=1,k_1\begin{pmatrix}1\\\frac{1}{2}\\-1\end{pmatrix},\boldsymbol{\lambda}_2=-2,k_2\begin{pmatrix}\frac{1}{2}\\1\\1\end{pmatrix},\boldsymbol{\lambda}_3=4,k_3\begin{pmatrix}2\\-2\\1\end{pmatrix}(k_1,k_2,k_3\neq 0)$;

(4) $\boldsymbol{\lambda}_1=\boldsymbol{\lambda}_2=2,k_1\begin{pmatrix}-1\\1\\1\end{pmatrix},\quad \boldsymbol{\lambda}_3=4,k_3\begin{pmatrix}-1\\1\\-1\end{pmatrix}(k_3\neq 0)$;

(5) $\boldsymbol{\lambda}_1=\boldsymbol{\lambda}_2=1,\begin{pmatrix}0\\1\\0\end{pmatrix}+k_2\begin{pmatrix}1\\0\\1\end{pmatrix}(k_1,k_2\text{ 不全零}),\quad \boldsymbol{\lambda}_3=-1,k_3\begin{pmatrix}1\\0\\-1\end{pmatrix}(k_3\neq 0)$;

(6) $\lambda_1 = \lambda_2 = \lambda_3 = 1, k_1\begin{pmatrix} \frac{1}{3} \\ 0 \\ -1 \end{pmatrix} + k_2\begin{pmatrix} 1 \\ 1 \\ 0 \end{pmatrix}$ (k_1, k_2 不全零).

2. (1) $\lambda_1 = \lambda_2 = 1, \lambda_3 = -5$; (2) $\lambda_1 = \lambda_2 = 2, \lambda_3 = \frac{4}{5}$.

3. 略. 4. (1) $\frac{|A|}{\lambda}$; (2) $a_m\lambda^m + a_{m-1}\lambda^{m-1} + \cdots + a_0$.

5. (1) 相似, $\begin{pmatrix} 1 & & \\ & 4 & \\ & & -2 \end{pmatrix}$, $\begin{pmatrix} 1 & 2 & \frac{1}{2} \\ \frac{1}{2} & -2 & 1 \\ -1 & 1 & 1 \end{pmatrix}$; (2) 不相似.

6. (1) $A = \frac{1}{3}\begin{pmatrix} -1 & 0 & 2 \\ 0 & 1 & 2 \\ 2 & 2 & 0 \end{pmatrix}, A^{99} = A$; (2) 75.

7. (1) $x = 1, y = 0$, (2) $\begin{pmatrix} 1 & 1 & 0 \\ 0 & 1 & 1 \\ 0 & 1 & -1 \end{pmatrix}$.

8. 6.

9. (1) 正交; (2) 正交; (3) 不正交.

10. $x_1 = -13, x_2 = 5$.

12. (1) $\frac{1}{\sqrt{2}}\begin{pmatrix} 1 \\ 1 \\ 0 \end{pmatrix}$, $\frac{1}{\sqrt{6}}\begin{pmatrix} 1 \\ -1 \\ 2 \end{pmatrix}$, $\frac{1}{\sqrt{3}}\begin{pmatrix} -1 \\ 1 \\ 1 \end{pmatrix}$; (2) $\frac{1}{\sqrt{3}}\begin{pmatrix} 1 \\ 1 \\ 1 \end{pmatrix}$, $\frac{1}{\sqrt{6}}\begin{pmatrix} -1 \\ 2 \\ -1 \end{pmatrix}$, $\frac{1}{\sqrt{2}}\begin{pmatrix} -1 \\ 0 \\ 1 \end{pmatrix}$;

(3) $\frac{1}{\sqrt{2}}\begin{pmatrix} 1 \\ 1 \\ 0 \\ 0 \end{pmatrix}$, $\frac{1}{\sqrt{6}}\begin{pmatrix} 1 \\ -1 \\ 2 \\ 0 \end{pmatrix}$, $\frac{1}{\sqrt{12}}\begin{pmatrix} -1 \\ 1 \\ 1 \\ 3 \end{pmatrix}$, $\frac{1}{2}\begin{pmatrix} 1 \\ -1 \\ -1 \\ 1 \end{pmatrix}$.

16. (1) $\begin{pmatrix} \frac{1}{\sqrt{2}} & 0 & \frac{1}{\sqrt{2}} \\ 0 & 0 & 0 \\ -\frac{1}{\sqrt{2}} & 0 & \frac{1}{\sqrt{2}} \end{pmatrix}$, $\begin{pmatrix} 0 & & \\ & 2 & \\ & & 2 \end{pmatrix}$; (2) $\begin{pmatrix} -\frac{2}{3} & \frac{2}{3} & \frac{1}{3} \\ \frac{2}{3} & \frac{1}{3} & \frac{2}{3} \\ \frac{1}{3} & \frac{2}{3} & -\frac{2}{3} \end{pmatrix}$, $\begin{pmatrix} 1 & & \\ & 4 & \\ & & 7 \end{pmatrix}$;

(3) $\begin{pmatrix} \frac{1}{2} & \frac{1}{\sqrt{2}} & \frac{1}{\sqrt{6}} & -\frac{1}{\sqrt{12}} \\ -\frac{1}{2} & \frac{1}{\sqrt{2}} & -\frac{1}{\sqrt{6}} & \frac{1}{\sqrt{12}} \\ -\frac{1}{2} & 0 & \frac{2}{\sqrt{6}} & \frac{1}{\sqrt{12}} \\ \frac{1}{2} & 0 & 0 & \frac{3}{\sqrt{12}} \end{pmatrix}$, $\begin{pmatrix} -3 & & & \\ & 1 & & \\ & & 1 & \\ & & & 1 \end{pmatrix}$.

17. (1) $X_3 = c\,(1,1,-2)^T$ 其中 c 是任意常数； (2) $\begin{pmatrix} 8 & & \\ & 2 & \\ & & 2 \end{pmatrix}$.

18. $\begin{pmatrix} 4 & 1 & 1 \\ 1 & 4 & 1 \\ 1 & 1 & 4 \end{pmatrix}$.

(*B*)

1. (*D*) 2. (*C*) 3. (*B*)(*C*) 4. (*A*)(*C*) 5. (*B*) 6. (*C*) 7. (*B*)(*C*)
8. (*A*)(*C*) 9. (*D*) 10. (*A*)(*B*) 11. (*C*) 12. (*A*) 13. (*C*) 14. (*D*) 15. (*C*)

习题五

(*A*)

1. (1) $\begin{pmatrix} 1 & 1 & 0 \\ 1 & 2 & -1 \\ 0 & -1 & 0 \end{pmatrix}$; (2) $\begin{pmatrix} 1 & \frac{1}{2} & 0 \\ \frac{1}{2} & 3 & 0 \\ 0 & 0 & -3 \end{pmatrix}$;

(3) $\begin{pmatrix} 1 & \frac{1}{2} & \frac{1}{2} \\ \frac{1}{2} & 1 & \frac{1}{2} \\ \frac{1}{2} & \frac{1}{2} & 1 \end{pmatrix}$; (4) $\begin{pmatrix} 0 & 1 & 0 & 0 \\ 1 & 0 & 0 & 0 \\ 0 & 0 & 0 & -1 \\ 0 & 0 & -1 & 0 \end{pmatrix}$.

2. (1) $f(x_1,x_2,x_3) = x_1^2 + 2x_2^2 + 3x_3^2 + 2x_1x_2 + 2x_2x_3$;
(2) $f(x_1,x_2,x_3) = 2x_1^2 + x_3^2 - 2x_1x_2 + 6x_1x_3 - 4x_2x_3$;
(3) $f(x_1,x_2,x_3,x_4) = a_1x_1^2 + a_2x_2^2 + a_3x_3^2 + a_4x_4^2$;

(4) $f(x_1,x_2,x_3,x_4) = 2x_1x_2 + 2x_1x_3 + 2x_1x_4 + 2x_2x_3 + 2x_2x_4 + 2x_3x_4$.

3. (1) $f = y_1^2 - 4y_2^2 + \frac{5}{4}y_3^2, X = CY, C = \begin{pmatrix} 1 & 2 & \frac{1}{2} \\ 0 & 1 & \frac{3}{4} \\ 0 & 3 & 1 \end{pmatrix}$;

(2) $f = y_1^2, X = CY, C = \begin{pmatrix} 0 & \frac{1}{2} & -\frac{1}{2} & 0 \\ \frac{1}{2} & 0 & 1 & 0 \\ -\frac{1}{2} & 1 & 0 & 0 \\ 0 & 0 & 0 & 1 \end{pmatrix}$;

(3) $f = 2z_1^2 - \frac{1}{2}z_2^2 + 4z_3^2, X = CY, C = \begin{pmatrix} 1 & -\frac{1}{2} & 2 \\ 1 & \frac{1}{2} & -1 \\ 0 & 0 & 1 \end{pmatrix}$.

4. (1) $\begin{pmatrix} 1 & -2 & 0 \\ 0 & 1 & 0 \\ 0 & -\frac{1}{3} & 1 \end{pmatrix}$; (2) $\begin{pmatrix} 1 & -\frac{1}{2} & 1 \\ 1 & \frac{1}{2} & 2 \\ 0 & 0 & 1 \end{pmatrix}$.

5. (1) $f = y_1^2 + 2y_2^2 + 5y_3^2, X = CY, C = \begin{pmatrix} 0 & 1 & 0 \\ \frac{1}{\sqrt{2}} & 0 & \frac{1}{\sqrt{2}} \\ -\frac{1}{\sqrt{2}} & 0 & \frac{1}{\sqrt{2}} \end{pmatrix}$;

(2) $f = 4y_2^2 + 9y_3^2, X = CY, C = \begin{pmatrix} -\frac{1}{\sqrt{6}} & \frac{1}{\sqrt{2}} & \frac{1}{\sqrt{3}} \\ \frac{1}{\sqrt{6}} & \frac{1}{\sqrt{2}} & -\frac{1}{\sqrt{3}} \\ \frac{2}{\sqrt{6}} & 0 & \frac{1}{\sqrt{3}} \end{pmatrix}$;

(3) $f = 5y_1^2 - 5y_2^2 + 3y_3^2 - 3y_4^2, X = CY, C = \begin{pmatrix} 1 & 1 & 1 & 1 \\ 1 & 1 & -1 & -1 \\ 1 & -1 & 1 & -1 \\ 1 & -1 & -1 & 1 \end{pmatrix}$.

6. (1) 正定;(2) 负定;(3) 不定.

7. $f = y_1^2 - 2y_2^2 + 7y_3^2, X = CY, C = \begin{pmatrix} 1 & 2 & -2 \\ 0 & 1 & -2 \\ 0 & 0 & 1 \end{pmatrix}$

8. (1) $-\frac{4}{5} < k < 0$; (2) $k > 2$.

9. 略.

10. (1) 是;(2) 不是;(3) 是.

11. 略. 12. 略.

(B)

1. (B)(C) 2. (B) 3. (A)(D) 4. (C)(D) 5. (A)(B)(D) 6. (C)(D) 7. (B) 8. (C) 9. (C)(D) 10. (A)(C) 11. (A) 12. (A)(C) 13. (B) 14. (D) 15. (A)(C)(D)

习题六

1. $A = \begin{pmatrix} \frac{1}{10} & \frac{1}{4} & \frac{1}{6} \\ \frac{1}{30} & \frac{1}{20} & \frac{7}{60} \\ \frac{1}{30} & \frac{1}{10} & \frac{1}{42} \end{pmatrix}$;

2. $E - A = \begin{pmatrix} \frac{9}{10} & -\frac{1}{4} & -\frac{1}{6} \\ -\frac{1}{30} & \frac{19}{20} & -\frac{7}{60} \\ -\frac{1}{30} & -\frac{1}{10} & \frac{41}{42} \end{pmatrix}$;

3. $(E - A)^{-1} = \begin{pmatrix} 1.14 & 0.32 & 0.16 \\ 0.04 & 1.09 & 0.14 \\ 0.04 & 0.15 & 1.05 \end{pmatrix}$;

4. 略. 5. $\begin{pmatrix} 0.14 & 0.32 & 0.16 \\ 0.04 & 0.09 & 0.14 \\ 0.04 & 0.15 & 0.05 \end{pmatrix}$.

综合练习一参考解答

一、填空题:(每小题3分,共15分)

1. 128; 2. 0; 3. $\begin{pmatrix} \frac{1}{2} & \frac{1}{2} \\ -\frac{1}{2} & \frac{1}{2} \end{pmatrix}$; 4. 无关; 5. $k \neq -2$ 且 $k \neq 1$.

二、单项选择题:(每小题3分,共15分)

1. D; 2. A; 3. A; 4. C; 5. B.

三、计算题:(每小题9分,共63分)

1. 解:$D = \begin{vmatrix} 0 & -1 & 0 & \cdots & 0 & 0 \\ 0 & x & -1 & \cdots & 0 & 0 \\ 0 & 0 & x & \cdots & 0 & 0 \\ \vdots & \vdots & \vdots & \cdots & \cdots & \\ 0 & 0 & 0 & \cdots & x & -1 \\ \sum\limits_{i=1}^{n} a_i x^{n-i} & a_{n-1} & a_{n-2} & \cdots & a_2 & a_1 \end{vmatrix}$

$$= \left(\sum_{i=1}^{n} a_i x^{n-i}\right)(-1)^{n+1} \begin{vmatrix} -1 & 0 & \cdots & 0 & 0 \\ x & -1 & \cdots & 0 & 0 \\ 0 & x & \cdots & 0 & 0 \\ \vdots & \vdots & \vdots & \vdots & \\ 0 & 0 & \cdots & x & -1 \end{vmatrix}$$

$$= \left(\sum_{i=1}^{n} a_i x^{n-i}\right)(-1)^{n+1}(-1)^{n-1} = \sum_{i=1}^{n} a_i x^{n-i}$$

2. 解:$ABC = \begin{pmatrix} -1 & 3 & 0 \\ 0 & 4 & 2 \end{pmatrix}\begin{pmatrix} 4 & 1 \\ 2 & 5 \\ 3 & 4 \end{pmatrix}\begin{pmatrix} 2 & -1 \\ 4 & 2 \end{pmatrix} = \begin{pmatrix} 2 & 14 \\ 14 & 28 \end{pmatrix}\begin{pmatrix} 2 & -1 \\ 4 & 2 \end{pmatrix} = \begin{pmatrix} 60 & 26 \\ 140 & 42 \end{pmatrix}$

$$(ABC)^T = \begin{pmatrix} 60 & 140 \\ 26 & 42 \end{pmatrix}$$

3. 解:$X(I - C^{-1}B)^T C^T = X[C(I - C^{-1}B)]^T = X(C - B)^T = E$,

$$X = [(C - B)^T]^{-1}$$

$$C-B=\begin{pmatrix}2&1&3&4\\0&2&1&3\\0&0&2&1\\0&0&0&2\end{pmatrix}-\begin{pmatrix}1&-1&0&0\\0&1&-1&0\\0&0&1&-1\\0&0&0&1\end{pmatrix}=\begin{pmatrix}1&2&3&4\\0&1&2&3\\0&0&1&2\\0&0&0&1\end{pmatrix},$$

$$(C-B)^T=\begin{pmatrix}1&0&0&0\\2&1&0&0\\3&2&1&0\\4&3&2&1\end{pmatrix}$$

$$[(C-B)^T\vdots E]=\begin{pmatrix}1&0&0&0&1&0&0&0\\2&1&0&0&0&1&0&0\\3&2&1&0&0&0&1&0\\4&3&2&1&0&0&0&1\end{pmatrix}\to\begin{pmatrix}1&0&0&0&1&0&0&0\\0&1&0&0&-2&1&0&0\\0&0&1&0&1&-2&1&0\\0&0&0&1&0&1&-2&1\end{pmatrix}$$

$$=[E\vdots((C-B)^T)^{-1}]$$

$$X=[(C-B)^T]^{-1}=\begin{pmatrix}1&0&0&0\\-2&1&0&0\\1&-2&1&0\\0&1&-2&1\end{pmatrix}$$

4. 解：$|\boldsymbol{\alpha}_1,\boldsymbol{\alpha}_2,\boldsymbol{\alpha}_3|=\begin{vmatrix}1&3&2\\2&-1&3\\3&2&\lambda\end{vmatrix}=\begin{vmatrix}1&3&2\\0&-7&-1\\0&-7&\lambda-6\end{vmatrix}=\begin{vmatrix}-7&-1\\-7&\lambda-6\end{vmatrix}$

$=-7(\lambda-6+1)$

(1) 当 $\lambda=5$ 时，$\boldsymbol{\alpha}_1,\boldsymbol{\alpha}_2,\boldsymbol{\alpha}_3$ 线性相关；

(2) 当 $\lambda\neq5$ 时，$\boldsymbol{\alpha}_1,\boldsymbol{\alpha}_2,\boldsymbol{\alpha}_3$ 线性无关.

5. 解：$(A\mid B)=\begin{pmatrix}1&5&-1&-1&-1\\1&-2&1&3&3\\3&8&-1&1&\lambda\\1&-9&3&7&7\end{pmatrix}\to\begin{pmatrix}1&5&-1&-1&-1\\0&-7&2&4&4\\0&0&0&0&\lambda-1\\0&0&0&0&0\end{pmatrix}$

$$\to\begin{pmatrix}1&0&3/7&13/7&13/7\\0&1&-2/7&-4/7&-4/7\\0&0&0&0&\lambda-1\\0&0&0&0&0\end{pmatrix}$$

(1) 当 $\lambda-1\neq0$，即 $\lambda\neq1$ 时方程组无解；

(2) 当 $\lambda-1=0$，即 $\lambda=1$ 时方程组有解，且 $R(A)=R(\bar{A})=2<4=n$，则方程组有无穷解：

$$\begin{cases}x_1=\dfrac{13}{7}-\dfrac{3}{7}x_3-\dfrac{13}{7}x_4\\x_2=-\dfrac{4}{7}+\dfrac{2}{7}x_3+\dfrac{4}{7}x_4\end{cases}$$

6. 解：$(\boldsymbol{\alpha}_1,\boldsymbol{\alpha}_2,\boldsymbol{\alpha}_3,\boldsymbol{\alpha}_4)=\begin{pmatrix}1&1&2&3\\1&-1&1&1\\1&3&3&5\\4&-2&5&6\\3&1&5&7\end{pmatrix}\to\begin{pmatrix}1&1&2&3\\0&2&1&2\\0&0&0&0\\0&0&0&0\\0&0&0&0\end{pmatrix}\to\begin{pmatrix}1&-3&0&-1\\0&2&1&2\\0&0&0&0\\0&0&0&0\\0&0&0&0\end{pmatrix}$

则 $R(\boldsymbol{\alpha}_1,\boldsymbol{\alpha}_2,\boldsymbol{\alpha}_3,\boldsymbol{\alpha}_4)=2$，其中 $\boldsymbol{\alpha}_1,\boldsymbol{\alpha}_3$ 构成极大无关组，且

$$\boldsymbol{\alpha}_2=-3\boldsymbol{\alpha}_1+2\boldsymbol{\alpha}_3,\boldsymbol{\alpha}_4=-\boldsymbol{\alpha}_1+2\boldsymbol{\alpha}_3$$

7. 解：$|\lambda I-A|=\begin{vmatrix}\lambda-1&-2&-2\\-2&\lambda-1&-2\\-2&-2&\lambda-1\end{vmatrix}=(\lambda-5)(\lambda+1)^2=0$

特征值 $\lambda_1=5,\lambda_2=\lambda_3=-1$.

对于 $\lambda_1=5$，

$$\lambda_1E-A=\begin{pmatrix}4&-2&-2\\-2&4&-2\\-2&-2&4\end{pmatrix}\to\begin{pmatrix}1&0&-1\\0&1&-1\\0&0&0\end{pmatrix},$$

特征向量为

$$k\begin{pmatrix}1\\1\\1\end{pmatrix}$$

对于 $\lambda_2=-1$，

$$\lambda_2E-A=\begin{pmatrix}-2&-2&-2\\-2&-2&-2\\-2&-2&-2\end{pmatrix}\to\begin{pmatrix}1&1&1\\0&0&0\\0&0&0\end{pmatrix},$$

特征向量为

$$k_1\begin{pmatrix}-1\\1\\0\end{pmatrix}+k_2\begin{pmatrix}-1\\0\\1\end{pmatrix}.$$

四、证明题：(7 分)

证明：设

$$k_1(\boldsymbol{\alpha}_1+\boldsymbol{\alpha}_2)+k_2(\boldsymbol{\alpha}_2+\boldsymbol{\alpha}_3)+k_3(\boldsymbol{\alpha}_3+\boldsymbol{\alpha}_1)=\boldsymbol{o},$$

即

$$(k_1+k_3)\boldsymbol{\alpha}_1+(k_1+k_2)\boldsymbol{\alpha}_2+(k_2+k_3)\boldsymbol{\alpha}_3=o$$

因为 $\boldsymbol{\alpha}_1,\boldsymbol{\alpha}_2,\boldsymbol{\alpha}_3$ 线性无关，则

$$\begin{cases}k_1+k_3=0\\k_1+k_2=0\\k_2+k_3=0\end{cases}$$

所以

$$\begin{vmatrix} 1 & 0 & 1 \\ 1 & 1 & 0 \\ 0 & 1 & 1 \end{vmatrix} = 2 \neq 0,$$

即 k_1, k_2, k_3 有唯一零解

故 $\boldsymbol{\alpha}_1 + \boldsymbol{\alpha}_2, \boldsymbol{\alpha}_2 + \boldsymbol{\alpha}_3, \boldsymbol{\alpha}_3 + \boldsymbol{\alpha}_1$ 线性无关.

综合练习二参考解答

一、**填空题**:(每小题 3 分,共 15 分)

1. 4; 2. $ad \neq bc$; 3. $\begin{pmatrix} 8 & 6 \\ 9 & 17 \end{pmatrix}$; 4. n; 5. 相关.

二、**单项选择题**:(每小题 3 分,共 15 分)

1. C; 2. B; 3. B; 4. C; 5. A.

三、**计算题**:(每小题 9 分,共 63 分)

1. 解:$D = \begin{vmatrix} 1 & 0 & 0 & a \\ 0 & 1 & a & 0 \\ 0 & a & 1 & 0 \\ a & 0 & 0 & 1 \end{vmatrix} = 1 \times \begin{vmatrix} 1 & a & 0 \\ a & 1 & 0 \\ 0 & 0 & 1 \end{vmatrix} - a \times \begin{vmatrix} 0 & 0 & a \\ 1 & a & 0 \\ a & 1 & 0 \end{vmatrix}$

$= 1 - a^2 - a[a(1 - a^2)] = (1 - a^2)^2$

2. 解:$AB = \begin{pmatrix} 1 & 2 & 3 & 4 \\ 2 & 1 & -1 & -3 \end{pmatrix} \begin{pmatrix} 2 & 5 \\ -1 & 2 \\ 3 & -2 \\ 1 & 4 \end{pmatrix} = \begin{pmatrix} 13 & 19 \\ -3 & 2 \end{pmatrix}$

$$BA = \begin{pmatrix} 2 & 5 \\ -1 & 2 \\ 3 & -2 \\ 1 & 4 \end{pmatrix} \begin{pmatrix} 1 & 2 & 3 & 4 \\ 2 & 1 & -1 & -3 \end{pmatrix} = \begin{pmatrix} 12 & 9 & 1 & -7 \\ 3 & 0 & -5 & -10 \\ -1 & 4 & 11 & 18 \\ 9 & 6 & -1 & -8 \end{pmatrix}$$

3. 解:$(AE) = \begin{pmatrix} 1 & 1 & 5 & 1 & 0 & 0 \\ 2 & 3 & -2 & 0 & 1 & 0 \\ 3 & 4 & 4 & 0 & 0 & 1 \end{pmatrix} \to \begin{pmatrix} 1 & 1 & 5 & 1 & 0 & 0 \\ 0 & 1 & -12 & -2 & 1 & 0 \\ 0 & 1 & -11 & -3 & 0 & 1 \end{pmatrix}$

$\to \begin{pmatrix} 1 & 1 & 5 & 1 & 0 & 0 \\ 0 & 1 & -12 & -2 & 1 & 0 \\ 0 & 0 & 1 & -1 & -1 & 1 \end{pmatrix} \to \begin{pmatrix} 1 & 1 & 0 & 6 & 5 & -5 \\ 0 & 1 & 0 & -14 & -11 & 12 \\ 0 & 0 & 1 & -1 & -1 & 1 \end{pmatrix}$

$\to \begin{pmatrix} 1 & 0 & 0 & 20 & 16 & -17 \\ 0 & 1 & 0 & -14 & -11 & 12 \\ 0 & 0 & 1 & -1 & -1 & 1 \end{pmatrix} = (EA^{-1}), A^{-1} = \begin{pmatrix} 20 & 16 & -17 \\ -14 & -11 & 12 \\ -1 & -1 & 1 \end{pmatrix}$

$$X=A^{-1}(C-B)=\begin{pmatrix}20&16&-17\\-14&-11&12\\-1&-1&1\end{pmatrix}\begin{pmatrix}0&1\\-1&0\\0&-1\end{pmatrix}=\begin{pmatrix}-16&37\\11&-26\\1&-2\end{pmatrix}$$

4. 解：$\begin{vmatrix}\lambda&1&1\\1&\lambda&1\\1&1&\lambda\end{vmatrix}=\lambda^3+1+1-\lambda-\lambda-\lambda=\lambda^3-3\lambda+2=(\lambda+2)(\lambda-1)^2$

(1) 当 $\lambda=1$ 或 $\lambda=-2$ 时，线性相关；

(2) 当 $\lambda\neq1$ 且 $\lambda\neq-2$ 时，线性无关.

5. 解：

$$(\boldsymbol{\alpha}_1,\boldsymbol{\alpha}_2,\boldsymbol{\alpha}_3,\boldsymbol{\alpha}_4)=\begin{pmatrix}1&2&1&3\\4&9&0&10\\1&-1&-3&-7\\0&-3&-1&-7\end{pmatrix}\to\begin{pmatrix}1&2&1&3\\0&1&-4&-2\\0&-3&-4&-10\\0&-3&-1&-7\end{pmatrix}$$

$$\to\begin{pmatrix}1&2&1&3\\0&1&-4&-2\\0&0&-16&-16\\0&0&-13&-13\end{pmatrix}=\begin{pmatrix}1&0&0&-2\\0&1&0&2\\0&0&1&1\\0&0&0&0\end{pmatrix}$$

则 $R(\boldsymbol{\alpha}_1,\boldsymbol{\alpha}_2,\boldsymbol{\alpha}_3,\boldsymbol{\alpha}_4)=3$，其中 $\boldsymbol{\alpha}_1,\boldsymbol{\alpha}_2,\boldsymbol{\alpha}_3$ 构成极大无关组，

$\boldsymbol{\alpha}_4=-2\boldsymbol{\alpha}_1+2\boldsymbol{\alpha}_2+\boldsymbol{\alpha}_3$

6. 解：$(A\mid B)\begin{pmatrix}\lambda&1&1&\lambda-3\\1&\lambda&1&-2\\1&1&\lambda&-2\end{pmatrix}\to\begin{pmatrix}1&1&\lambda&-2\\1&\lambda&1&-2\\\lambda&1&1&\lambda-3\end{pmatrix}$

$$\to\begin{pmatrix}1&1&\lambda&-2\\0&\lambda-1&1-\lambda&0\\0&1-\lambda&1-\lambda^2&3\lambda-3\end{pmatrix}\to\begin{pmatrix}1&1&\lambda&-2\\0&\lambda-1&1-\lambda&0\\0&0&(\lambda+2)(1-\lambda)&3(\lambda-1)\end{pmatrix}$$

(1) 当 $\lambda\neq1$ 且 $\lambda\neq-2$ 时，方程组有唯一解；

(2) 当 $\lambda=-2$ 且 $\lambda\neq1$ 时方程组无解；

(3) 当 $\lambda=1$ 时，有无穷多组解，通解为 $X=\begin{pmatrix}-2\\0\\0\end{pmatrix}+c_1\begin{pmatrix}-1\\1\\0\end{pmatrix}+c_2\begin{pmatrix}-1\\0\\1\end{pmatrix}$.

7. 解：$|\lambda E-A|=\begin{vmatrix}\lambda-1&0&0\\0&\lambda-1&0\\0&-2&\lambda-1\end{vmatrix}=(\lambda-1)^3=0$

特征值 $\lambda_1=\lambda_2=\lambda_3=1$.

对于 $\lambda_1=1$，

$$\lambda_1 E - A = \begin{pmatrix} 0 & 0 & 0 \\ 0 & 0 & 0 \\ 0 & -2 & 0 \end{pmatrix},$$

特征向量为

$$k_1\begin{pmatrix}1\\0\\0\end{pmatrix} + k_2\begin{pmatrix}0\\0\\1\end{pmatrix}$$

五、证明题：(7 分)

证明：充分性：$R(A) = R(A \mid B) \Rightarrow$ 线性方程组有解

设 α_i 是 A 的诸列向量，β 为 $(A \mid B)$ 的最后一个列向量

$\because R(A) = R(A \mid B)$，$\therefore \alpha_1, \alpha_2, \cdots, \alpha_n, \beta$ 必线性相关

不妨假设 $\alpha_1, \alpha_2, \cdots, \alpha_n$ 的极大无关组为 $\alpha_1, \alpha_2, \cdots, \alpha_s$，其中 $s \leqslant n$，则 $\alpha_1, \alpha_2, \cdots, \alpha_s$ 也是 $\alpha_1, \alpha_2, \cdots, \alpha_n, \beta$ 的极大无关组，所以 β 可由 $\alpha_1, \alpha_2, \cdots, \alpha_s$ 线性表示，即 β 可由 $\alpha_1, \alpha_2, \cdots, \alpha_n$ 线性表示，方程组有解.

必要性：方程组有解 $\Rightarrow R(A) = R(A \mid B)$.

方程组有解，则 β 可由 $\alpha_1, \alpha_2, \cdots, \alpha_n$ 线性表示，设 $\alpha_1, \alpha_2, \cdots, \alpha_n$ 的极大无关组为 $\alpha_1, \alpha_2, \cdots, \alpha_s$，其中 $s \leqslant n$，则 $R(A) = s$.

$\because \beta$ 可由 $\alpha_1, \alpha_2, \cdots, \alpha_n$ 线性表示，$\therefore \alpha_1, \alpha_2, \cdots, \alpha_n, \beta$ 必线性相关

那么，$\alpha_1, \alpha_2, \cdots, \alpha_s$ 也是 $\alpha_1, \alpha_2, \cdots, \alpha_n, \beta$ 的极大无关组，即 $R(A \mid B) = s$

$\therefore R(A) = R(A \mid B)$.

参考文献

1. 赵树嫄．线性代数．北京：中国人民大学出版社，2003.

2. 龚德恩．经济数学基础第二分册线性代数．成都：四川人民出版社，2001.

3. 姚慕生，高汝熹．高等数学（二）第二分册线性代数．武汉：武汉大学出版社，2000.

4. 刘舒强．经济数学基础 *II* 线性代数．天津：天津大学出版社，2002.

5. 西南财经大学数学教研室．线性代数．成都：西南财经大学出版社，1994.

图书在版编目(CIP)数据

线性代数简明教程/李捷,涂晓青主编.—成都:西南财经大学出版社,2009.7(2017.9重印)

ISBN 978-7-81138-379-9

Ⅰ.线… Ⅱ.①李…②涂… Ⅲ.线性代数—高等学校—教材
Ⅳ.0151.2

中国版本图书馆CIP数据核字(2009)第106524号

线性代数简明教程

主编:李捷 涂晓青

责任编辑:张访

封面设计:杨红鹰

责任印制:封俊川

出版发行	西南财经大学出版社(四川省成都市光华村街55号)
网　　址	http://www.bookcj.com
电子邮件	bookcj@foxmail.com
邮政编码	610074
电　　话	028-87353785　87352368
照　　排	四川胜翔数码印务设计有限公司
印　　刷	四川森林印务有限责任公司
成品尺寸	185mm×260mm
印　　张	13.75
字　　数	300千字
版　　次	2009年7月第1版
印　　次	2017年9月第12次印刷
印　　数	49001—52000册
书　　号	ISBN 978-7-81138-379-9
定　　价	25.00元